中国机械工程学科教程配套系列教材

教育部高等学校机械类专业教学指导委员会规划教材

数控技术（第3版）

主　编　严育才　张福润

副主编　段明忠　李耀辉

U0233010

清华大学出版社

北京

内 容 简 介

全书共分为8章。第1章简要介绍了数控的有关概念、数控机床的组成、工作原理、分类及其发展趋势；第2章深入分析了插补原理，并详细介绍了典型的插补方法；第3章简要介绍了计算机数控系统硬件的组成、功能和软件的功能及结构；第4章按照工作原理的不同分别对各种数控位置检测装置进行了深入分析；第5章对数控伺服系统的类型、伺服电动机原理及控制方法、现代典型数控伺服系统进行了较详细的讲解；第6章讲述了数控手工编程，介绍了数控加工工艺、编程误差的来源和控制方法、数控加工工件的装夹；第7章介绍了自动编程、CAXA软件的使用及加工案例；第8章介绍了数控机床结构。

本书理论联系实践，论述透彻，实践性具体，可作为本科院校相关专业学生的教学用书，也适合研究生、专科学生、从事数控技术及有关工程技术人员阅读参考。

图书在版编目(CIP)数据

数控技术/严育才，张福润主编. —3版. —北京：清华大学出版社，2022.3
中国机械工程学科教程配套系列教材 教育部高等学校机械类专业教学指导委员会规划教材
ISBN 978-7-302-60147-0

Ⅰ. ①数… Ⅱ. ①严… ②张… Ⅲ. ①数控技术－高等学校－教材 Ⅳ. ①TP273

中国版本图书馆 CIP 数据核字(2022)第 025835 号

责任编辑：冯 昕 苗庆波
封面设计：常雪影
责任校对：王淑云
责任印制：刘海龙

出版发行：清华大学出版社
    网 址：http://www.tup.com.cn，http://www.wqbook.com
    地 址：北京清华大学学研大厦 A 座 邮 编：100084
    社 总 机：010-83470000 邮 购：010-62786544
    投稿与读者服务：010-62776969，c-service@tup.tsinghua.edu.cn
    质量反馈：010-62772015，zhiliang@tup.tsinghua.edu.cn
印 装 者：三河市龙大印装有限公司
经 销：全国新华书店
开 本：185mm×260mm 印 张：17.5 字 数：419千字
版 次：2009 年 9 月第 1 版 2022 年 5 月第 3 版 印 次：2022 年 5 月第 1 次印刷
定 价：52.00 元

产品编号：089372-01

我曾提出过高等工程教育边界再设计的想法，这个想法源于社会的反应。常听到工业界人士提出这样的话题：大学能否为他们进行人才的订单式培养。这种要求看似简单、直白，却反映了当前学校人才培养工作的一种尴尬：大学培养的人才还不是很适应企业的需求，或者说毕业生的知识结构还难以很快适应企业的工作。

当今世界，科技发展日新月异，业界需求千变万化。为了适应工业界和人才市场的这种需求，也即是适应科技发展的需求，工程教学应该适时地进行某些调整或变化。一个专业的知识体系、一门课程的教学内容都需要不断变化，此乃客观规律。我所主张的边界再设计即是这种调整或变化的体现。边界再设计的内涵之一即是课程体系及课程内容边界的再设计。

技术的快速进步，使得企业的工作内容有了很大变化。如从20世纪90年代以来，信息技术相继成为很多企业进一步发展的瓶颈，因此不少企业纷纷把信息化作为一项具有战略意义的工作。但是业界人士很快发现，在毕业生中很难找到这样的专门人才。计算机专业的学生并不熟悉企业信息化的内容、流程等，管理专业的学生不熟悉信息技术，工程专业的学生可能既不熟悉管理，也不熟悉信息技术。我们不难发现，制造业信息化其实就处在某些专业的边缘地带。那么对那些专业而言，其课程体系的边界是否要变？某些课程内容的边界是否有可能变？目前不少课程的内容不仅未跟上科学研究的发展，也未跟上技术的实际应用。极端情况甚至存在有些地方个别课程还在讲授已多年弃之不用的技术。若课程内容滞后于新技术的实际应用好多年，则是高等工程教育的落后甚至是悲哀。

课程体系的边界在哪里？某一门课程内容的边界又在哪里？这些实际上是业界或人才市场对高等工程教育提出的我们必须面对的问题。因此可以说，真正驱动工程教育边界再设计的是业界或人才市场，当然更重要的是大学如何主动响应业界的驱动。

当然，教育理想和社会需求是有矛盾的，对通才和专才的需求是有矛盾的。高等学校既不能丧失教育理想、丧失自己应有的价值观，又不能无视社会需求。明智的学校或教师都应该而且能够通过合适的边界再设计找到适合自己的平衡点。

我认为，长期以来，我们的高等教育其实是"以教师为中心"的。几乎所有的教育活动都是由教师设计或制定的。然而，更好的教育应该是"以学生为中心"的,即充分挖掘、启发学生的潜能。尽管教材的编写完全是由教师完成的,但是真正好的教材需要教师在编写时常怀"以学生为中心"的教育理念。如此,方得以产生真正的"精品教材"。

教育部高等学校机械设计制造及其自动化专业教学指导分委员会、中国机械工程学会与清华大学出版社合作编写、出版了《中国机械工程学科教程》,规划机械专业乃至相关课程的内容。但是"教程"绝不应该成为教师们编写教材的束缚。从适应科技和教育发展的需求而言,这项工作应该不是一时的,而是长期的,不是静止的,而是动态的。《中国机械工程学科教程》只是提供一个平台。我很高兴地看到,已经有多位教授努力地进行了探索,推出了新的、有创新思维的教材。希望有志于此的人们更多地利用这个平台,持续、有效地展开专业的、课程的边界再设计,使得我们的教学内容总能跟上技术的发展,使得我们培养的人才更能为社会所认可,为业界所欢迎。

是以为序。

2009 年 7 月

高档数控机床是装备制造业智能制造的工作母机,是智能制造最重要的关键装备之一,对智能制造有着重要的影响。高档数控机床是衡量一个国家装备制造业发展水平和产品质量的重要标志。

近年来,我国已经连续多年成为世界最大的机床装备生产国、消费国和进口国。中高端机床生产技术进一步提升,但高档数控机床国产化率甚至不到10%。

数控系统是数控机床的大脑,决定机床装备的性能、功能、可靠性和成本,而国外对我国至今仍进行封锁限制,成为制约我国高档数控机床发展的瓶颈。国内数控系统的中高端市场被德国西门子公司、日本 FANUC 公司瓜分。低端市场是国内数控系统的天下,数十家系统厂挤在这个狭小的市场区域。鉴于此,我们必须自己攻克此技术,目前,我国数控系统实现了从模拟式、脉冲式到全数字总线的跨越。

为了促进我国数控机床行业产业升级,近几年,国家出台一系列政策以支持数控机床行业发展。根据工业和信息化部 2016 年的《智能制造工程实施指南(2016—2020)》,我国数控机床国产化率将在 2020 年超过 50%。2015 年 10 月,国家制造强国建设战略咨询委员会发布的《〈中国制造 2025〉重点领域技术路线图》对未来十年我国高档数控机床的发展做出规划。未来十年,我国数控机床将重点针对航空航天装备、汽车、电子信息设备等产业发展的需要,开发高档数控机床、先进成形装备及成组工艺生产线。

2019 年 1 月 28 日,"高档数控机床与基础制造装备"科技重大专项 2019 年度再次启动,其中有 16 个课题涉及数控机床。

随着《中国制造 2025》和"工业 4.0"的逐渐实施,以及基于国情制造业要升级,淘汰劳动密集型的低端制造业,我国数控机床产业必须实现大比重国产化,实现数控产业为国家的竞争力强势产业。

有需求也有机遇,我国有全世界最齐全的工业门类和全世界最大的工业市场,另外,我国有世界名列前茅的 5G 技术,方便于实现数控机床与工业机器人融合发展。这些条件非常有利于数控机床的发展。

在此背景下,本书出版第 3 版,本次再版增加了许多近几年数控机床的新技术和新应用,对相关数控名词概念进行规范化,相关表述更加贴近数控机床开发实际,特别介绍了"5G 技术+数控机床+工业机器人融合发展技术"。

　　插补方面增加了参数曲线直接插补内容,数控系统方面增加了华中数控系统的软件结构介绍分析,更加贴近实践,PLC 方面增加了数控系统厂家对 PLC 的应用思路,数控加工工艺方面进一步梳理,增加了形象化的数控加工框图,对数控切削用量的选择也进一步细化和列表,方便于加工实践,装夹方面增加了夹具实物图,更具有指导性。

　　作者方面增加了许昌学院李耀辉老师,李耀辉老师对本书插补、CNC 系统内容做了许多改进工作。

　　本次再版得到了武汉华中数控股份有限公司总工程师朱志红教授的多次指导,在此致谢!

编　者

2022 年 1 月

数控技术(数字化控制技术)是未来控制技术的发展方向,从家用电器到医疗器械,从地下的探测设备到太空飞行器,许多领域都大量使用了数字信号和数控技术。随着信息技术的发展,特别是现代控制理论研究的深入,数字化控制技术在控制领域的比重将逐渐增加,并有逐渐取代其他传统控制方法的趋势。

数控技术与机械制造中的机床设备相结合,形成了一种全新的加工装备——数控机床。数控机床的整个加工过程由数控系统进行自动控制。近年来数控技术的快速发展极大地推动了计算机辅助设计与制造(CAD/CAM)、柔性制造系统(flexible manufacture system,FMS)和计算机集成制造系统(CIMS)的发展。数控技术正在改变制造业的生产方式、产业结构、组织模式,是关系到国家战略地位的重要技术。

数控技术的发展历程经历了硬件数控(numerical control,NC)和计算机数控(computerized numerical control,CNC)两个阶段。硬件数控的运算和控制功能均由逻辑电路米完成,灵活性差,柔性不好。计算机数控是随着微电子技术和计算机技术的发展而产生的,其主要功能基本上由软件来完成。随着数控操作系统功能的不断完善,软件系统开放性的不断提高,CNC对不同的加工工艺及要求容易通过软件程序来解决,不需改变硬件,因此,灵活性好,柔性较强。

教育部高等学校机械设计制造及其自动化专业教学指导分委员会于2007年会同中国机械工程学会、清华大学出版社组成"中国机械工程学科教程研究组"出版的《中国机械工程学科教程》,采用知识领域边界再设计的方法,构造了机械工程本科专业教育的知识体系和框架,形成了科学的课程知识体系。我们根据该知识体系和框架,本着从高等院校教育目标及知识、能力和素质结构的要求出发,编写了数控技术教材。书中以数控技术的基本原理和基本知识为根基,以数控机床为主线,全面且系统地反映了数控技术各方面的内容。本书对数控技术的核心内容和最新技术作了较为深入、系统的介绍,全书内容充实、具体、科学、先进,叙述深入浅出,内容编排循序渐进,文字简练。本书采用国产著名品牌华中数控系统作为典型系统进行分析讲解,以国产三维CAD/CAM软件CAXA作为自动编程软件进行介绍,在数控系统和自动编程的讲解上实例充分。通过对本教材的学习掌握,读者可以对数控技术有较完整的、系统的认识,对数控机床的结构有较清晰的了解。

本书可作为高等院校机械工程相关本科专业"数控技术""数控系统及数控机床原理"课程的教学用书,也适合研究生、专科学生及从事数控技术工程的技术人员阅读参考。

本书共分为 8 章。第 1 章简要介绍数控机床的组成、工作原理、分类和发展;第 2 章分析插补原理,并介绍典型的插补方法;第 3 章讲述计算机数控系统的硬件和软件,分别介绍计算机数控系统硬件的组成和功能以及软件的结构和功能;第 4 章分析数控位置检测装置,按照工作原理的不同分别对各种数控位置检测装置进行了分析;第 5 章分析数控伺服系统,对数控伺服系统的类型、伺服电动机及调速、现代典型数控伺服系统进行了详细介绍;第 6 章讲述数控手工编程;第 7 章讲述自动编程及 CAXA 软件的使用方法;第 8 章介绍了数控机床结构。

本书由严育才、张福润担任主编,程宪平、段明忠担任副主编。本书第 1、2 章由张福润编写,第 3、4、7、8 章由严育才编写,第 5 章由程宪平、严育才共同编写,第 6 章由段明忠、严育才共同编写。本书在编写过程中得到了华中科技大学数控国家重点实验室和华中科技大学金工实训中心的大力帮助,在此对数控国家重点实验室和金工实训中心的各位老师表示衷心的感谢。华中科技大学李元科教授、孙亲锡教授、刘延林教授、朱冬梅教授对本书的编写提出了许多宝贵的意见,在此也一并致谢!

本书为修订版,利用此次修订的机会,作者不仅认真仔细地订正了第 1 版中存在的错误和疏漏,还将平时教学中使用的电子课件进行了整理,并增补了部分习题参考解答。

限于编者的水平,书中难免有错误和不妥之处,敬请读者批评指正。

编　者
2012 年 2 月

目 录
CONTENTS

第 1 章

绪　　论

▲ 本章重点内容

　　数控技术的有关概念，数控机床的构造和工作原理，数控机床的分类，数控机床的发展历程以及数控技术的发展趋势。

▲ 学习目标

　　了解数控机床的产生和发展趋势，掌握数控机床的工作原理、工作过程、组成、分类，以及数控机床的特点。

1.1　数控技术概念概述

　　数字控制是一种借助数字、字符或其他符号对某一工作过程（如加工、测量、装配等）进行可编程控制的自动化方法，简称数控。

　　计算机数控是按照计算机中的控制程序来执行一部分或全部功能的数字控制方法。

　　数控技术是采用数字控制的方法对某一工作过程实现自动控制的技术。它所控制的通常是位置、角度、速度等机械量和与机械量流向有关的开关量。数控的产生依赖于数据载体和二进制形式数据运算的出现。

　　数控系统是实现数控技术相关功能的软、硬件模块的有机集成系统，是数控技术的载体。

　　计算机数控系统是以计算机为核心的数控系统，常称为 CNC 系统，包括 CNC 装置、输入输出装置、主轴驱动和进给伺服系统。

　　数控装置是 CNC 系统的核心部件，常称为 CNC 装置。CNC 装置硬件组成一般有 CPU 及总线、存储器、I/O 电路接口、位置控制器、输入设备接口、显示设备接口，以及通信网络接口等。

　　用数控技术实现自动控制的机床称为数控机床。具体来说是用数字化的代码将零件加工过程中所需的各种操作和步骤以及刀具加工轨迹等信息记录在程序介质上，送入数控系统进行译码、运算及处理，控制机床的刀具与工件的相对运动，加工出所需要的工件的机床。

1.2 数控机床组成及工作原理

1.2.1 数控机床的组成

数控机床一般由程序载体、输入装置、CNC、主轴控制单元、PLC、伺服系统、强电控制装置、位置检测装置、输出装置、机床本体(主运动机构、进给运动机构、辅助动作机构、床身等)组成,如图 1.1 所示。

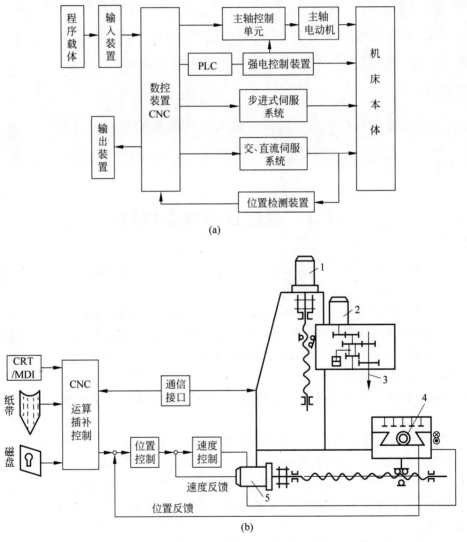

(a)

(b)

1—Z 轴伺服电动机;2—主轴电动机;3—主轴;4—X 轴伺服电动机;5—Y 轴伺服电动机。

图 1.1　数控机床的结构组成

(a)原理图;(b)示意图

1. 程序载体

程序载体是人和数控机床联系的媒介物,也称程序介质、输入介质、信息载体。根据待加工零件的图纸获得数控加工需要的运动轨迹、工艺参数和辅助控制等数据信息,再把这些数据写入程序代码并存储到程序载体中,数控机床通过读取和处理程序载体的数据信息就可以实现人机交流。就相当于人与人之间交流需要声音做媒介、空气做载体一样,这时声音相当于数控程序、空气相当于程序载体。程序载体可以是穿孔带,也可以是穿孔卡、磁带、磁盘、电子闪存盘或其他可以储存程序代码的载体。比如,华中数控的程序载体为电子闪存盘。

2. 输入装置

输入装置将程序代码变成相应的电脉冲信号,传递并存入数控装置内。输入方式主要有通过手工(MDI)用键盘直接输入数控系统,或通过网络通信的方式输入数控系统,或通过程序载体读取设备输入数控系统。程序载体读取设备有光电阅读机、磁带机、软驱等。目前,编写小程序一般用数控系统操作面板上的键盘直接输入,比较复杂的零件加工一般用CAD/CAM 软件自动生成程序,然后用软盘、电子闪存盘或网络通信传入数控系统。

3. 数控装置

数控装置是数控机床的数据信息处理中心,相当于计算机的主机,只不过数控装置是在数控系统上运行,其主要完成运算和控制功能,一般由输入装置、存储器、控制器、运算器和输出装置组成。数控装置接收输入介质的信息,并将其代码加以识别、储存、运算,输出相应的指令脉冲以驱动伺服系统,进而控制机床动作。在计算机数控机床中,由于计算机本身即含有运算器、控制器等上述单元,因此其数控装置的作用由一台装有数控系统软件的专用计算机来完成。

4. 主轴控制单元

主轴控制单元主要接受 CNC、PLC 的指令对主轴的工作状态进行控制,如主轴的启动、加速、换向和停止等。

5. PLC

在数控机床中,利用 PLC 的逻辑运算功能可实现各种开关量的控制,代替传统的继电器工作。

6. 强电控制装置

强电控制装置的主要功能是接受 PLC 的信号,对主轴变速、换向、启动或停止,刀具的选择和更换,分度工作台的转位和锁紧,工件的夹紧或松开,切削液的开或关等辅助操作进行控制,从而实现数控机床在加工过程中按程序规定的自动操作。强电控制装置是相对于 CNC 输出的低电压脉冲信号而言的,脉冲信号一般为 5 V,强电为几十到几百伏。

7. 伺服系统

伺服系统的作用是把来自数控装置的脉冲信号转换成机床移动部件的运动,一般由驱动装置和伺服电动机组成。按照特性可分为步进式、交流、直流伺服系统三种。其性能好坏直接决定加工精度、表面质量和生产效率。CNC 每输出一个进给脉冲,伺服系统就使工作台移动一个脉冲当量 δ。

脉冲当量是当 CNC 装置输出一个定位控制脉冲,机床工作台所移动的位移。其值取决于丝杆螺距、旋转编码器分辨率,常见的有 0.01 mm、0.001 mm。图 1.2 所示脉冲当量计算过程为

$$脉冲当量=螺距/旋转编码器分辨率=1mm/1000=0.001mm$$

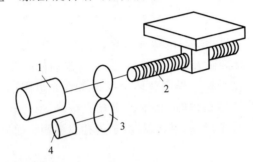

1—伺服电动机;2—滚珠丝杠　螺距 1mm;3—减速器;4—编码器 1000p/r。

图 1.2　脉冲当量、螺距、编码器分辨率的关系

数控机床分辨率受数控系统分辨率和机床运动系统分辨率共同影响。

数控系统分辨率是两个相邻的分散细节之间可以分辨的最小间隔,取决于系统软件算法及硬件。

机床运动系统分辨率则是整套机床运动部件所能响应的最小位移,取决于旋转编码器的测量最小角度,或光栅尺的测量最小长度。

目前,一般常规数控机床分辨率能达到 $5\sim8\mu m$ 的运动系统分辨率,再高就要受到机床物理结构限制。

8. 位置检测装置

位置检测装置运用各种灵敏的位移、速度传感器检测机床工作台的位移、速度等参数,并将位移、速度等物理量转变成对应的电信号显示出来并且送到机床数控装置中进行处理和计算,实现数控系统工作的反馈控制,同时数控装置能够校核机床的理论位置及实际位置是否一致。闭环数控系统一般利用理论位置与实际位置的差值进行工作,并由机床数控装置发出指令,修正理论位置与实际位置的偏差。

9. 机床本体

机床本体主要由床身、主运动机构、进给运动机构、辅助动作机构和刀架、刀库等配套件组成。

10. 输出装置

输出装置指数控系统的显示器,一般都采用液晶屏,显示软件系统界面加工过程的信

息,是人机对话的窗口。

1.2.2 CNC 的工作特征

从外部特征来看,CNC 系统是由硬件(通用硬件和专用硬件)和软件(数控操作系统)两大部分组成的,数控机床的加工操作是由系统硬件和软件共同完成的。

从自动控制的角度来看,计算机数控系统是一种位置(轨迹)、速度(还包括电流)控制系统,其本质是以多个执行部件(各运动轴)的位移量、速度为控制对象并使其协调运动的自动控制系统,是一种配有专用操作系统的计算机控制系统。

1.2.3 数控系统的工作过程

数控系统的工作过程分为以下三步。

(1) 数控系统接收数控程序(NC 代码) 由数控系统接收输入装置发来的数控程序(包括零件加工程序、控制参数、补偿数据)。NC 代码是由 NC 编程人员根据待加工产品的零件图的参数及生产要求运用 CAM 软件自动生成或用手工编制的操作指令,以文本格式存储和传输。

(2) "翻译"NC 代码为机器码 由数控系统将 NC 代码"翻译"为计算机能识别的机器码。机器码是一种由"0"和"1"组成的二进制文件,对一般的编程人员而言,它是难以理解的,但却可以直接为 CNC 硬件所识别和使用。简单地讲,这一过程即是把人能识别的信息转换成 CNC 能识别的信息的过程。

(3) 将机器码转换为控制信号 由数控系统将机器码转换为控制坐标轴移动和主轴转动的电脉冲信号以及其他辅助控制信号。如数控铣床,进给信号为 X、Y、Z 坐标轴三个运动方向的进给脉冲信号,伺服系统接收到进给脉冲信号后驱动伺服电动机执行相应的运动,并通过滚珠丝杠螺母副等传动机构将伺服电动机的转动转变为机床工作台的平动,从而完成加工操作。辅助控制有主轴的启、停、换向等。

1.3 数控机床的分类、特点与应用

1.3.1 数控机床的分类

数控机床规格繁多,据不完全统计,已有 400 多个品种规格,可按照多种原则对其分类。但归纳起来,常见的有按运动轨迹分类、按工艺用途分类、按伺服系统的控制方式分类及按数控装置分类。

1. 按运动轨迹分类

点位控制数控机床:只能精确控制点位置,在移动过程中不进行任何加工,而且移动部件的运动路线并不影响加工孔距的精度,为提高效率,以慢—快—慢的方式运动,靠近和离开工件时慢,中间移动时速度快。典型的点位控制数控机床有数控钻床、数控冲床、数控点焊机等,如图 1.3 所示。

点位直线控制数控机床:有位置、速度和简单路线控制功能,此机床除了控制点定位外,还能控制刀具沿某个坐标轴平行方向或与坐标轴成 45°夹角方向切削加工,但不能加工任意斜率的直线。如阶梯车削的数控车床,磨削加工的数控磨床,如图 1.4 所示。

轮廓控制数控机床:有每点的位置、速度、路线控制功能,可对 2 坐标或 2 坐标以上坐标轴进行控制,能加工曲线和曲面,在加工过程中,需不断地进行插补运算及相应的速度和位移控制。目前的普通数控车床、数控铣床都属于轮廓控制数控机床,如图 1.5 所示。

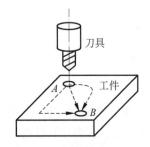 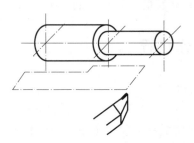 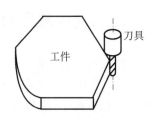

图 1.3　点位控制钻孔加工　　　　图 1.4　点位直线控制切削加工　　　　图 1.5　轮廓控制加工

2. 按工艺用途分类

1) 按机床功能大小分

一般数控机床:如数控车、铣、镗、钻、磨床等,坐标轴数不大于 3,可以加工复杂形状的零件,但加工复杂曲面时表面质量没有多坐标数控机床好。普通数控机床如图 1.6 所示。

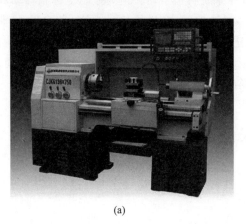 

(a)　　　　　　　　　　　　　　　　(b)

图 1.6　普通数控机床

(a) 车床;(b) 铣床

数控加工中心:在数控铣、镗、钻床的基础上增加了自动换刀装置和刀库,工件一次装夹后可完成多工序加工,自动化程度高。

多坐标数控机床:坐标轴大于 3,能加工高表面质量复杂形状零件。如螺旋桨、飞机曲面零件的加工等,需要三个以上坐标的合成运动才能加工出所需曲面要求,于是出现了多坐标的数控机床。其特点是数控装置控制的轴数较多,机床结构也比较复杂,其坐标轴数通常取决于加工零件的技术要求。现在常用多坐标数控机床有 4、5、6 坐标联动的数控机床,其 X、Y、Z 三个坐标与转台的回转、刀具的摆动可以同时联动,以加工螺旋桨等复杂零件。多坐标数控机床如图 1.7 所示。

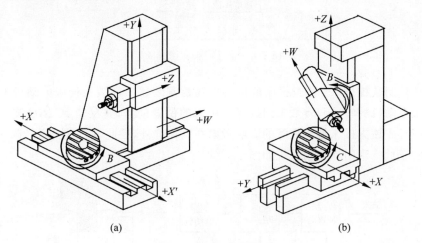

图 1.7 多坐标数控机床

(a) 卧式镗铣床;(b) 六轴加工中心

2)按照功能方向分

数控金属切削机床:数控铣床、数控车床等。

数控金属成形机床:数控金属折弯机等。

数控特种加工机床:数控电火花成形机床、数控线切割机床等。

3. 按伺服系统的控制方式分类

开环控制数控机床:该机床无位置反馈检测装置,其伺服电动机一般采用步进电动机,加工精度不是很高但控制很方便。开环控制系统如图 1.8 所示。

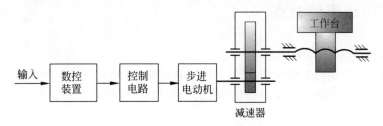

图 1.8 开环控制系统框图

闭环控制数控机床:该类机床有位置反馈检测装置和位置比较电路,位置反馈检测装置安装在工作台导轨上,能实时检测机床工作台的实际位置,并能把检测得到的位置信息反馈回数控装置,数控装置再将程序指定的理论位置与实际位置进行比较,实现机床的闭环控制工作。因此,该类机床的加工精度很高。但是该类机床的反馈信息考虑了丝杠等的影响,所以稳定性较差、系统较复杂、调试难度大。闭环控制系统如图 1.9 所示。

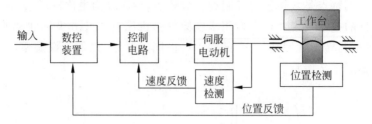

图 1.9　闭环控制系统框图

半闭环控制数控机床:该类机床的位置反馈检测装置一般装在伺服电动机上,通过实时检测伺服电动机的转速和转数来间接反映机床的位置信息,并反馈到 CNC 装置中,因此常称为半闭环。该类机床把丝杠等的影响考虑在反馈之外,因此,稳定性较好、调试较方便,但控制精度较低。半闭环控制系统如图 1.10 所示。

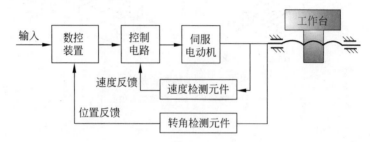

图 1.10　半闭环控制系统框图

4. 按数控装置分类

按数控装置分,数控机床可分为硬件数控机床和软件控制数控机床。硬件数控机床速度快,但功能扩展性和灵活性差;软件控制数控机床主要功能由软件实现,性能好,软件模块化,便于扩展。

1.3.2　数控机床的特点

简单来说,数控机床具有以下特点:

(1) 采用了高性能的主轴及伺服传动系统,机械结构得到简化,传动链较短;

(2) 为了可靠地实现连续性自动化加工,机械结构具有较高的动态刚度及耐磨性,热变形小;

(3) 更多地采用高效率、高精度的传动部件,如滚珠丝杠、直线滚动导轨等;

(4) 加工中心带有刀库、自动换刀装置;

(5) 广泛采用各种辅助装置,如冷却、排屑、防护、润滑、储运等装置。

1. 优势

(1) 具有复杂形状加工能力　复杂形状零件在飞机、汽车、造船、模具、动力设备和国防军工等制造部门具有重要地位,其加工质量直接影响整机产品的性能。数控加工运动的任意可控性使其能完成普通加工方法难以完成或者无法进行的复杂型面加工。

（2）高质量　数控加工是用数字程序控制实现自动加工的，排除了人为误差因素，且加工误差还可以由数控系统通过软件技术进行补偿校正。因此，采用数控加工可以提高零件加工精度和产品质量。

（3）高效率　与采用普通机床加工相比，采用数控加工一般可提高生产率 2～3 倍，在加工复杂零件时生产率可提高十几倍甚至几十倍。特别是加工中心和柔性制造单元等设备，零件一次装夹后能完成几乎所有表面的加工，不仅可消除多次装夹引起的定位误差，还可大大减少加工辅助操作，使加工效率进一步提高。

（4）高柔性　只需改变零件程序即可适应不同品种的零件加工，且几乎不需要制造专用工装夹具，因而加工柔性好，有利于缩短产品的研制与生产周期，适应多品种、中小批量的现代生产需要。

（5）减轻劳动强度，改善劳动条件　数控加工是按事先编好的程序自动完成的，操作者不需要进行繁重的重复手工操作，劳动强度和紧张程度大为降低，劳动条件也相应得到改善。

（6）有利于生产管理　数控加工可预先精确估计加工时间，可大大提高生产率、稳定加工质量、缩短加工周期且易于在工厂或车间实行计算机信息化管理。数控加工技术的应用，使机械加工的大量前期准备工作与机械加工过程连为一体，使零件的计算机辅助设计（CAD）、计算机辅助工艺规划（computer aided process planning，CAPP）和计算机辅助制造（CAM）的一体化成为现实，易于实现现代化的生产管理。

2. 缺点

数控机床价格昂贵，维修较难。数控机床是一种高度自动化的机床，必须配有数控装置或电子计算机，这些电子产品对工作环境的温度、湿度、灰尘等有一定要求；因机床加工精度受切削用量大、连续加工发热多等影响，使其设计要求比通用机床更严格，制造要求更精密，因此数控机床的制造成本较高。此外，由于数控机床的控制系统比较复杂，一些元件、部件精密度较高，以及一些进口机床的技术开发受到条件的限制，所以对数控机床的调试和维修都比较困难。

1.3.3　数控机床的应用

经过多年的发展，已形成种类繁多的 CNC 系统，应用范围也日益广泛，主要应用于：

（1）金属切削，比如数控车、铣床；

（2）金属成形，比如数控折弯机；

（3）特种加工，比如数控电火花成形、线切割机床；

（4）其他类型。

数控机床行业属于技术密集、资金密集、人才密集的产业，数控机床的上游行业主要有钢铁生产、数控系统、机械配件制造、电子元器件等，上游材料价格的波动对数控机床行业具有较强的关联性。若上游材料价格上涨，则将相应提高机床行业的生产成本，但由于下游需求行业广泛，数控机床行业具有较强的定价能力，转移价格上涨的能力较强。数控机床产业链如图 1.11 所示。

图 1.11　数控机床产业链

1.4　数控机床的产生与发展

1.4.1　数控机床的产生

在汽车、拖拉机等大量生产的工业部门中,大都采用自动机床、组合机床和自动线。但这种设备的第一次投资费用大,生产准备时间长,这与改型频繁、精度要求高、零件形状复杂的舰船和宇航以及其他国防工业的要求不相适应。如果采用仿形机床,则要制造靠模,不仅生产周期长,精度亦受限制。

第二次世界大战以后,美国为了加速飞机工业的发展,要求革新一种样板加工的设备。1948 年,美国帕森斯(Parsons)公司在研制加工直升机叶片轮廓检查用样板的机床时,提出了数控机床的初始设想。1952 年,美国帕森斯公司和麻省理工学院研制成功了世界上第一台数控机床。60 多年以来,数控技术得到了迅猛的发展,加工精度和生产效率不断提高。归结起来,数控机床的发展至今已经历了两个阶段和七代。

1.4.2　数控机床的发展历程

数控机床伴随着电子、信息技术的发展,经历了硬件数控阶段和计算机数控阶段。

1. 硬件数控阶段

1952 年,麻省理工学院研制的三坐标联动,插补运算采用脉冲乘法器的数控系统为第一代数控机床。

1959 年,晶体管以其体积小,性能稳定取代以前的电子管,晶体管数控机床为第二代。

1959 年 3 月,美国 Keane Y & Treeker Corp. 公司发明了带有自动换刀装置和刀库的数控机床,称为加工中心。

1965 年,集成电路的出现,大大缩小了电路的体积,并且功耗低、可靠性高,集成电路数控机床为第三代数控机床。

2. 计算机数控阶段

1970 年,小型计算机取代硬件逻辑控制电路,小型计算机控制的数控机床为第四代数控机床。

1974 年前后，美国 Intel 公司开发和使用了微处理器，微处理器数控机床为第五代数控机床。

1990 年后，基于 PC 的数控机床为第六代数控机床。

2015 年左右，与 5G 技术、工业机器人融合集成的数控机床算得上是第七代数控机床。

1.4.3　数控机床的发展趋势

随着计算机技术的发展，数控技术不断采用计算机、控制理论等领域的最新技术成就，使其朝着下述方向发展。

1. 加工高速化、高精度化

速度和精度是数控机床的两个重要指标，目前，纳米控制已成为数控加工的主流，直接关系到产品的加工效率和质量。但是速度和精度这两项技术指标是相互制约的，当位移速度要求越高时，定位精度就越难得到保证。

1) 加工高速化

加工高速化要求对系统硬件作出相当的配置：如采用高速 CPU 芯片；主轴要求高速化，采用电主轴；采用全数字交流伺服；机床动、静态性能的改善。

现代数控系统其位移分辨率与进给速度的对应关系是：在分辨率为 $1\ \mu m$ 时，快进速度达 240 m/min；在分辨率为 $0.1\ \mu m$ 时，快进速度达 24 m/min；在分辨率为 $0.01\ \mu m$ 时，快进速度达 $400\sim800$ mm/min。

目前直线电动机驱动的主轴转速可达 15 000~100 000 r/min，工作台快进速度可达 60~200 m/min，加工切削进给速度高于 60 m/min，最高加速度可达 10 g。DMG 公司的 DMC 165 机床最高转速可达 30 000 r/min，最大快进速度可达 90 m/min，加速度可达 2 g；沈阳机床科技集团有限责任公司与国外联合设计的高速强力主轴，最高转速可达 70 000 r/min；北京精雕科技集团有限公司自主研发的 JDVT600_A12S 高速钻铣中心和 JDLVM400P 高光加工机，主轴最高转速分别可达 20 000 r/min 和 36 000 r/min，且运行平稳，加工出的高光产品表面粗糙度 Ra 可达 20 nm。

2) 加工高精度化

保证精度或提高精度可采取如下措施：提高机械的制造和装配精度；采用高速插补技术，以微小程序段实现连续进给，使 CNC 控制单位精细化；采用高分辨率位置检测装置，提高位置检测精度（日本交流伺服电动机已有装上 1 000 000 脉冲/转的内藏位置检测器，其位置检测精度能达到 $0.01\ \mu m/$脉冲）；位置伺服系统采用前馈控制与非线性控制等方法；采用反向间隙补偿、丝杠螺距误差补偿和刀具误差补偿等技术；采用设备的热变形误差补偿和空间误差的综合补偿技术。研究表明，综合误差补偿技术的应用可将加工误差减少 60%~80%。

2010 年以来，机床加工精度发展较快，普通数控机床和精密加工中心的加工精度分别从当初的 $10\ \mu m$、$3\sim5\ \mu m$ 提高到现在的 $5\ \mu m$、$1\sim1.5\ \mu m$，超精密加工的精度则已进入纳米级。

2. 控制智能化

随着人工智能技术的不断发展,为满足制造业生产柔性化、制造自动化的发展需求,数控技术智能化程度不断提高。发展智能加工的目的是要解决加工过程中众多结果不确定的、要求人工干预的操作。其最终目标是用计算机取代或延伸加工过程中人的参与,实现加工过程中监测、决策与控制的自动化。体现在以下几个方面。

(1) 加工过程自适应控制技术:通过监测主轴和进给电动机的功率、电流、电压等信息,辨识出刀具的受力、磨损及破损状态以及机床加工的稳定性状态,并实时修调加工参数(主轴转速、进给速度)和加工指令,使设备处于最佳运行状态,以提高加工精度、降低工件表面粗糙度,以及保证设备运行的安全性。

(2) 加工参数的智能优化:将零件加工的一般规律、特殊工艺经验,用现代智能方法,构造基于专家系统或基于模型的"加工参数的智能优化与选择",获得优化的加工参数,提高编程效率和加工工艺水平,缩短生产准备时间,使加工系统始终处于较合理和较经济的工作状态。

(3) 智能化交流伺服驱动装置:自动识别负载、自动调整控制参数,包括智能主轴和智能化进给伺服装置,使驱动系统获得最佳运行。

(4) 智能故障诊断技术:根据已有的故障信息,应用现代智能方法,实现故障快速准确定位。

(5) 智能故障自修复技术:根据诊断故障原因和部位,以自动排除故障或指导故障的排除技术。集故障自诊断、自排除、自恢复、自调节于一体,贯穿于全生命周期。智能故障诊断技术在有些数控系统中已有应用,智能化自修复技术还在研究之中。

3. 数控系统的开放化

1) 传统数控系统的特点

(1) 由生产厂家支配价格和结构,各种接口不能通用。

(2) 功能集成停止在微电子技术的应用上,而不是针对开放式的生产环境和功能。

(3) 对于不同的产品,操作、维护方法都必须进行相应的培训。

(4) 对于使用者,控制器成为"黑盒子"无法自行修改更新。

由于传统数控系统的局限性,为满足现代化生产的要求,数控系统需要具有以下特点。

(1) 开放性:可重构性、可维护性、允许用户进行二次开发。

(2) 模块化:具有平台无关性。

(3) 接口协议:可传递性、可移植性。

(4) 可进化性:智能化。

(5) 语言统一化:中性语言 NML、FADL、OSEL。

2) 开放式数控系统的概念

数控系统可以在统一的运行平台上开发,面向机床厂家和最终用户,通过改变、增加或剪裁数控功能,方便地将用户的特殊应用和技术诀窍集成到控制系统中,快速实现不同品种、不同档次的开放式数控系统,形成具有鲜明特色的产品。

开放式数控系统的优点:

(1) 品种减少、批量增加,易于满足用户要求;

（2）开放式的标准框架，促进各行业的软件厂商参与；

（3）软件开发效率提高，产品更新加快；

（4）可使整机具有个性化，降低开发成本；

（5）减少对系统提供商的依赖，保护自己的专有技术；

（6）购买机床时的初期成本透明化；

（7）能实现用户自身独特的 FA 系统设计；

（8）用户界面的一致性，易于使用和培训。

3）开放式数控研究状况

美国在 20 世纪 90 年代初提出了开发下一代控制器（next generation controller，NGC）的计划，以后又提出了 OMAC（open modular architecture control）计划，重点开发以 PC 为平台的开放式模块化控制器。

欧洲也在 20 世纪 90 年代初开始 OSACA（open system architecture for controls within automation system）计划，目标是研制出开放式控制系统的体系结构。

由于技术等方面的限制，要在短期内完全实现这种理想的开放式数控系统，还有不少困难。目前开放式数控的一个具体表现就是发展基于 PC 的数控系统。数控系统的 PC 化正成为开放式数控系统一个潮流，代表了 CNC 发展的主要方向。

基于 PC 的开放式数控系统基本有三种结构形式：PC 嵌入 CNC 型、CNC 嵌入 PC 型和全软件 CNC 型。

4. 并联机床

并联机床相对于传统机床的优越性如下。

（1）机床结构技术上的突破性进展当属 20 世纪 90 年代中期问世的并联机床。与传统机床相比，其在传动原理、结构和布局上有较大的突破。并联机床是机器人技术、机床结构技术、现代伺服驱动技术和数控技术相结合的产物，被称为"21 世纪的机床"。并联机床相对于传统机床，其控制更加灵活，由于是并联结构，可避免悬臂部件产生的大弯矩和扭矩对机床的影响。

（2）传统机床基本上都是遵循笛卡儿直角坐标系的运动原理设计制造出来，其结构为串联结构，存在悬臂部件，承受很大弯矩和扭矩，不容易获得高的结构刚度。另外，传统机床组成环节多，结构复杂，形成误差叠加，限制了加工精度和速度的提高。

并联机床如图 1.12 所示。

5. STEP-NC

1）目前 CNC 系统的局限

数控代码只定义了机床的运动和动作，不包含尺寸公差、精度要求、表面粗糙度等大量信息。生成 G 代码的过程单向不可逆，在加工车间做出的修改无法反馈到设计部门。

各厂商开发的宏和扩展 EIA 代码，使系统间语言不具通用性，对 G、M 代码的解释也不尽相同，不支持 5 轴铣、样条数据、高速切削等功能。

2）STEP-NC 的出现

STEP（standard for the exchange of product model data）即产品模型数据转换标准。

（a）　　　　　　　　　　　　　　　（b）

图 1.12　并联机床

（a）并联机床实物图；（b）并联机床的并联结构示意图

STEP-NC 是 STEP 向数控领域的扩展，它在 STEP 的基础上以面向对象的形式将产品的设计信息与制造信息联系起来，抛弃了传统数控程序中直接对坐标轴和刀具动作进行编码的做法，采用了新的数据格式和面向特征的编程原则。

6. 数控机床与工业机器人融合集成

借助智能化车间布置和 ERP 系统，将多台数控机床多台机器人及辅助设备进行联网，按节拍进行工作。信息管理系统的数据库可以通过网关与各种外部的信息系统进行接口。将车间接入 ERP 系统，查询车间生产状态，实现企业资源的高效配置。这将给传统生产方式带来革新。

数控机床与工业机器人集成如图 1.13 所示。

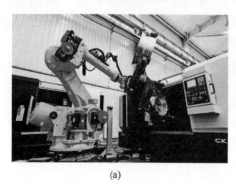

（a）　　　　　　　　　　　　　　　（b）

图 1.13　数控机床与工业机器人集成

（a）数控铣床与搬运机器人融合技术；（b）数控车床与焊接机器人融合技术

7. 数控机床＋5G

5G 技术改变的不仅仅是市场需求，也给工厂设备之间的依存关系和连接模式带来新变化。

5G 技术具有高速率、高可靠性、低延时等特点,机床与 5G 融合,机器可以准确接收并执行指令,灵活无延时,甚至几台机器配合完成高难度的任务。

机床与 5G 融合,工厂不再需要复杂的通信线缆进行数据传输,各系统可直接进行无线传输、无线控制。比如在 4G 时代,企业如果要部署有线网络连接的工业互联网平台,一台机床的连接成本在 3000 元左右,而且牵线不方便。但是通过 5G 超强的连接能力,工厂不再需要有线连接,杜绝了机床线路老化以及迁移不方便问题,降低了成本同时又提供了方便。并且,与机床协同工作的工业机器人也不再需要线缆,可以在各台设备间自由移动,为柔性制造提供了良好的基础。

另外,虽然在 4G 网络时已经发明了诸多智能化软件控制系统,用于监测工厂的运行,但是由于网速的限制,有时这些应用的可靠性并不足。基于 5G 技术,工厂的数字化转型效果更加实用,只要有手机和电脑,通过网络就能随时随地查看所有设备的运行状态,进行监控和管理。企业可以降低人力成本、提高加工效率,获得更好的效益。

5G 促进万物互联,大量工业级数据通过 5G 网络收集起来汇总到云服务器,机床可以结合云计算的超级计算能力进行自主学习和判断,实时给出最佳解决方案。这将缩短生产制造各环节的辅助时间,生产制造效率得以大幅度提高。于是,机床变得更加智能化,机器人成为人的助手,人和机器在工厂中得以共生。

1.5　数控技术在我国的发展情况

我国从 1958 年开始研究数控机械加工技术,同年研制出第一代数控系统产品。20 世纪 60 年代针对壁锥、非圆齿轮等复杂形状的工件研制出了数控壁锥铣床、数控非圆齿轮插齿机等设备,保证了加工质量,减少了废品,提高了效率,取得了良好的效果,并于 1966 年研制出第二代数控系统产品。20 世纪 70 年代针对航空工业等加工复杂形状零件的急需,于 1972 年研制出第三代数控系统产品。从 1973 年开始组织了数控机床攻关会战,经过 3 年努力,到 1975 年已试制生产了 40 多个品种 300 多台数控机床,为第四代数控系统产品。据国家统计局的资料,从 1973—1979 年,7 年内全国累计生产数控机床 4108 台(其中约 3/4以上为数控线切割机床),为第五代数控系统产品,从技术水平来说,大致已达到国外 20 世纪 60 年代后期的技术水平。为了扬长避短,以解决用户急需,并争取打入国际市场,1980 年前后我国采取了暂时从国外(主要是从日本和美国)引进数控装置和伺服驱动系统,为国产主机配套的方针,几年内大见成效。1981 年,我国从日本 FANUC 引进了 5,7,3 等系列的数控系统和直流伺服电动机、直流主轴电动机技术,并在北京机床研究所建立了数控设备厂,当年年底开始验收投产,1982 年生产约 40 套系统,1983 年生产约 100 套系统,1985年生产约 400 套系统,伺服电动机与主轴电动机也配套生产。这些系统是国外 70 年代的水平,功能较全,可靠性比较高,这样就使机床行业发展数控机床有了可靠的基础,使我国的主机品种与技术水平都有较大的发展与提高。1982 年,青海第一机床厂生产的 XHK754 卧式加工中心,长城机床厂生产的 CK7815 数控车床,北京机床研究所生产的 JCS018 立式加工中心,上海机床厂生产的 H160 数控端面外圆磨床等,都能可靠地进行工作,并陆续形成了批量生产。1984 年仅机械工业部门就生产数控机床 650 台,全国当年总产量为 1620 台,已有少数产品开始进入国际市场,还有几种合作生产的数控机床返销国外。1985年,我国数控机床的品种已有了新的发展,除了各类数控线切割机床以外,其他各种金属切削机床(如各种规格的立式、卧式加工中心,立式、卧式数控车床,数控铣床,数控磨床等),也都有了极大的发展。新品种总计45种。到1989年年底,我国数控机床的可供品种已超过300种,其中数控车床占40%,加工中心占27%。

经过几十年的发展已形成具有一定技术水平和生产规模的产业体系,建立了华中数控、沈阳数控、航天数控、广州数控和北京精雕等一批国产数控系统产业基地。虽然国产高端数控系统与国外相比在功能、性能和可靠性方面仍存在一定差距,但近年来在多轴联动控制、功能复合化、网络化、智能化和开放性等领域也取得了一定成绩。

多轴联动控制技术是数控系统的核心和关键,也是制约我国数控系统发展的一大瓶颈。近年来,华中数控、航天数控、北京机电院、北京精雕等已成功研发五轴联动的数控系统。2013年,应用华中数控系统,武汉重型机床集团有限公司成功研制出CKX5680七轴五联动车铣复合数控加工机床,用于大型高端舰船推进器关键部件——大型螺旋桨(见图1.14)的高精、高效加工。同年,北京精雕推出了JD50数控系统,具备高精度多轴联动加工控制能力,满足微米级精度产品的多轴加工需求,配备JD50数控系统的SmartCNC500E— DRTD系列精雕机,可用于加工航空航天精密零部件叶轮(见图1.15)。

图1.14　七轴五联动复合机床加工大型螺旋桨　　图1.15　五轴联动精雕机加工叶轮

(1) 功能复合化　数控技术与CAD/CAM技术的无缝集成,有效提高了产品加工的效率和可靠性,在加工技术产业链里的地位越发重要。北京精雕推出的JD50数控系统,正是集CAD/CAM技术、数控技术、测量技术为一体的复合式数控系统,具备在机测量自适应补偿功能。该功能在工件加工过程中实时测量,并根据测量结果构建工件实际轮廓,将其与理论轮廓间的偏差值自动补偿至加工路径。该功能有效解决了产品加工过程中由于来料变形、装夹变形、装夹偏位等因素影响导致后续加工质量不稳定的问题。

(2) 网络化与智能化　2014年第八届中国数控机床展览会(CCMT 2014)上,华中数控围绕新一代云数控的主题,推出了配置机器人生产单元的新一代云数控系统和面向不同行业的数控系统解决方案。新一代云数控系统以华中8型高端数控系统为基础,结合网络化、信息化的技术平台,提供"云管家、云维护、云智能"三大功能,完成设备从生产到维护保养及改造优化的全生命周期管理,打造面向生产制造企业、机床厂商、数控厂商的数字化服务平台。

（3）开放性 数控系统的开放性为大型生产活动的自动化、信息化创造了有利条件,也是"工业 4.0"时代对数控系统提出的新要求。北京精雕的 JD50 数控系统采用开放式体系架构,支持 PLC、宏程序以及外部功能调用等系统扩展功能。PLC 系统硬件平台提供多种总线接口,可灵活实现与各类外部设备的连接,为大型加工企业的自动化改造提供了软、硬件支持。此外,JD50 数控系统提供包括加工文件操作、机床信息获取、机床状态监控、机床远程控制在内的 4 大类网络接口,可以轻松接入客户工厂的信息化管理系统。另外该数控系统还支持半导体设备通信标准接口 SECS,支持包括 HSMS、SECS-II 和 GEM 在内的三层标准协议,能快速接入高度自动化的半导体制造厂的计算机集成制造管理系统（CIMS）。

（4）远程监控及故障诊断 广州数控提出的数控设备网络化解决方案,可对车间生产状况进行实时监控和远程诊断,目前已实现了基于 TCP/IP 的远程诊断与维护,降低了售后服务成本,也为故障知识库和加工知识库的建立奠定了基础。

1. 我国数控技术发展现状

（1）基本形成了数控产业基地。

（2）基本掌握了现代数控技术。

（3）基本建立了数控研究、开发、管理人才队伍。

2. 国人对数控技术的认识转变

国人对数控技术的认识转变主要体现在以下三个方面。

（1）各级主管部门对数控技术重要性及发展数控产业迫切性、艰巨性的认识发生了根本转变;考克斯报告、科索沃战争使各级领导更深刻意识到装备工业落后只能挨打。

（2）数控产业化管理体制和机制发生了转变,使数控企业活力增强。

（3）用户对国产数控系统及国产数控设备信誉度提高,需求增加。

3. 与国外相比,我国数控技术的"四个差距"

（1）高档数控机床市场占有率低,品种覆盖率小。

（2）成套性差,伺服、主轴不配套。

（3）可靠性相对差,商品化程度不足。

（4）名牌效应差,用户信心不足。

上述的数控技术现状与差距形成的主要原因是:以往历次的攻关主要是从技术的角度关注数控产业的问题,而不是从系统工程的角度去综合考虑影响数控产业化的诸多因素,导致了数控技术研究、开发、生产等环节的脱节;数控装置、驱动、电动机配套的脱节;数控系统生产厂与主机生产厂脱节;数控系统生产与客户需求有些脱节。

目前,我国除具有设计与生产常规的数控机床（包括 CNC 系统的车、铣、加工中心机床等）外,还生产出了柔性制造系统。具有我国自主知识产权、有中国特色的开放式体系结构的华中高性能数控系统,具有四通道、16 轴控制、9 轴联动的控制能力,打破国外高性能数控系统对中国的封锁,功能达到国外高档数控系统的水平,价格比国外普及型数控系统约低50％,达到了国际先进水平。

　　这一切说明,我国的机床数控技术已经进入了一个新的发展时期。预计在不久的将来,我国将会赶上和超过世界先进国家的水平。

 习题

1-1　什么是数字控制? 什么是数控技术?

1-2　数控装置由哪些部分组成?

1-3　分析数控机床的组成和工作原理。

1-4　简述数控系统的工作过程。

1-5　什么是点位控制、点位直线控制、轮廓控制,三者有何区别?

1-6　分析三种伺服系统控制方式的控制特点。

1-7　简述数控机床的分类。

1-8　简述数控技术的发展趋势。

1-9　什么叫脉冲当量? 数控机床常用的脉冲当量是多少? 它影响着数控机床的什么性能?

自测题

插 补 原 理

　　在机床的实际加工中，被加工工件的轮廓形状千差万别，各式各样。严格说来，为了满足几何尺寸精度的要求，刀具中心轨迹应该准确地依照工件的轮廓形状来生成。然而，对于简单的线条，数控装置易于实现，但对于较复杂的形状，若直接生成，势必会使算法变得很复杂，甚至不可能，数控装置的工作量也相应地大大增加。因此，在实际应用中，常常采用一小段直线或圆弧去进行逼近，有些场合也可以用抛物线、椭圆、双曲线和其他高次曲线去逼近（或称为拟合）。实现这些逼近操作就需要插补运算。

2.1　插补概念分析

　　数控机床相对于传统机床的最大特点是运用了现代计算机技术实现了刀具或工件运动轨迹的自动控制。显然，机床导轨是互相垂直的，并且单个导轨只能走直线，因此，加工平面斜线、曲线时就需要两个导轨按照一定的一一对应关系协调进给；若要求加工曲面就需要三个或三个以上导轨协调进给。导轨的协调工作过程需要数控系统根据待要求加工轨迹的函数及提供的数据，通过软件或软件与硬件结合的方法进行插补运算来实现。插补运算完成后，数控系统通过接口向各个导轨的伺服系统输出能走出待加工轨迹的进给脉冲，经伺服系统功率放大后驱动导轨运动，得到要求的加工轨迹。

2.1.1　插补的概念

　　插补(interpolation)：数控装置依据编程时的有限数据，按照一定的计算方法，用基本线型(直线、圆弧等)拟合出所需要轮廓的轨迹,边计算边根据计算结果向各坐标轴进行脉冲分配,从而满足加工要求的过程。

一般情况下是已知运动轨迹的起点坐标、终点坐标和轨迹的曲线方程,要求 CNC 装置生成能拟合轨迹曲线方程的一系列中间离散点,再用小线段或圆弧连接这些中间离散点从而拟合出轨迹曲线,这些中间离散点即拟合线段的交点或切点称为节点。节点的坐标值需要实时地计算出来,这就需要通过数控装置的计算"插入中间点、补上中间拟合线段",这也是为何称为"插补"的原因。

插补工作过程是使几个独立的坐标轴协调运动组合成所需要的轮廓曲线的过程。其组合方法,可以是坐标的简单运动组合,或者是由分段协调成的简单曲线(如直线和圆弧)来近似组合成复杂曲线的组合。因此,插补就是生成刀具运动轨迹的一种方法。

插补工作可以用硬件或软件来实现,早期的硬件数控都采用硬件的数字逻辑电路来完成插补工作。在计算机数控中,插补工作一般由软件来完成,也可以由软硬件配合来完成。插补运算完成后,数控装置通过接口采用电压脉冲作为插补点坐标的增量向各坐标轴输出,机床伺服驱动系统根据这些坐标值控制各坐标轴协调运动,加工出预定的几何形状。

2.1.2　插补需要解决的问题

(1) 让单独的坐标分别运动合成理想的轨迹。

(2) 几个坐标同时进给,还是每次单坐标进给。

(3) 判断进给哪一个坐标可使拟合误差更小。

(4) 每次插补进给多少。

(5) 如果同时进给,各个坐标进给的比例是多少。

(6) 选用什么样的实际轨迹合成后与理想轨迹误差最小。

2.1.3　插补的实质

曲线方程 $y = f(x)$ 本身就代表坐标量之间的制约,表示 X 与 Y 一一对应。对于曲线上的某一点的邻域,其坐标增量关系也是确定的,即给 x_1 一个增量 Δx,存在一个 Δy 使 $y_1 + \Delta y = f(x_1 + \Delta x)$。这是 Δx 与 Δy 之间的一种制约,即由 Δx 找到一个 Δy 使 $f(x_1 + \Delta x)$ 等于或接近于 $y_1 + \Delta y$。也可以这样理解,每个 Δx 就有唯一的一个 Δy 对应,这里 Δx 和 Δy 可以指位移,也可以指速度。插补就是这种寻找 Δx 与 Δy 之间制约的方法。数值是通过函数关系算出来的,插补不一定是计算出来的,由于增量有一定的限制,比如规定了一个最小进给单位,比这更小的量进给起来就困难,所以插补有它独特的处理方法。比如说用最小进给长度单位去拟合和逼近曲线,插补就是要求出在误差允许范围内的 X 与 Y 一一对应的 Δx 与 Δy 之间的制约。

2.1.4　插补的基本要求

(1) 插补所需的原始数据要少。

(2) 插补结果没有累计误差。

(3) 进给速度的变化要小。

（4）插补计算速度快。

2.1.5 插补方法的分类

插补方法根据数学模型分，有连续小线段插补和参数曲线直接插补；根据按插补器的结构分，有硬件插补和软件插补；根据数值输出方式分，有脉冲增量插补和数字增量插补（数据采样插补）。这里主要介绍脉冲增量插补、数据采样插补。

1. 脉冲增量插补

脉冲增量插补的特点是 CNC 每次插补运算完后，向各个轴的伺服系统输出进给脉冲；输出脉冲的频率大小控制运动轴的运动速度；输出脉冲的个数控制运动轴的运动位移；输出脉冲序列的方向控制运动轴的运动方向。由于每产生一个进给脉冲都需要进行一次插补运算，因此脉冲增量插补周期随进给速度值而变化，进给速度越高，插补周期时间越短，但是插补周期不能低于插补运算计算机所需的时间。脉冲增量插补适用于开环控制的步进电动机驱动系统以及闭环控制伺服系统的精插补。常用的脉冲增量插补方法主要有以下两种：

（1）逐点比较法；

（2）数字积分法。

2. 数据采样插补

数据采样插补的特点是 CNC 每次插补运算完后输出坐标点的二进制数字坐标，分粗插补和精插补两个步骤。粗插补主要完成用小线段逼近待加工曲线轨迹；精插补则完成小线段的脉冲增量插补。数据采样插补的插补周期不随进给速度而变化，且不是每个进给脉冲都需要插补计算，所以容易获得高的进给速度。数据采样插补适合于闭环、半闭环交直流伺服驱动系统。常用的数据采样插补方法主要有以下两种：

（1）时间分割法；

（2）扩展数字积分法。

插补中有时候为了提高效率，不平滑的曲线及复杂型面通常采用连续小线段来拟合代替，但这样的插补运算控制容易出现振动、插补过切等问题。

参数曲线直接插补是指 CNC 接收到控制点或者型值点序列信息以后，直接生成切削轨迹，并按照给定的进给速度及加速度，换算成各坐标轴的插补周期内的进给量，然后经过实时插补运算、速度规划等输出刀具运动控制指令来加工出零件的轮廓。目前常见的参数插补方法主要有 Hermite 曲线插补、Bezier 曲线插补、B 样条曲线插补以及 NURBS 插补。其中 B 样条曲线插补和 NURBS 插补是在前面两种曲线插补的基础上发展而来的。目前应用较多的是 B 样条曲线插补和 NURBS 插补，而 NURBS 插补又是 B 样条曲线插补的一次改进，其本质是差不多的。

2.2 硬 件 插 补

数控机床最早出现的插补器是数字脉冲乘法器，由硬件组成，又称为二进制比例乘法器（MIT 方法），只能实现直线的插补，但是能方便地实现多坐标同时插补，即能方便地实现多坐标联动工作。

2.2.1　数字脉冲乘法器的工作原理

　　数字脉冲分频器是数字脉冲乘法器的主要部件,其电路由四个主从式 J-K 触发器、四个与门 $P_1 \sim P_4$ 和一个时钟 CP 组成,如图 2.1(a)所示。主从式 J-K 触发器的 J、K 端均悬空,此时其状态方程为: $Q^{n+1} = \bar{Q}^n$,即来一个时钟脉冲就改变一次状态。四个主从式 J-K 触发器组成的电路形成了一个四位二进制计数器,时钟 CP 每输入 16 个脉冲,计数器就完成一次计数循环。

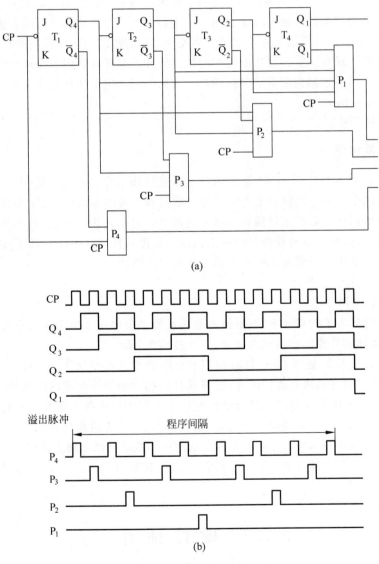

图 2.1　数字脉冲分频器的工作原理

在每次计数循环中,CP 每输入 16 个脉冲,输出端 P_4 输出第 1、3、5、7、9、11、13、15 号脉冲,共 8 个脉冲;输出端 P_3 输出第 2、6、10、14 号脉冲,共 4 个脉冲;输出端 P_2 输出第 4、12 号共 2 个脉冲;输出端 P_1 输出第 8 号共 1 个脉冲。这些脉冲的宽度与时钟 CP 脉冲相同,不相互重叠,并且呈 $(2^{n-1}, 2^{n-2}, \cdots, 2^1, 2^0)$ 倍数关系从四个与门分配输出,如图 2.1(b)所示,因此,该电路称为脉冲分频器。

数字脉冲乘法器由脉冲分频器、与门组和一个或门组成,如图 2.2 所示,与门组 G_1,$G_2, \cdots, G_n$ 的输入端为脉冲分频器的输出端和二进制数系列。在一个时钟周期内,脉冲分频器输出端 $P_1, P_2, \cdots, P_n$ 分别输出 $2^0, 2^1, \cdots, 2^{n-2}, 2^{n-1}$ 个脉冲,与门 $G_1, G_2, \cdots, G_n$ 若要有输出则须使 $a_1, a_2, \cdots, a_n$ 为 1。若取二进制数 $[A]_2 = a_n a_{n-1} \cdots a_2 a_1$,则或门输出脉冲个数 s 为

$$s = \sum p = 2^{n-1} a_n + 2^{n-2} a_{n-1} + \cdots + 2 a_2 + 2^0 a_1 \tag{2-1}$$

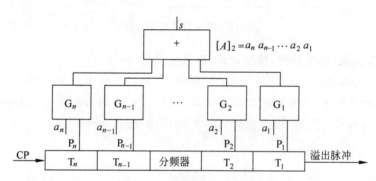

图 2.2　数字脉冲乘法器

数字脉冲乘法器的实质是实现了取二进制数 $[A]_2 = a_n a_{n-1} \cdots a_2 a_1$ 的十进制脉冲个数输出,即或门输出脉冲数为 $[A]_2$ 的十进制数值。

从控制方面讲,二进制数 $[A]_2 = a_n a_{n-1} \cdots a_2 a_1$ 实现了对与门组的控制,与门 G_1,$G_2, \cdots, G_n$ 若要有输出则须使 $a_1, a_2, \cdots, a_n$ 相应为 1,否则,若 a_n 为 0,则对应的与门 G_n 关闭,没有输出,所以,二进制数 $[A]_2 = a_n a_{n-1} \cdots a_2 a_1$ 通常称为控制数。

2.2.2　数字脉冲乘法器的直线插补

平面直线插补装置(见图 2.3)主要由分频器(J_{X_e}, J_{Y_e})及 2 个寄存器、与门组等组成,2 个寄存器分别存储待插补直线的终点坐标 x_e、y_e 的二进制数值,由上述数字脉冲乘法器可知,s_x、s_y 输出的脉冲个数是直线的终点坐标 x_e、y_e 的十进制数,即 s_x 输出脉冲个数为 x_e,s_y 输出脉冲个数为 y_e。

两个方向的脉冲比为 $\dfrac{s_y}{s_x} = \dfrac{y_e}{x_e}$;两个方向的速度比为 $\dfrac{v_y}{v_x} = \dfrac{s_y \delta / t}{s_x \delta / t} = \dfrac{y_e}{x_e}$。

因此用脉冲序列 s_x、s_y 去控制伺服系统就可描画出增量为 x_e 和 y_e,斜率为 $\dfrac{y_e}{x_e}$ 的直线。

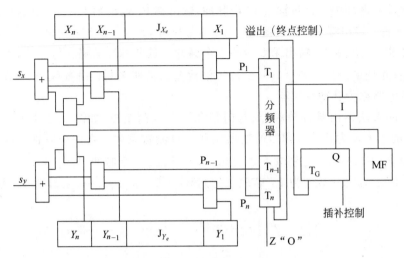

图 2.3　平面直线插补装置

例 2.1 乘法器(四位分频)加工直线,终点坐标为(10,6)。

解析:四位分频在一个时钟周期 16 个脉冲内,其 4 个输出口分别输出 8、4、2、1 个脉冲,因此,只要打开第一、三号输出口就可输出 10 个脉冲,此时控制数为 1010;打开第二、三号输出口就可以输出 6 个脉冲,此时控制数为 0110,如图 2.4 所示。

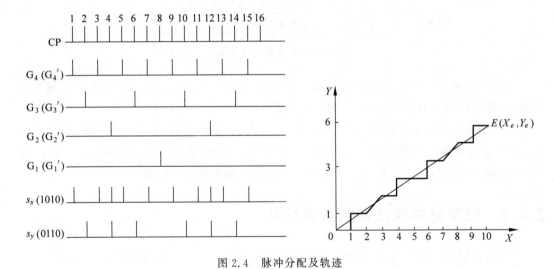

图 2.4　脉冲分配及轨迹

2.2.3　脉冲分配的不均匀性问题

由图 2.4 可以看出,s_x、s_y 输出的进给脉冲分布不是很均匀,若直接用此进给脉冲去驱动电动机工作,电动机的转速也不均匀,这对加工质量有较大的影响,因为每次加减速,刀具都会在加工表面留下痕迹,要解决脉冲分配的不均匀性问题一般是在输出端增加均匀器,如图 2.5 所示。

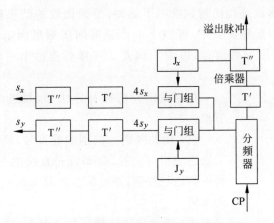

图 2.5 具有均匀器的数字脉冲乘法器

均匀器其实就是一个二进制的分频器,一般采用 2 级或 3 级,即把 s_x、s_y 输出的进给脉冲再经过两级分频后才输出给 x、y 轴,均匀处理后的输出脉冲均匀度大为提高,但是此时的脉冲总数只有 $s_x/4$、$s_y/4$,而不是 s_x、s_y,克服这个问题只需把主分频器容量扩大 4 倍,这样经 2 级分频后才输出给 x、y 轴的脉冲总数就是 s_x、s_y 了,如图 2.6 所示。

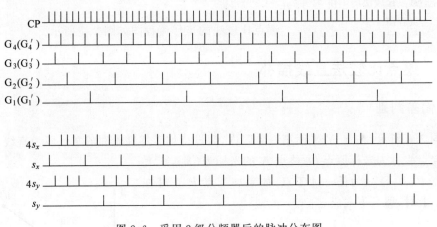

图 2.6 采用 2 级分频器后的脉冲分布图

2.3 逐点比较法

2.3.1 逐点比较法插补原理

逐点比较法插补又称为区域判别法、代数运算法、醉步式近似法,是早期开环数控系统广泛采用的一种插补方法。逐点比较法可以实现直线插补,也可以实现圆弧插补。这种插补法的特点是运算直观,插补误差小于一个脉冲当量,输出脉冲均匀,速度变化小,调节方便。

逐点比较法的插补原理为:当刀具按照要求的轨迹移动时,每走一步都要将加工点的瞬时坐标与规定的图形轨迹相比较判断一下偏差,根据比较的结果确定下一步的移动方向;如果加工点走到图形外面去了,那么下一步就要向图形里面走;如果加工点在图形里面,则下一步就要向图形外面走,以缩小偏差。这样就能得出一个非常接近规定图形的轨迹。

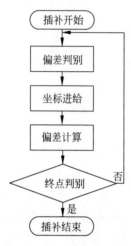

图 2.7　逐点比较法的工作
流程图

在逐点比较法插补算法中,每进给一步需要以下四个节拍。

(1) 偏差判别　判别偏差符号,确定加工点相对于待加工轨迹的相对位置,比如说是直线的上方还是下方,是圆弧的内侧还是外侧,并由偏差的符号决定下一步插补坐标进给的方向。

(2) 坐标进给　根据偏差情况,实现对相应坐标轴的脉冲进给,驱动伺服系统运动。

(3) 偏差计算　进给一步后,计算新的加工点与待加工轨迹的新偏差,此新偏差值作为下一步偏差判别的依据。

(4) 终点判别　根据这一步进给结果,判定终点是否到达。如果未到终点,继续插补;如果已到达终点就停止插补。

逐点比较法的工作流程图如图 2.7 所示。

2.3.2　逐点比较法直线插补

1. 偏差判别

如图 2.8 所示,在 X、Y 平面第一象限内,假设待加工零件轮廓的某一段为直线,若该直线加工起点坐标为坐标原点 O,终点 A 的坐标为 (X_e, Y_e)。

设点 $P(X_i, Y_i)$ 为任一加工点,如果加工点 P 正好在直线 OA 上时,那么下式成立:

$$\frac{Y_i}{X_i} = \frac{Y_e}{X_e}$$

即

$$X_e Y_i - X_i Y_e = 0$$

如果加工点 $P(X_i, Y_i)$ 在直线 OA 的上方(严格地说,在直线 OA 与 Y 轴所成夹角区域内),那么下式成立:

$$\frac{Y_i}{X_i} > \frac{Y_e}{X_e}$$

即

$$X_e Y_i - X_i Y_e > 0$$

如果加工点 $P(X_i, Y_i)$ 在直线 OA 的下方(严格地说,在直线 OA 与 X 轴所成夹角区域内),那么下式成立:

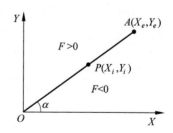

图 2.8　逐点比较法直线插补

$$\frac{Y_i}{X_i} < \frac{Y_e}{X_e}$$

即

$$X_e Y_i - X_i Y_e < 0$$

设偏差函数为 F，则

$$F = X_e Y_i - X_i Y_e \qquad (2\text{-}2)$$

综上所述有如下结论：

当 $F = 0$ 时，表示加工点 (X_i, Y_i) 落在直线上；

当 $F > 0$ 时，表示加工点 (X_i, Y_i) 落在直线的上方；

当 $F < 0$ 时，表示加工点 (X_i, Y_i) 落在直线的下方。

F 式称为"直线加工偏差判别式"，也称"偏差判别函数"，F 的数值称为"偏差"，根据偏差就可以判别加工点与待加工直线 OA 的相对位置。

2. 坐标进给

从图 2.9 可以看出，对于起点在原点 O，终点为 $A(6,4)$ 的第一象限的直线 OA 来说，当加工点 P 在直线上方（即 $F > 0$）时，应该向 $+X$ 方向发一脉冲，使机床刀具向 $+X$ 方向前进一步，以接近该直线；当加工点 P 在直线下方（即 $F < 0$）时，应该向 $+Y$ 方向发一脉冲，使刀具向 $+Y$ 方向前进一步，接近该直线；当加工点 P 正好在直线上（即 $F = 0$）时，既可向 $+X$ 方向，又可向 $+Y$ 方向发一脉冲，但通常将 $F > 0$ 和 $F = 0$ 归于一类，即 $F \geqslant 0$ 时向 $+X$ 方向发一脉冲。这样从坐标原点开始，走一步，算一算，判别 F，逐点接近直线 OA。

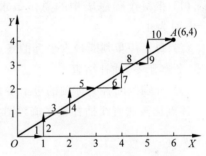

图 2.9 逐点比较法直线插补轨迹

3. 偏差计算

假如按照上述法则进行 F 的运算时，则要作乘法和减法运算，为了简化式(2-2)的计算，通常采用的方法是迭代法，或称递推法。即每走一步后，新加工点的偏差用前一点的偏差递推出来，此时偏差的计算仅用加减法。下面分两种情况推导出递推公式。

(1) 当偏差值 $F \geqslant 0$ 时，规定向 X 轴正方向发出一进给脉冲，刀具从现加工点 (X_i, Y_i) 向 X 轴正方向前进一步，因为脉冲增量插补每次前进只移动一个脉冲，则新加工点为 $(X_i + 1, Y_i)$，则新加工点的偏差值为

$$F_{i+1} = X_e Y_i - X_{i+1} Y_e = X_e Y_i - (X_i + 1) Y_e$$
$$= X_e Y_i - X_i Y_e - Y_e$$

则有

$$\begin{cases} X_{i+1} = X_i + 1 \\ F_{i+1} = F_i - Y_e \end{cases} \qquad (2\text{-}3)$$

(2) 当偏差值 $F<0$ 时,规定向 Y 轴正方向发出一个进给脉冲,刀具从现加工点 (X_i,Y_i) 向 Y 轴正方向前进一步,到达新加工点 (X_i,Y_i+1),则新加工点的偏差值为

$$F_{i+1} = X_e Y_{i+1} - X_i Y_e = X_e(Y_i+1) - X_i Y_e$$
$$= X_e Y_i - X_i Y_e + X_e$$

则有

$$\begin{cases} Y_{i+1} = Y_i + 1 \\ F_{i+1} = F_i + X_e \end{cases} \tag{2-4}$$

由式(2-3)和式(2-4)可以看出,新加工点的偏差完全可以用前一加工点的偏差和 X_e、Y_e 递推出来。

综上所述,逐点比较法第一象限直线插补时坐标进给方向和新偏差为

当 $F \geq 0$ 时,应走 $+\Delta X$,新偏差 $F_{i+1} = F_i - Y_e$;

当 $F<0$ 时,应走 $+\Delta Y$,新偏差 $F_{i+1} = F_i + X_e$。

4. 终点判别

直线插补的终点判别,可采用以下三种方法。

(1) 把每个程序段中的总步数求出来,即 $N = X_e + Y_e$,每走一步,进行 $N-1$,直到 $N=0$ 时为止。

(2) 每走一步判断最大坐标的终点坐标值(绝对值)与该坐标累计步数坐标值之差是否为零,若等于零,插补结束。

(3) 分别判断各坐标轴的进给步数,是否都减到零。

逐点比较法直线插补程序流程图如图 2.10 所示。

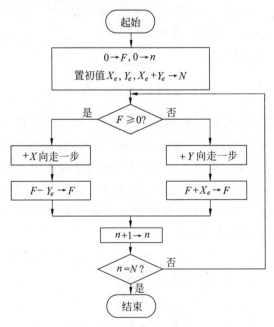

图 2.10　逐点比较法直线插补程序流程图

5. 逐点比较法直线插补举例

例 2.2　欲加工一直线 **OA** 如图 2.9 所示,直线的起点为坐标原点 **O(0,0)**,终点为 **A(6,4)**。试用逐点比较法对该直线段进行插补,并画出插补轨迹。

解析:插补运算过程见表 2.1,表中 X_e、Y_e 是直线终点坐标,终点判别值 $\Sigma = X_e + Y_e = 6 + 4 = 10$,$F_i$ 是第 i 个插补循环时的偏差函数值,起始时 $F_0 = 0$。

表 2.1　逐点比较法直线插补运算过程

步数	偏差判别	坐标进给	偏差计算	终点判别
0			$F_0 = 0$	$\Sigma = 10$
1	$F_0 = 0$	$+X$	$F_1 = F_0 - Y_e = 0 - 4 = -4$	$\Sigma = 10 - 1 = 9$
2	$F_1 < 0$	$+Y$	$F_2 = F_1 + X_e = -4 + 6 = 2$	$\Sigma = 9 - 1 = 8$
3	$F_2 > 0$	$+X$	$F_3 = F_2 - Y_e = 2 - 4 = -2$	$\Sigma = 8 - 1 = 7$
4	$F_3 < 0$	$+Y$	$F_4 = F_3 + X_e = -2 + 6 = 4$	$\Sigma = 7 - 1 = 6$
5	$F_4 > 0$	$+X$	$F_5 = F_4 - Y_e = 4 - 4 = 0$	$\Sigma = 6 - 1 = 5$
6	$F_5 = 0$	$+X$	$F_6 = F_5 - Y_e = 0 - 4 = -4$	$\Sigma = 5 - 1 = 4$
7	$F_6 < 0$	$+Y$	$F_7 = F_6 + X_e = -4 + 6 = 2$	$\Sigma = 4 - 1 = 3$
8	$F_7 > 0$	$+X$	$F_8 = F_7 - Y_e = 2 - 4 = -2$	$\Sigma = 3 - 1 = 2$
9	$F_8 < 0$	$+Y$	$F_9 = F_8 + X_e = -2 + 6 = 4$	$\Sigma = 2 - 1 = 1$
10	$F_9 > 0$	$+X$	$F_{10} = F_9 - Y_e = 4 - 4 = 0$	$\Sigma = 1 - 1 = 0$

刀具在整个加工过程中的运动插补轨迹,如图 2.9 中的折线所示。

2.3.3　逐点比较法圆弧插补

1. 偏差判别

设要加工图 2.11 所示第一象限逆时针走向的半径为 R 的圆弧 AB,以原点 O 为圆心,起点为 $A(X_A, Y_A)$,终点为 $B(X_B, Y_B)$。

对于任一加工点 $P(X_i, Y_i)$,其偏差函数 F_i 可以表示为

$$F_i = X_i^2 + Y_i^2 - R^2 \qquad (2\text{-}5)$$

如果点 $P(X_i, Y_i)$ 正好落在圆弧上,那么下式成立:

$$F_i = X_i^2 + Y_i^2 - R^2 = 0$$

如果点 $P(X_i, Y_i)$ 在圆弧外侧,那么下式成立:

$$F_i = X_i^2 + Y_i^2 - R^2 > 0$$

如果点 $P(X_i, Y_i)$ 在圆弧内侧,那么下式成立:

$$F_i = X_i^2 + Y_i^2 - R^2 < 0$$

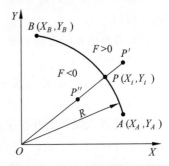

图 2.11　逐点比较法圆弧插补

2. 坐标进给

圆弧插补脉冲进给的原则是靠近圆弧,即只是向靠近圆弧的方向进给脉冲,如果点

$P(X_i, Y_i)$ 在圆弧外侧或圆弧上,即满足 $F \geqslant 0$ 的条件时,那么向 X 轴负方向发出一进给脉冲 $(-\Delta X)$,向圆弧内走一步;如果点 $P(X_i, Y_i)$ 在圆弧内侧,即满足 $F < 0$ 的条件时,那么向 Y 轴正方向发出一进给脉冲 $(+\Delta Y)$,向圆弧外走一步。

3. 偏差计算

为了简化式(2-5)偏差判别式的计算,要采用递推式或迭代式计算出下一步新的加工偏差。下面以第一象限逆圆弧为例推导出逐点比较法偏差计算公式。

设加工点 $P(X_i, Y_i)$ 在圆弧外侧或圆弧上,则加工偏差 $F \geqslant 0$,刀具需向 X 坐标负方向进给一步,即移到新的加工点 $P(X_i-1, Y_i)$。新加工点的加工偏差为

$$F_{i+1} = (X_i-1)^2 + Y_i^2 - R^2$$
$$= X_i^2 + Y_i^2 - R^2 - 2X_i + 1$$

则有

$$\begin{cases} X_{i+1} = X_i - 1 \\ F_{i+1} = F_i - 2X_i + 1 \end{cases}$$

设加工点 $P(X_i, Y_i)$ 在圆弧内侧,则加工偏差 $F < 0$,刀具需向 Y 坐标正方向进给一步,即移到新的加工点 $P(X_i, Y_i+1)$。新加工点的加工偏差为

$$F_{i+1} = X_i^2 + (Y_i+1)^2 - R^2$$
$$= X_i^2 + Y_i^2 - R^2 + 2Y_i + 1$$

则有

$$\begin{cases} Y_{i+1} = Y_i + 1 \\ F_{i+1} = F_i + 2Y_i + 1 \end{cases}$$

4. 终点判别

和直线插补一样,逐点比较法圆弧插补除偏差计算外,还要进行终点判别,判别方法与直线插补相同。

(1) 判断插补或进给的总步数 $N = |X_A - X_B| + |Y_A - Y_B|$;

(2) 分别判断插补各坐标轴的进给步数 $N_X = |X_A - X_B|$,$N_Y = |Y_A - Y_B|$。

逐点比较法圆弧插补程序流程图如图 2.12 所示。

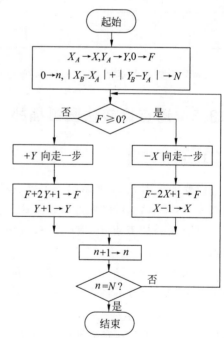

图 2.12　逐点比较法圆弧插补程序流程图

5. 逐点比较法圆弧插补举例

例 2.3 设要加工图 2.13 所示逆圆弧 AB,圆弧的起点为 $A(10, 0)$,终点为 $B(6, 8)$。试对该段圆弧进行插补,并画出插补轨迹。

解析:插补运算过程和刀具运动轨迹分别见表 2.2 和图 2.13 中折线。

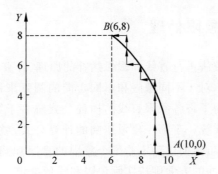

图 2.13 逐点比较法圆弧插补轨迹

表 2.2 逐点比较法逆圆插补运算过程

步数	偏差判别	坐标进给	偏差计算	坐标计算	终点判别
0			$F_0 = 0$	$X_0 = X_A = 10$ $Y_0 = Y_A = 0$	$\Sigma = 0; N = 12$
1	$F_0 = 0$	$-X$	$F_1 = F_0 - 2X_0 + 1$ $= 0 - 2 \times 10 + 1 = -19$	$X_1 = X_0 - 1 = 9$ $Y_1 = Y_0 = 0$	$\Sigma = 1 < N$
2	$F_1 = -19 < 0$	$+Y$	$F_2 = F_1 + 2Y_1 + 1$ $= -19 + 2 \times 0 + 1 = -18$	$X_2 = X_1 = 9$ $Y_2 = Y_1 + 1 = 1$	$\Sigma = 2 < N$
3	$F_2 = -18 < 0$	$+Y$	$F_3 = F_2 + 2Y_2 + 1$ $= -18 + 2 \times 1 + 1 = -15$	$X_3 = X_2 = 9$ $Y_3 = Y_2 + 1 = 2$	$\Sigma = 3 < N$
4	$F_3 = -15 < 0$	$+Y$	$F_4 = F_3 + 2Y_3 + 1$ $= -15 + 2 \times 2 + 1 = -10$	$X_4 = X_3 = 9$ $Y_4 = Y_3 + 1 = 3$	$\Sigma = 4 < N$
5	$F_4 = -10 < 0$	$+Y$	$F_5 = F_4 + 2Y_4 + 1$ $= -10 + 2 \times 3 + 1 = -3$	$X_5 = X_4 = 9$ $Y_5 = Y_4 + 1 = 4$	$\Sigma = 5 < N$
6	$F_5 = -3 < 0$	$+Y$	$F_6 = F_5 + 2Y_5 + 1$ $= -3 + 2 \times 4 + 1 = 6$	$X_6 = X_5 = 9$ $Y_6 = Y_5 + 1 = 5$	$\Sigma = 6 < N$
7	$F_6 = 6 > 0$	$-X$	$F_7 = F_6 - 2X_6 + 1$ $= 6 - 2 \times 9 + 1 = -11$	$X_7 = X_6 - 1 = 8$ $Y_7 = Y_6 = 5$	$\Sigma = 7 < N$
8	$F_7 = -11 < 0$	$+Y$	$F_8 = F_7 + 2Y_7 + 1$ $= -11 + 2 \times 5 + 1 = 0$	$X_8 = X_7 = 8$ $Y_8 = Y_7 + 1 = 6$	$\Sigma = 8 < N$
9	$F_8 = 0$	$-X$	$F_9 = F_8 - 2X_8 + 1$ $= 0 - 2 \times 8 + 1 = -15$	$X_9 = X_8 - 1 = 7$ $Y_9 = Y_8 = 6$	$\Sigma = 9 < N$
10	$F_9 = -15 < 0$	$+Y$	$F_{10} = F_9 + 2Y_9 + 1$ $= -15 + 2 \times 6 + 1 = -2$	$X_{10} = X_9 = 7$ $Y_{10} = Y_9 + 1 = 7$	$\Sigma = 10 < N$
11	$F_{10} = -2 < 0$	$+Y$	$F_{11} = F_{10} + 2Y_{10} + 1$ $= -2 + 2 \times 7 + 1 = 13$	$X_{11} = X_{10} = 7$ $Y_{11} = Y_{10} + 1 = 8$	$\Sigma = 11 < N$
12	$F_{11} = 13 > 0$	$-X$	$F_{12} = F_{11} - 2X_{11} + 1$ $= 13 - 2 \times 7 + 1 = 0$	$X_{12} = X_{11} - 1 = 6$ $Y_{12} = Y_{11} = 8$	$\Sigma = 12 = N$ 到达终点

2.3.4　逐点比较法象限处理

前面讨论的用逐点比较法进行直线和圆弧插补的原理、计算公式,只适用于第一象限直线和第一象限逆时针圆弧。对于不同象限和不同走向的圆弧来说,其插补计算公式和脉冲进给方向都要随着改变。为了将各象限直线的插补公式统一于第一象限的公式,将各象限不同走向的圆弧的插补公式统一于第一象限逆圆的计算公式,就需要将坐标和进给方向根据象限等的不同而进行转换,转换以后不管哪个象限的直线和圆弧都按第一象限直线和逆圆进行插补计算,而进给脉冲的方向则按实际象限和线形决定。

1. 逐点比较法直线插补的象限处理

为适用于四个象限的直线插补,在偏差计算时,无论哪个象限直线,都用其坐标的绝对值计算。由此,可得的偏差符号如图 2.14 所示。当动点位于直线上时偏差 $F=0$,动点不在直线上且偏向 Y 轴一侧时 $F>0$,偏向 X 轴一侧时 $F<0$。由图 2.14 还可以看到,当 $F\geqslant 0$ 时应沿 X 轴走步,第一、四象限走 $+X$ 方向,第二、三象限走 $-X$ 方向;当 $F<0$ 时应沿 Y 轴走一步,第一、二象限走 $+Y$ 方向,第三、四象限走 $-Y$ 方向。终点判别应用终点坐标的绝对值作为计数器初值。

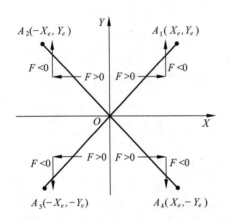

图 2.14　不同象限直线的偏差符号和进给方向

总结如下:当 $F\geqslant 0$ 时应往 X 轴绝对值增大方向进给,当 $F<0$ 时应往 Y 轴绝对值增大方向进给。

例如,第二象限的直线 OA_2,其终点坐标为 $(-X_e,Y_e)$,在第一象限有一条和它对称于 Y 轴的直线 OA_1,其终点坐标为 (X_e,Y_e)。当从 O 点开始出发,按第一象限直线 OA_1 进行插补时,若把沿 X 轴正向进给改为沿 X 轴负向进给,这时实际插补出的就是第二象限的直线 OA_2,而其偏差计算公式与第一象限直线的偏差计算公式相同。同理,插补第三象限终点为 $(-X_e,-Y_e)$ 的直线 OA_3,它与第一象限终点为 (X_e,Y_e) 的直线 OA_1 是对称于原点的,所以依然按第一象限直线 OA_1 插补,只需在进给时将 $+X$ 进给改为 $-X$ 进给,$+Y$ 进给改为 $-Y$ 进给即可。

四个象限直线插补的偏差计算公式与进给方向列于表 2.3 之中,表中 L1、L2、L3、L4 分别表示第一、二、三、四象限的直线。

表 2.3　直线插补的偏差计算公式与进给方向

$F_i\geqslant 0$			$F_i<0$		
直线线型	进给方向	偏差计算	直线线型	进给方向	偏差计算
L1,L4	$+X$	$F_{i+1}=F_i-Y_e$	L1,L2	$+Y$	$F_{i+1}=F_i+X_e$
L2,L3	$-X$		L3,L4	$-Y$	

2. 逐点比较法圆弧插补的象限处理

与直线插补相似,如果插补计算都用坐标的绝对值进行,将进给方向另做处理,那
么,四个象限的圆弧插补计算即可统一起来,变得
简单多了。用 SR1、SR2、SR3、SR4 分别表示第一、
第二、第三、第四象限的顺圆弧(ISO 代码为 G02);
用 NR1、NR2、NR3、NR4 分别表示第一、第二、
第三、第四象限的逆圆弧(ISO 代码为 G03)。不同象
限圆弧的逐点比较法圆弧插补如图 2.15 所示。

由图 2.15 可以看出,SR1、NR2、SR3、NR4 的
插补运动趋势都是使 X 轴坐标绝对值增加,Y 轴坐
标绝对值减小,这四种圆弧的插补计算是一致的,
以 SR1 为代表。NR1、SR2、NR3、SR4 的插补运动
趋势都是使 X 轴坐标绝对值减小,Y 轴坐标绝对值
增加,这四种圆弧的插补计算是一致的,以 NR1 为
代表。

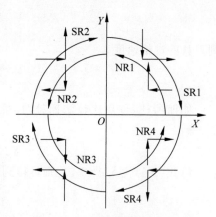

图 2.15 不同象限圆弧的逐点
比较法圆弧插补

总之,逐点比较法插补的象限处理应遵循以下原则:一是靠近待加工轨迹,二是跟踪待
加工轨迹走向。

表 2.4 列出了 8 种圆弧插补的计算公式与进给方向。

表 2.4 圆弧插补计算公式与进给方向

	$F_i \geq 0$				$F_i < 0$		
圆弧线型	进给方向	偏差计算	坐标计算	圆弧线型	进给方向	偏差计算	坐标计算
SR1,NR2	$-Y$	$F_{i+1} = F_i - 2Y_i + 1$	$X_{i+1} = X_i$ $Y_{i+1} = Y_i - 1$	SR1,NR4	$+X$	$F_{i+1} = F_i + 2X_i + 1$	$X_{i+1} = X_i + 1$ $Y_{i+1} = Y_i$
SR3,NR4	$+Y$			SR3,NR2	$-X$		
NR1,SR4	$-X$	$F_{i+1} = F_i - 2X_i + 1$	$X_{i+1} = X_i - 1$ $Y_{i+1} = Y_i$	NR1,SR2	$+Y$	$F_{i+1} = F_i + 2Y_i + 1$	$X_{i+1} = X_i$ $Y_{i+1} = Y_i + 1$
NR3,SR2	$+X$			NR3,SR4	$-Y$		

2.3.5 逐点比较法的进给速度

刀具的进给速度的平稳性是插补方法的重要性能指标,也是选择插补方法的依据。下
面讨论逐点比较法直线插补和圆弧插补的进给速度。

1. 直线插补的进给速度

设直线 OA(见图 2.8)与 X 轴的夹角为 α,直线的长度为 L,加工该段直线时刀具的运
动速度为 v,插补时钟所发脉冲的频率为 f,插补完直线 OA 所需的插补循环数为 N,即插

补完直线 OA 需执行 N 次插补程序运算。刀具从直线起点运动到直线终点所需的时间为 L/v，完成 N 个插补循环所需时间为 N/f。由于插补与刀具进给同步进行，因此以上两个时间应该相等，即

$$\frac{L}{v} = \frac{N}{f}$$

则刀具的进给速度为

$$v = \frac{L}{N}f \tag{2-6}$$

如前所述，逐点比较法插补时，插补循环数与刀具沿 X、Y 轴所走总步数（总长度）相等，即

$$N = X_e + Y_e = L\cos\alpha + L\sin\alpha \tag{2-7}$$

将式(2-6)代入式(2-7)，则可得到刀具的进给速度为

$$v = \frac{f}{\cos\alpha + \sin\alpha} \tag{2-8}$$

式(2-8)说明刀具的进给速度与插补时钟的频率 f 和所加工直线的倾角 α 有关。v 与 f 成正比关系，与 α 的关系如图 2.16 所示。

由图 2.16 可知，如果插补时钟的频率 f 保持不变，则刀具的进给速度 v 会随着被加工直线的倾角变化。加工 0° 和 90° 倾角的直线时，刀具进给速度最大(f)，加工 45° 倾角的直线时，进给速度最小(0.707f)。

2. 圆弧插补的进给速度

如图 2.17 所示，P 是圆弧 AB 上任意一点，CD 是圆弧在 P 点的切线，切线与 X 轴的夹角为 α。在 P 点附近很小的邻域内，切线 CD 与圆弧非常接近。在这个邻域内，对切线的插补和对圆弧的插补，刀具的进给速度基本相同。对切线 CD 进行插补时，刀具的进给速度由式(2-8)计算。由图 2.17 可见，α 也是 P 点到坐标原点的连线与 Y 轴的夹角。

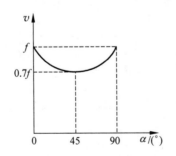

图 2.16　逐点比较法直线插补速度的变化

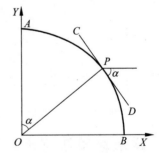

图 2.17　逐点比较法圆弧插补速度分析

由式(2-8)可知，加工圆弧时刀具的进给速度是变化的，除了与插补的频率成正比外，还与切削点的半径同 Y 轴的夹角 α 有关。在 0° 和 90° 附近，进给速度最快(f)，在 45° 附近，进给速度最慢(0.707f)。所以，在圆弧插补过程中，进给速度在(0.707~1)f 间变化，其最大速度与最小速度之比为 1.414，这样的速度变化范围，对一般机床来说可满足要求，所以逐点比较法的进给速度是较平稳的。

2.4 数字积分法

2.4.1 数字积分法的工作原理

数字积分法(digital differential analyzer,DDA)原理如图 2.18 所示,设有一函数 $y = f(t)$,从时刻 $t = 0$ 到 t 求函数 $y = f(t)$ 积分,即求函数 $y = f(t)$ 曲线与横坐标 t 在 $(0, t)$ 所

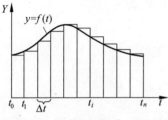

图 2.18 数字积分的工作原理

包围的面积,可用如下公式计算:

$$S = \int_0^t y\,\mathrm{d}t \approx \sum_{i=1}^n y_{i-1}\Delta t \qquad (2\text{-}9)$$

式(2-9)中 y_i 为 $t = t_i$ 时的 $f(t)$ 值。此式说明,求积分的过程可以用累加的方式来近似计算。在几何上就是用一系列的微小矩形面积之和近似表示函数 $f(t)$ 以下的面积,也就是用规则的几何形体来近似等效不规则形体的特征性质。若 Δt 取基本单位时间"1"(即一个脉冲当量的时间),则式(2-9)可简化为

$$S \approx \sum_{i=1}^n y_{i-1}$$

即此时 t_0 到 t_{n-1} 对应的 $f(t)$ 值之和就是函数 $f(t)$ 面积的近似值。

结合上述累加公式,要实现插补脉冲的合理输出,可令累加器的容量为一个单位面积,则累加过程中超过一个单位面积时必然产生溢出,那么,累加过程中所产生的溢出脉冲总数就是要求的面积近似值,或者说是要求的积分近似值。

数字积分法具有运算速度快,脉冲分配均匀,且易于实现多坐标联动进行空间直线插补及描绘平面各种函数曲线的特点,因此其在轮廓控制数控系统中有着广泛的应用;其缺点是速度调节不便,插补精度需要采取一定措施才能满足要求。

2.4.2 数字积分法直线插补原理

1. 数字积分法直线插补的表达式

设要加工一条直线 OA,如图 2.19 所示,其起点坐标是坐标原点,终点坐标是 $A(X_e, Y_e)$。

设定 X、Y 方向的速度 v_x、v_y,则刀具在 X、Y 方向上移动距离的微小增量 ΔX,ΔY 分别为

$$\begin{cases} \Delta X = v_x \Delta t \\ \Delta Y = v_y \Delta t \end{cases} \qquad (2\text{-}10)$$

假定进给速度 v 是均匀的(即 v 为常数),对于直线来说,在 X、Y 方向上的速度 v_x、v_y 也为常数,则下式成立:

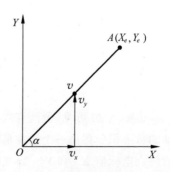

图 2.19 数字积分法的
直线插补原理

$$\frac{v}{L} = \frac{v_x}{X_e} = \frac{v_y}{Y_e} = K \tag{2-11}$$

式中，K 为比例常数；L 为直线长度。

将式(2-11)代入式(2-10)，可得到：

$$\begin{cases} \Delta X = v_x \Delta t = K X_e \Delta t \\ \Delta Y = v_y \Delta t = K Y_e \Delta t \end{cases} \tag{2-12}$$

各坐标的位移量为

$$\begin{cases} X_e = \int_0^t K X_e \, \mathrm{d}t \approx K \sum_{i=1}^m X_e \Delta t = m K X_e \Delta t \\ Y_e = \int_0^t K Y_e \, \mathrm{d}t \approx K \sum_{i=1}^m Y_e \Delta t = m K Y_e \Delta t \end{cases} \tag{2-13}$$

2. 数字积分法直线插补的过程

动点从原点出发走向终点的过程，可以看作各坐标轴每经过一个单位时间 Δt，分别以增量 $K X_e$ 及 $K Y_e$ 同时向两个累加器累加的过程。当累加值超过一个坐标单位(脉冲当量)时，累加器以溢出脉冲的形式向对应坐标轴产生输出，溢出脉冲驱动伺服系统进给一个脉冲当量，从而走出给定直线。

根据式(2-13)可以作出 X、Y 平面数字积分器直线插补框图，如图 2.20 所示。

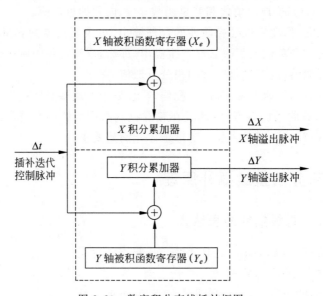

图 2.20　数字积分直线插补框图

由图 2.20 可见，平面直线插补器由两个数字积分器组成(见图中虚线所示)，每个坐标轴的数字积分器由一个累加器和一个被积函数寄存器所组成。其被积函数寄存器中分别存放终点坐标值 X_e 和 Y_e，Δt 相当于插补控制脉冲源发出的控制信号，每来一个累加信号 Δt，被积函数寄存器里的内容在相应的累加器中相加一次，相加后的溢出脉冲作为驱动相应坐标轴的进给脉冲 ΔX(或 ΔY)，而余数仍寄存在积分累加器中。

若取 $\Delta t = 1$，则式(2-13)可变为

$$\begin{cases} X_e = mKX_e \\ Y_e = mKY_e \end{cases} \qquad (2\text{-}14)$$

式(2-12)也可以变为

$$\begin{cases} \Delta X = v_x \Delta t = KX_e \\ \Delta Y = v_y \Delta t = KY_e \end{cases}$$

由式(2-14)可知 $mK = 1$，即

$$m = \frac{1}{K}$$

因为累加次数 m 必须是整数，所以比例常数 K 一定为小数。选取 K 时主要考虑 ΔX、ΔY 应不大于 1，这样坐标轴上每次分配的进给脉冲不超过一个单位步距，即

$$\begin{cases} \Delta X = KX_e < 1 \\ \Delta Y = KY_e < 1 \end{cases}$$

另外，由于 X_e、Y_e 的值的大小受到寄存器位数 n 的限制，最大值为 $2^n - 1$，所以由上式可得：

$$K(2^n - 1) < 1, \quad 即 \quad K < \frac{1}{2^n - 1}$$

一般取

$$K = \frac{1}{2^n}$$

可得

$$m = 2^n$$

由以上公式可知数字积分直线插补需要累加 $m = 2^n$ 次才插补到直线的终点。

当 $K = \dfrac{1}{2^n}$ 时，对二进制数来说，KX_e 和 X_e 在寄存器中只是小数点的位置不同，只需把 X_e 数值往左移动 n 位即可得到 KX_e。这样，对 KX_e 和 KY_e 的累加就分别转变为对 X_e、Y_e 的累加，这就给数据的存储和运算带来方便。

3. 数字积分法直线插补的终点判别

当插补叠加次数 $m = 2^n$ 时，则

$$\sum \Delta X = X_e, \quad \sum \Delta Y = Y_e$$

两个坐标轴将同时达到终点。

由上可知，两个坐标轴只需共完成 $m = 2^n$ 次累加运算，即可达到终点位置。因此，只要设置一个位数亦为 n 位(与被积函数寄存器和累加器的位数相同)的终点计数器 J_E，用来记录累加次数，插补运算前，将终点计数器 J_E 清零，插补运算开始后，每进行一次加法运算，J_E 就自动加 1，当计数器 J_E 计满 2^n 数时，停止运算，插补完成。

数字积分法直线插补程序流程图如图 2.21 所示。

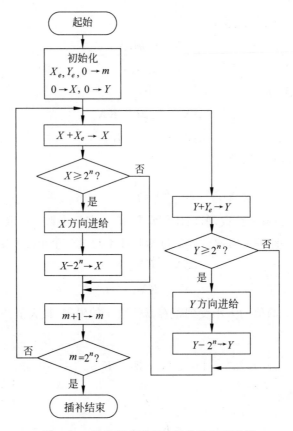

图 2.21　数字积分法直线插补程序流程图

4. 数字积分法直线插补举例

例 2.4　设要插补图 2.22 所示直线轨迹 OA，其起点坐标为 $O(0,0)$，终点坐标为 $A(5,3)$。

解析：取被积函数寄存器 J_{v_x}、J_{v_y} 和余数寄存数寄存器 J_{R_x}、J_{R_y}，以及终点计数器 J_E 均为三位二进制寄存器，则迭代（累加）次数 $m = 2^3 = 8$ 次时，插补完成，其插补过程见表 2.5。

在插补前 J_E、J_{R_x}、J_{R_y} 均为零，J_{v_x}、J_{v_y} 分别存放 $X_e = 5$，$Y_e = 3$。在直线插补过程中，J_{v_x}、J_{v_y} 中的数值始终保持不变（始终为 X_e 和 Y_e）。

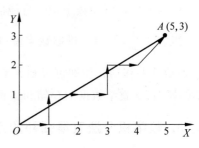

图 2.22　数字积分法直线插补的轨迹

表 2.5　数字积分法直线插补过程

累加次数 (Δt)	X 积分器			Y 积分器			终点计数器 J_E	备　注
	J_{v_x} (X_e)	J_{R_x}	溢出 ΔX	J_{v_y} (Y_e)	J_{R_y}	溢出 ΔY		
0	101	000		011	000		000	初始状态
1	101	101		011	011		001	第一次迭代

续表

累加次数（Δt）	X 积分器			Y 积分器			终点计数器 J_E	备　注
	J_{v_x}（X_e）	J_{R_x}	溢出 ΔX	J_{v_y}（Y_e）	J_{R_y}	溢出 ΔY		
2	101	010	1	011	110		010	J_{v_x} 有进位，ΔX 溢出脉冲
3	101	111		011	001	1	011	J_{v_y} 有进位，ΔY 溢出脉冲
4	101	100	1	011	100		100	ΔX 溢出脉冲
5	101	001	1	011	111		101	ΔX 溢出脉冲
6	101	110		011	010	1	110	ΔY 溢出脉冲
7	101	011	1	011	101		111	ΔX 溢出脉冲
8	101	000	1	011	000	1	000	ΔX，ΔY 同时溢出，插补结束

2.4.3　数字积分法圆弧插补原理

1. 数字积分法圆弧插补的表达式

从上面的讨论可知，数字积分法直线插补的物理意义是使动点沿速度方向前进，这同样适用于圆弧插补。现以第一象限逆圆弧为例，说明数字积分法圆弧插补原理。

如图 2.23 所示，设刀具沿圆弧 AB 移动，半径为 R，刀具的切向速度为 v，$P(X,Y)$ 为动点，由图中相似三角形的关系可得下式：

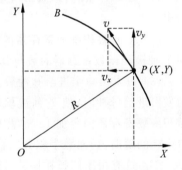

$$\frac{v}{R}=\frac{v_x}{Y}=\frac{v_y}{X}=K \tag{2-15}$$

即有

$$v_x=KY,\quad v_y=KX$$

式中，K 为比例常数。

图 2.23　数字积分法的圆弧插补原理

在 Δt 时间间隔内，X、Y 坐标轴方向的位移量分别为 ΔX 和 ΔY，并考虑到在第一象限逆圆情况下，X 坐标轴方向的位移量为负值，Y 轴方向的位移量为正值，因此位移增量的计算式为

$$\Delta X=-KY\Delta t,\quad \Delta Y=KX\Delta t$$

上式是第一象限逆圆弧的情况，若为第一象限顺圆弧时，上式变为

$$\Delta X=KY\Delta t,\quad \Delta Y=-KX\Delta t$$

设前面式中的系数 $K=1/2^n$，其中 2^n 为 n 位积分累加器的容量，由上式可以写出第一象限逆圆弧的数字积分法插补公式为

$$\begin{cases} X=\dfrac{1}{2^n}\displaystyle\sum_{i=1}^{m}Y\Delta t \\[2mm] Y=\dfrac{1}{2^n}\displaystyle\sum_{i=1}^{m}X\Delta t \end{cases} \tag{2-16}$$

由此构成如图 2.24 所示的数字积分圆弧插补的原理框图。

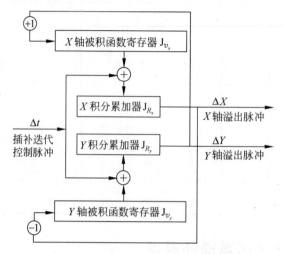

图 2.24 数字积分法圆弧插补原理框图

2. 数字积分法圆弧插补的过程

数字积分法对第一象限逆圆弧插补运算过程如下所述。

(1) 运算开始时,Y、X 的起点坐标值 Y_0,X_0 分别存放到 X 轴和 Y 轴被积函数寄存器中。

(2) X 轴被积函数寄存器的数与其累加器的数累加得出的溢出脉冲发送到 $-X$ 方向,而 Y 轴被积函数寄存器的数与其累加器的数累加得出的溢出脉冲发送到 $+Y$ 方向。

(3) 每发出一个进给脉冲后,必须将被积函数寄存器内的坐标值加以修正。即当 X 方向发出进给脉冲时,使 Y 轴被积函数寄存器内容减 1;当 Y 方向发出进给脉冲时,使 X 轴被积函数寄存器内容加 1。也就是说,数字积分法圆弧插补时被积函数寄存器内随时存放着坐标的瞬时值,而数字积分法直线插补时,被积函数寄存器内存放的是不变的终点坐标值 X_e、Y_e。这是由于圆弧在插补过程中,曲率在不断地变化。

3. 数字积分法圆弧插补的终点判别

数字积分法圆弧插补的终点判别是把随时计算出的坐标轴进给步数 $\sum \Delta X$、$\sum \Delta Y$ 值分别与圆弧的终点和起点相应坐标之差的绝对值作比较,当某个坐标轴进给的步数与终点和起点相应坐标之差的绝对值相等时,说明该轴到达终点,则该轴不再有脉冲输出。当两坐标都到达终点后,则运算结束,插补完成。

4. 数字积分法圆弧插补举例

例 2.5 设加工在第一象限有一逆圆弧 AB,其圆心在原点。起点为 $A(5,0)$,终点 $B(0,5)$,采用逆圆插补,累加器为三位,试用数字积分法插补计算,并绘出插补轨迹。

解析:该例中,两坐标的进给步数均为 5。在插补中,一旦某坐标进给步数达到了要求,则停止该坐标方向的插补运算。数字积分法圆弧插补计算过程见表 2.6,数字积分法圆弧插补轨迹如图 2.25 所示。

表 2.6　数字积分法圆弧插补计算过程

运算次序	X 积分器 J_{v_x} (Y_i)	X 积分器 J_{R_x} ($\sum \Delta Y$)	溢出 ΔX	终点判别 X_e	Y 积分器 J_{v_y} (X_i)	Y 积分器 J_{R_y} ($\sum \Delta X$)	溢出 ΔY	终点判别 Y_e	备　注
0	000	000	0	101	101	000	0	101	初始状态
1	000	000	0	101	101	101	0	101	第一次迭代
2	000	000	0	101	101	010	1	100	产生 ΔY,修正 Y_i
	001								
3	001	001	0	101	101	111	0	100	
4	001	010	0	101	101	100	1	011	产生 ΔY,修正 Y_i
	010								
5	010	100	0	101	101	001	1	010	产生 ΔY,修正 Y_i
	011								
6	011	111	0	101	101	110	0	010	
7	011	010	1	100	101	011	1	001	产生 ΔX、ΔY,修正 X_i,Y_i
	100				100				
8	100	110	0	100	100	111	0	001	
9	100	010	1	011	100	011	1	000	产生 ΔX、ΔY,Y 到达终点,停止 Y 迭代
	101				011				
10	101	111	0	011	011				
11	101	100	1	010	011				产生 ΔX,修正 X_i
					010				
12	101	001	1	001	010				产生 ΔX,修正 X_i
					001				
13	101	110	0	001	001				
14	101	011	1	000	001				产生 ΔX,X 到达终点,停止 X 迭代
					000				

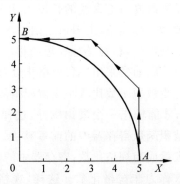

图 2.25　数字积分法圆弧插补轨迹

5. 数字积分法圆弧插补的进给方向修正

对于顺圆、逆圆及其他象限的数字积分法插补运算过程和积分器结构基本上与第一象限逆圆是一致的。其不同在于控制各坐标轴进给脉冲 ΔX、ΔY 的进给方向不同,以及修改被积函数寄存器内容时是减1还是加1。数字积分法圆弧插补进给方向和被积函数的修正关系见表2.7。

表 2.7　数字积分法圆弧插补进给方向和被积函数的修正关系

	圆　弧　走　向							
	顺　　圆				逆　　圆			
所在象限	I	II	III	IV	I	II	III	IV
Y_i 修正	减	加	减	加	加	减	加	减
X_i 修正	加	减	加	减	减	加	减	加
Y 轴进给方向	$-Y$	$+Y$	$+Y$	$-Y$	$+Y$	$-Y$	$-Y$	$+Y$
X 轴进给方向	$+X$	$+X$	$-X$	$-X$	$-X$	$-X$	$+X$	$+X$

2.4.4　数字积分法插补精度的提高

1. 进给速度的均匀化

数字积分法插补的特点是控制脉冲源的脉冲输出,每输出一个控制脉冲,累加器就做一次累加运算,当累加器中的数值大于其容量时溢出进给脉冲,而进给脉冲与控制脉冲的比值常称为进给比率,则运算中 X 方向平均进给的比率为 $X/2^n$(2^n 为累加器的容量),Y 方向平均进给的比率为 $Y/2^n$,由此可得 X 方向平均进给速度为 $v_x = f\delta X/2^n$,Y 方向平均进给速度为 $v_y = f\delta Y/2^n$。所以,直线插补与圆弧插补时的进给速度可分别表示为

$$\begin{cases} v = \dfrac{1}{2^n} Lf\delta \\ v = \dfrac{1}{2^n} Rf\delta \end{cases} \qquad (2\text{-}17)$$

式中,f 为插补迭代控制脉冲源频率;δ 为坐标轴的脉冲当量。

由式(2-17)可知,进给速度受到被加工直线的长度 L 和被加工圆弧的半径 R 的影响,就是说行程较长时,走刀速度要快;行程短,走刀速度则要求慢;所以各程序段的进给速度不一致,导致加工表面的质量受到影响,特别是行程短的程序段生产率低,为了克服这一缺点,使溢出脉冲均匀,进给速度提高,通常采用左移规格化处理的方法。

所谓"左移规格化"处理,是当被积函数比较小或被积函数寄存器有 i 个前零时,若直接迭代,那么至少需要 2^i 次迭代,才能输出一个溢出脉冲,这样输出脉冲的速率较低。因此,在实际的数字积分器中,需把被积函数寄存器中的前零移去,即对被积函数实现"左移规格化"处理。经过左移规格化的数就成为规格化数,寄存器中的数其最高位为"1"的数,即是规格化数;反之最高位为"0"的数称为非规格化数。这样,规格化的数累加两次必有一次溢出,而非规格化数必须作两次以上或多次累加才有一次溢出。下面分别介绍直线插补与圆

弧插补的左移规格化处理。

(1) 直线插补的左移规格化　直线插补时,将被积函数寄存器(即速度寄存器 J_{v_x}、J_{v_y})中的 X_e,Y_e(非规格化数)同时左移,此时把左移后右边的空缺位添 0,保证数据的位数,同时也记下左移位数,当其中任一坐标的被积函数寄存器的数据前零全部移去时,则该坐标数据已变成规则化数,此时停止移位。换句话说,直线插补的左移规格化是使坐标值最大的被积函数寄存器的最高有效位为 1。要注意移位时两坐标同时左移,此时 X,Y 两方向的脉冲分配速度扩大同样的倍数,而二者数值之比不变,所以斜率也不变。规格化后,每累加运算两次必有一次溢出,溢出速度比较均匀,所以加工的效率和质量都大为提高。

(2) 圆弧插补的左移规格化　圆弧插补的左移规格化处理与直线插补基本相同,唯一的区别是,圆弧插补的左移规格化是使坐标值最大的被积函数寄存器的次高位为 1(即保持一个前零),也就是说,在圆弧插补中将 J_{v_x}、J_{v_y} 寄存器中次高位为"1"的数称其为规格化数。这是由于在圆弧插补过程中,J_{v_x}、J_{v_y} 寄存器中的数 X、Y,随着加工过程的进行不断地修改(即作 $+1$ 修正),数值可能不断增加,若仍取最高位为"1"作规格化数,则有可能在 $+1$ 修正后溢出,而次高位为 1 避免了溢出。另外,由于规格化数提前一位而产生,就要求寄存器的容量必须大于被加工圆弧半径的二倍,这一点是明显的。

左移规格化后,又带来一个新的问题,左移 Q 位,相当于坐标 X、Y 扩大了 $2Q$ 倍,亦即 J_{v_x} 及 J_{v_y} 寄存器的数分别为 $2QY$ 及 $2QX$,这样当 Y 积分器有一溢出 ΔY 时,则 J_{v_x} 寄存器中的数应改为

$$2^Q(Y+1) = 2^Q Y + 2^Q \tag{2-18}$$

上式说明:若规格化过程中左移 Q 位,当 J_{R_y} 寄存器溢出一个脉冲时,J_{v_x} 寄存器应该加 $2Q$(注意:不是 1),即 J_{v_x} 寄存器第 $Q+1$ 位加"1";同理,若 J_{R_x} 寄存器溢出一个脉冲时,J_{v_y} 寄存器应该减小 $2Q$,即第 $Q+1$ 位减"1"。

由此可见,虽然直线插补和圆弧插补时的规格化数不一致,但是均能提高溢出速度。直线插补时,经规格化后最大坐标的被积函数可能的最大值为 111…111,可能的最小值为 100…000,最大坐标每次迭代都有溢出,最小坐标每两次迭代也会有溢出,其溢出速率仅相差一倍;而在圆弧插补时,经规格化后最大坐标的被积函数可能的最大值为 011…111,可能的最小值为 010…000,其溢出速率也相差一倍。因此,经过左移规格化后,不仅提高了溢出速度,而且使溢出脉冲变得比较均匀。

2. 数字积分法插补精度的提高

数字积分法直线插补的插补误差小于一个脉冲当量。由于数字积分器溢出脉冲的频率与被积函数寄存器的存数成正比,数字积分法圆弧插补的插补误差有可能大于一个脉冲当量,比如说在坐标轴附近进行插补时,一个积分器的被积函数值接近于零,而另一个积分器的被积函数值却接近最大值(圆弧半径)。这样,后者可能一开始迭代便连续溢出,而前者需要迭代好几次才能有溢出脉冲,两个积分器的溢出脉冲速率相差很大,致使插补轨迹偏离理论曲线较远,造成插补误差,如图 2.25 所示。

为了减小插补误差,提高插补精度,通常采用两种方法。第一种方法是把积分器的位数增多,从而增加迭代次数。这相当于把图 2.18 所示矩形积分的小区间 Δt 取得更小。这样

可以减小插补误差,但是进给速度却明显降低了,所以不能无限制地增加寄存器位数。第二种方法是把积分累加器中余数寄存器预置数(也称余数寄存器预置数法)。即在数字积分法插补之前,将余数寄存器预置某一数值(不是零),这一数值可以是最大容量(2^n-1),也可以是小于最大容量的某一个数,如$2^n/2$,常用的则是预置最大容量值和预置最大容量值的0.5倍。下面以预置0.5倍为例来说明。

预置0.5倍通常称为"半加载",意即在数字积分法迭代前,余数寄存器的补值不是置零,而是把余数寄存器设为100…000,转换为十进制为2^{n-1},则相对于寄存器的容量比值为$\dfrac{2^{n-1}}{2^n-1}\approx0.5$($n$是寄存器的位数,一般为8的倍数),这也是"半加载"名称的由来,这样只要再叠加0.5,余数寄存器就可以产生第一个溢出脉冲,使积分器提前溢出。这在被积函数较小,迟迟不能产生溢出的情况下,有很重要的实际意义,它改善了溢出脉冲的时间分布,减小了插补误差。

"半加载"可以使直线插补的误差减小到半个脉冲当量以内。若直线OA的起点为坐标原点,终点坐标为$A(15,1)$,没有"半加载"时,X积分器除第一次迭代无溢出外,其余15次均有溢出;而Y积分器只有在第16次迭代才有溢出脉冲。若进行"半加载",则X积分器除第9次迭代无溢出外,其余15次均有溢出;而Y积分器的溢出提前到第8次迭代有溢出,这就改善了溢出脉冲的时间分布,提高了插补精度,如图2.26所示。

"半加载"使圆弧插补的精度也能得到明显提高。如果对例2.5进行"半加载",其插补轨迹如图2.27所示。

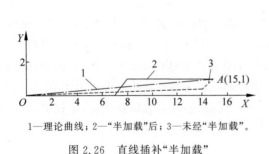

1—理论曲线;2—"半加载"后;3—未经"半加载"。

图2.26 直线插补"半加载"

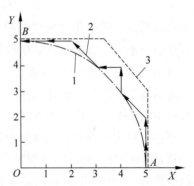

1—理论曲线;2—"半加载"后;3—未经"半加载"。

图2.27 圆弧插补"半加载"

2.5 数据采样插补法

2.5.1 概述

数字脉冲乘法器法、逐点比较法和数字积分法插补方法,都有一个共同的特点,就是插补计算的结果是以一个一个脉冲的方式输出进给脉冲,再把进给脉冲分别送到相应坐标轴的伺服系统,驱动工作台移动单个的行程增量,因而统称为脉冲增量插补法或基准脉冲插补法,这种方法既可用于 CNC 系统,又常见于 NC 系统,尤其适于以步进电动机为伺服元件的数控系统。

随着计算机计算速度加快,运算能力提高,大大缓解了插补运算时间和计算复杂性之间的矛盾,为提高现代数控系统的性能创造了条件。在 CNC 系统中较广泛采用的另一种插补计算方法即数据采样插补法。此插补算法尤其适合于闭环和半闭环以直流或交流电动机为执行机构的位置采样控制系统。这种方法是把加工一段直线或圆弧的整段时间细分为许多相等的时间间隔,称为单位时间间隔(或插补周期)。每经过一个单位时间间隔就进行一次插补计算,算出在这一时间间隔内各坐标轴的进给量,边计算,边加工,直至加工终点。其特点是每次运算数控装置产生的不是单个脉冲,而是二进制数字。

与基准脉冲插补法不同,采用数据采样法插补时,在加工某一直线段或圆弧段的加工指令中必须给出加工进给速度 F,先通过速度计算,再将进给速度分割成单位时间间隔的插补进给量 ΔL(或称为轮廓步长),又称为一次插补进给量。例如,在 FANUC 7M 系统中,取插补周期 T 为 8 ms,若 F 的单位取 mm/min,ΔL 的单位取 μm/ms,则一次插补进给量可用下列数值方程计算:

$$\Delta L = FT = \frac{F \times 1000 \times 8}{60 \times 1000} = \frac{2}{15}F$$

按上式计算出一次插补进给量 ΔL 后,根据刀具运动轨迹与各坐标轴的几何关系,就可求出各轴在一个插补周期内的插补进给量,按时间间隔(如 8 ms)以增量形式给各轴送出一个一个插补增量,通过驱动部分使机床完成预定轨迹的加工。

由上述分析可知,这类算法的核心问题是如何计算各坐标轴的增长数 ΔX 或 ΔY(而不是单个脉冲),有了前一插补周期末的动点位置值和本次插补周期内的坐标增长段,就很容易计算出本插补周期末的动点位置坐标值。对于直线插补来讲,插补所形成的轮廓步长子线段(即增长段)与给定的直线重合,不会造成轨迹误差。而在圆弧插补中,因要用切线或弦线来逼近圆弧,因而不可避免地会带来轮廓误差。其中切线近似具有较大的轮廓误差而不大采用,常用的是弦线逼近法。

一般情况下,数据采样插补是分两步完成的,即粗插补和精插补。第一步为粗插补,由软件来完成,它是在给定起点和终点的曲线之间插入若干个点,即用若干条微小直线段来逼近给定曲线,粗插补在每个插补计算周期中计算一次,输出本周期动点应该移动的距离。第二步为精插补,由硬件来完成,它是在粗插补计算出的每一条微小直线段上再做“数据点的密化”工作,这一步相当于对直线的脉冲增量插补。换个角度说,粗插补是在每一个插补周期内计算出坐标实际位置增量值,而精插补则在每一个采样周期反馈实际位置增量值及插补程序输出的指令位置增量值,然后计算出这两者的偏差,即跟随误差,根据跟随误差算出相应坐标轴的进给速度,输出到伺服系统。

在采用基准脉冲插补法的数控系统中,计算机一般不包括在伺服控制环内,计算机插补的结果是输出进给脉冲,伺服系统根据进给脉冲进给。每进给一步(一个脉冲当量),计算机都要进行一次插补,进给速度受计算机插补速度的限制,很难满足现代数控机床高速度的要求。在采用数据采样插补法的系统中,计算机一般包含在伺服控制环内。数据采样插补用小段直线来逼近给定轨迹,插补输出的是下一个插补周期内各轴要运动的距离,不需要每走一步脉冲当量插补一次,从而可达到很高的进给速度。随着直流、交流伺服技术和计算机的发展,数字式交、直流闭环伺服系统成为数控伺服系统的主流。采用这类伺服系统的数控系统,一般都用数据采样插补法。

1. 插补周期

插补周期 T 虽已不直接影响进给速度,但对插补误差及更高速运行有影响,因此插补周期的选择很重要。插补周期与插补运算时间有密切关系。一旦选定了插补算法,则完成该算法的时间也就确定了,因为完成算法的时间可通过算法中完成每个算法指令所需时间之和大致确定。对于单微处理器数控系统,一般来说,插补周期必须大于插补运算所占用的 CPU 时间。这是因为当系统进行轮廓控制时,CPU 除了要完成插补运算外,还必须实时地完成其他的一些工作,如显示、监控、位置采样甚至精插补。所以,插补周期 T 必须大于插补运算时间与完成其他实时任务所需时间之和。插补周期一般为 8～10 ms,现代数控系统已经缩小到 2～4 ms 或更小。此外,插补周期的大小还会对圆弧插补的误差产生影响。

插补周期与位置反馈采样周期有一定的关系,插补周期可以等于采样周期,也可以是采样周期的整倍数,该倍数等于轮廓步长 ΔL 实时精插补时的插补点数。例如,FANUC 7M 系统的插补周期为 8 ms,位置反馈采样周期为 4 ms,即插补周期为位置采样周期的 2 倍,它以内接弦进给代替圆弧插补中的弧线进给。在美国 A-B 公司的 7300 系列,插补周期与位置反馈采样周期相同,插补算法为扩展数字积分法算法。

2. 插补周期与精度、速度的关系

(1) 对于数据采样直线插补,动点在一个插补周期内运动的直线段与给定直线重合,不会造成轨迹误差。

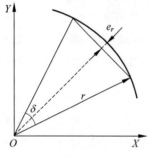

图 2.28　用弦线逼近圆弧

(2) 对于数据采样圆弧插补,动点在一个插补周期内运动的直线段以弦线(或切线、割线)逼近圆弧,这种逼近必然会造成轨迹误差,这种误差称为逼近误差。逼近误差与进给速度、插补周期的平方成正比,与圆弧半径成反比。

圆弧插补常用弦线逼近的方法,如图 2.28 所示。设用弦线逼近圆弧,产生的最大逼近误差为 e_r。设 δ 为在一个插补周期内逼近弦所对应的圆心角,r 为圆弧半径,则有

$$e_r = r\left(1 - \cos\frac{\delta}{2}\right) \tag{2-19}$$

由式(2-19),e_r 的表达式得到幂级数的展开式为

$$e_r = r\left(1 - \cos\frac{\delta}{2}\right) = r\left\{1 - \left[1 - \frac{(\delta/2)^2}{2!} + \frac{(\delta/2)^4}{4!} - \cdots\right]\right\} \approx \frac{\delta^2}{8}r \tag{2-20}$$

设 T 为插补周期,F 为刀具移动速度(进给速度),则进给步长为

$$\Delta L = FT$$

用进给步长 ΔL 代替弦长,有

$$\delta \approx \frac{\Delta L}{r} = \frac{TF}{r} \tag{2-21}$$

将式(2-21)代入式(2-20),得

$$e_r = \frac{(TF)^2}{8r}$$

由上式可以看出,在给定圆弧半径和弦线误差极限的情况下,插补周期应尽可能地小,以便获得尽可能大的加工速度。

数据采样插补的具体算法有多种,这里主要介绍时间分割法插补及扩展数字积分法插补。

2.5.2　时间分割法插补

1. 时间分割法插补原理

时间分割插补法是典型的数据采样插补方法。它首先根据加工指令中的进给速度 F,计算出每一插补周期的轮廓步长 ΔL。即以插补周期为时间单位,将整个加工过程分割成许多个单位时间内的进给过程。以插补周期为时间单位,则单位时间内的移动路程等于速度,即轮廓步长 ΔL 与进给速度 F 相等。插补计算的主要任务是计算出下一个插补点的坐标,从而算出进给速度 F 在各个坐标轴的分速度,即下一个插补周期内的各个坐标的进给量 ΔX、ΔY。控制 X、Y 坐标分别以 ΔX、ΔY 为速度协调进给,即可走出逼近直线段,到达下一个插补点。在进给过程中,对实际位置进行采样,与插补计算的坐标值进行比较,得出位置误差,位置误差在后一采样周期内修正。

2. 时间分割法直线插补

设要加工 XY 平面上的直线 OA,其起点为坐标原点 $O(0,0)$,终点为 $A(X_e,Y_e)$,刀具移动方向与 X 轴夹角为 α,如图 2.29 所示。

刀具沿直线移动的速度指令为 F,设插补周期为 T,则每个插补周期的进给步长为 ΔL。由图 2.29 所示的直线可以看出,就是要算出下一单位时间间隔(插补周期)内各个坐标轴的进给量。在直线插补过程中,轮廓步长 ΔL 及其对应的坐标增量 ΔX 和 ΔY 是固定的,直线插补的计算过程可分为插补准备和插补计算两个步骤。

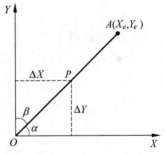

图 2.29　时间分割法直线插补原理

（1）插补准备　主要是计算轮廓步长 $\Delta L = FT$ 及其相应的坐标增量。

直线段 OA 长度为

$$L = \sqrt{X_e^2 + Y_e^2}$$

X 轴和 Y 轴的位移增量分别为 ΔX 和 ΔY,由图 2.29 可得到如下关系:

$$\begin{cases} \Delta X_i = \dfrac{\Delta L}{L} X_e \\[3mm] \Delta Y_i = \Delta X_i \dfrac{Y_e}{X_e} \end{cases}$$

（2）插补计算　实时计算出各插补周期中的插补点(动点)坐标值。插补第 i 点的动点坐标为

$$
\begin{cases}
X_i = X_{i-1} + \Delta X_i \\
Y_i = Y_{i-1} + \Delta Y_i
\end{cases}
$$

3. 时间分割法圆弧插补

圆弧插补的基本思想是在满足精度要求的前提下,用弦或割线进给代替弧进给,即用直线逼近圆弧。由于圆弧是二次曲线,所以其插补点的计算要比直线复杂得多。

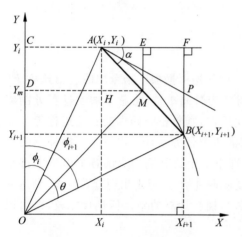

图 2.30　直线函数法圆弧插补

在图 2.30 中,顺圆上 B 点是继 A 点之后的插补瞬时点,坐标分别为 $A(X_i, Y_i)$,$B(X_{i+1}, Y_{i+1})$。由点 $A(X_i, Y_i)$ 求出下一点 $B(X_{i+1}, Y_{i+1})$,实质就是求在一次插补周期的时间内 X 轴和 Y 轴的进给量 ΔX 和 ΔY。图中 AB 弦长等于圆弧插补时每周期的进给步长 ΔL,AP 是 A 点切线,M 是弦 AB 的中点,$OM \perp AB$,$ME \perp AF$,E 为 AF 的中点。圆心角有如下关系:

$$
\phi_{i+1} = \phi_i + \theta
$$

式中,θ 为进给步长 ΔL 对应的角增量,称为角步距。

因为,$OA \perp AP$,所以

$$
\triangle AOC \cong \triangle PAF
$$

$$
\angle AOC = \angle PAF = \phi_i
$$

由于 AP 为切线,则

$$
\angle BAP = \frac{1}{2} \angle AOB = \frac{\theta}{2}
$$

$$
\alpha = \angle PAF + \angle BAP = \phi_i + \frac{\theta}{2}
$$

在 $\triangle MOD$ 中,

$$
\tan \left(\phi_i + \frac{\theta}{2} \right) = \frac{DH + HM}{OC - CD}
$$

将 $DH = X_i$,$OC = Y_i$,$HM = \frac{1}{2}\Delta L \cos \alpha = \frac{1}{2}\Delta X$,$CD = \frac{1}{2}\Delta L \sin \alpha = \frac{1}{2}\Delta Y$,代入上式,则有

$$
\tan \alpha = \frac{X_i + \frac{1}{2}\Delta L \cos \alpha}{Y_i - \frac{1}{2}\Delta L \sin \alpha} = \frac{X_i + \frac{1}{2}\Delta X}{Y_i - \frac{1}{2}\Delta Y} \tag{2-22}
$$

又因为 $\tan \alpha = \dfrac{FB}{FA} = \dfrac{\Delta Y}{\Delta X}$,由此可以得出 X_i、Y_i 与 ΔX、ΔY 的关系式

$$
\frac{\Delta Y}{\Delta X} = \frac{X_i + \frac{1}{2}\Delta X}{Y_i - \frac{1}{2}\Delta Y} = \frac{X_i + \frac{1}{2}\Delta L \cos \alpha}{Y_i - \frac{1}{2}\Delta L \sin \alpha} \tag{2-23}
$$

式(2-23)反映了圆弧上任意相邻两点坐标之间的关系,只要找到计算 ΔX 和 ΔY 的恰当方法,就可以求出新的插补点坐标为

$$X_i = X_{i-1} + \Delta X_i, \quad Y_i = Y_{i-1} - \Delta Y_i$$

式中,$\cos\alpha$ 和 $\sin\alpha$ 均为未知,要计算 $\tan\alpha$ 仍很困难。为此,采用一种近似算法,即以 $\cos 45°$ 和 $\sin 45°$ 来代替 $\cos\alpha$ 和 $\sin\alpha$。这样,式(2-23)可改为

$$\tan\alpha \approx \frac{X_i + \frac{1}{2}\Delta L \cos 45°}{Y_i - \frac{1}{2}\Delta L \sin 45°}$$

上式中由于采用近似算法从而造成了 $\tan\alpha$ 的偏差,使 α 角成为 α',$\cos\alpha'$ 变大,因而影响到 ΔX 值,使之成为 $\Delta X'$,即

$$\Delta X' = \Delta L \cos\alpha' = AF'$$

但这种偏差不会使插补点离开圆弧轨迹,这是因为圆弧上任意相邻两点必须满足式(2-23)。反言之,只要平面上任意两点的坐标及增量满足该式,则两点必在同一圆弧上。因此当已知 X_i,Y_i 和 $\Delta X'$ 时,若按式

$$\Delta Y' = \frac{\left(X_i + \frac{1}{2}\Delta X'\right)\Delta X'}{Y_i - \frac{1}{2}\Delta Y'}$$

求出 $\Delta Y'$,那么这样确定的 B' 点一定在圆弧上。其坐标为

$$X_i = X_{i-1} + \Delta X'_i, \quad Y_i = Y_{i-1} - \Delta Y'_i$$

采用近似算法引起的偏差仅是 $\Delta X \rightarrow \Delta X'$,$\Delta Y \rightarrow \Delta Y'$,$AB \rightarrow AB'$ 和 $\Delta L \rightarrow \Delta L'$。这种算法能够保证圆弧插补每瞬时点位于圆弧上,它仅造成每次插补进给量 ΔL 的微小变化,而这种变化在实际切削加工中是微不足道的,完全可以认为插补的速度仍然是均匀的。

2.5.3 扩展数字积分法插补

扩展数字积分法是在数字积分法的基础上发展起来的,其中扩展数字积分法圆弧插补是将数字积分法切线逼近圆弧的方法改变为割线逼近,从而大大提高圆弧插补的精度。

1. 扩展数字积分法直线插补原理

如图 2.31 所示,设要加工的直线为 OP,其起点为坐标原点 O,终点为 $P(X_e, Y_e)$,在时间 T 内,动点由起点到达终点。则有

$$\begin{cases} v_x = \dfrac{1}{T} X_e \\ v_y = \dfrac{1}{T} Y_e \end{cases}$$

式中,v_x 为动点沿 X 坐标轴方向的速度;v_y 为动点沿 Y 坐标轴方向的速度。

由数字积分原理得

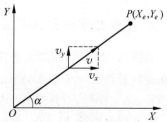

图 2.31 扩展数字积分法直线
插补的算法

$$\begin{cases} X_m = \sum_{i=1}^{m} \dfrac{1}{T} X_e \Delta t_i \\ Y_m = \sum_{i=1}^{m} \dfrac{1}{T} Y_e \Delta t_i \end{cases}$$

将时间 T 用采样周期 Δt 分割成 n 个子区间(n 取大于等于 $T/\Delta t$ 最接近的整数),则可得到下式:

$$\begin{cases} \Delta X = v_x \Delta t = v \Delta t \cos \alpha \\ \Delta Y = v_y \Delta t = v \Delta t \sin \alpha \end{cases}$$

$$\begin{cases} X_m = \sum_{i=1}^{m} \Delta X_i \\ Y_m = \sum_{i=1}^{m} \Delta Y_i \end{cases}$$

式中,v 为指令进给速度,单位为 mm/min。

由上式可导出直线插补的迭代公式为

$$\begin{cases} X_{i+1} = X_i + \Delta X \\ Y_{i+1} = Y_i + \Delta Y \end{cases}$$

轮廓步长在坐标轴上的分量 ΔX、ΔY 的大小取决于指令进给速度 v,其表达式为

$$\begin{cases} \Delta X = v \Delta t \cos \alpha = \dfrac{v X_e \Delta t}{\sqrt{X_e^2 + Y_e^2}} = \lambda_i \mathrm{FRN} X_e \\ \Delta Y = v \Delta t \sin \alpha = \dfrac{v Y_e \Delta t}{\sqrt{X_e^2 + Y_e^2}} = \lambda_i \mathrm{FRN} Y_e \end{cases} \tag{2-24}$$

式中,Δt 为采样周期;λ_i 为经时间换算的采样周期;FRN 为进给速率数,是进给速度的一种表示方法:

$$\mathrm{FRN} = \frac{v}{\sqrt{X_e^2 + Y_e^2}} = \frac{v}{L}$$

式中,L 为所要插补的直线长度。

对于具体的一条直线来说,FRN 和 λ_i 为已知常数,因此式(2-24)中的 λ_iFRN 可以用常数 λ_d 表示,称为步长系数。故式(2-24)可写为

$$\begin{cases} \Delta X = \lambda_d X_e \\ \Delta Y = \lambda_d Y_e \end{cases}$$

2. 扩展数字积分法圆弧插补原理

如图 2.32 所示,若加工半径为 R 的第一象限顺时针圆弧 $A_{i-1}D$,圆心为 O 点,设刀具处在现加工点 $A_{i-1}(X_{i-1}, Y_{i-1})$ 位置,线段 $A_{i-1}A_i$ 是沿被加工圆弧的切线方向的轮廓进给步长 ΔL。显然,刀具进给一个步长后,点 A_i 偏离所要求的圆弧轨迹较远,径向误差较大。如果通过线段 $A_{i-1}A_i$ 的中点 B,作以 OB 为半径的圆弧的切线 BC 及 $A_{i-1}H /\!/ BC$,并在 $A_{i-1}H$ 上截取直线段 $A_{i-1}A_i'$,使 $A_{i-1}A_i' = A_{i-1}A_i = \Delta L = FT$,此时可以证明点 A_i' 必定在所要求圆弧 $A_{i-1}D$ 之外。如果用直线段 $A_{i-1}A_i'$ 进给替代切线 $A_{i-1}A_i$ 的进给,会使径

向误差大大减小。这种用割线进给代替切线进给的插补算法称为扩展数字积分法圆弧插补。

下面推导在一个插补周期 T 内,轮廓进给步长 ΔL 的坐标分量 ΔX_i 和 ΔY_i,因为据此可以很容易求出本次插补后新加工点 A'_i 的坐标位置(X_i,Y_i)。

由图 2.32 可知,在直角 $\triangle OPA_{i-1}$ 中

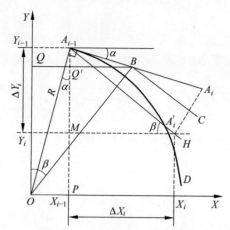

$$\sin \alpha = \frac{OP}{OA_{i-1}} = \frac{X_{i-1}}{R}$$

$$\cos \alpha = \frac{A_{i-1}P}{OA_{i-1}} = \frac{Y_{i-1}}{R}$$

过 B 点作 X 轴的平行线 BQ 交 Y 轴于 Q 点,并交 $A_{i-1}P$ 线段于点 Q'。由图 2.32 中可知,直角 $\triangle OQB$ 与直角 $\triangle A_{i-1}MA'_i$ 相似,则有

$$\frac{MA'_i}{A_{i-1}A'_i} = \frac{OQ}{OB} \tag{2-25}$$

图 2.32 扩展数字积分法圆弧
插补的算法

由图 2.32 中的 $MA'_i = \Delta X_i$,$A_{i-1}A'_i = \Delta L$,

在 $\triangle A_{i-1}Q'B$ 中,$A_{i-1}Q' = A_{i-1}B\sin\alpha = \frac{1}{2}\Delta L\sin\alpha$,则

$$OQ = A_{i-1}P - A_{i-1}Q' = Y_{i-1} - \frac{1}{2}\Delta L\sin\alpha \tag{2-26}$$

在直角 $\triangle OA_{i-1}B$ 中

$$OB = \sqrt{(A_{i-1}B)^2 + (OA_{i-1})^2} = \sqrt{\left(\frac{1}{2}\Delta L\right)^2 + R^2} \tag{2-27}$$

将式(2-26)和式(2-27)代入式(2-25)中,得

$$\frac{\Delta X_i}{\Delta L} = \frac{Y_{i-1} - \frac{1}{2}\Delta L\sin\alpha}{\sqrt{\left(\frac{1}{2}\Delta L\right)^2 + R^2}} \tag{2-28}$$

在式(2-28)中,因为 $\Delta L \ll R$,故可将 $\left(\frac{1}{2}\Delta L\right)^2$ 略去,则式变为

$$\Delta X_i \approx \frac{\Delta L}{R}\left(Y_{i-1} - \frac{1}{2}\Delta L\frac{X_{i-1}}{R}\right) = \frac{FT}{R}\left(Y_{i-1} - \frac{1}{2}\frac{FT}{R}X_{i-1}\right) \tag{2-29}$$

在相似直角 $\triangle OQB$ 与直角 $\triangle A_{i-1}MA'_i$ 中,有下述关系:

$$\frac{A_{i-1}M}{A_{i-1}A'_i} = \frac{QB}{OB} = \frac{QQ' + Q'B}{OB}$$

有前面已知 $A_{i-1}A'_i = \Delta L = FT$,$OB = \sqrt{\left(\frac{1}{2}\Delta L\right)^2 + R^2}$,则在直角 $\triangle A_{i-1}Q'B$ 中

$$Q'B = A_{i-1}B\cos\alpha = \frac{1}{2}\Delta L\frac{Y_{i-1}}{R}$$

又有 $QQ' = X_{i-1}$,因此有

$$\Delta Y_i = A_{i-1}M = \frac{A_{i-1}A_i'(QQ'+Q'B)}{OB} = \frac{\Delta L\left(X_{i-1}+\frac{1}{2}\Delta L\ \frac{Y_{i-1}}{R}\right)}{\sqrt{\left(\frac{1}{2}\Delta L\right)^2+R^2}} \tag{2-30}$$

同理,$\Delta L \ll R$,故可将$\left(\frac{1}{2}\Delta L\right)^2$略去,则式(2-30)变为

$$\Delta Y_i \approx \frac{\Delta L}{R}\left(X_{i-1}+\frac{1}{2}\ \frac{\Delta L}{R}Y_{i-1}\right) = \frac{FT}{R}\left(X_{i-1}+\frac{1}{2}\ \frac{FT}{R}Y_{i-1}\right) \tag{2-31}$$

将 $K=\dfrac{FT}{R}$代入式(2-29)和式(2-31),则

$$\begin{cases}\Delta X_i = K\left(Y_{i-1}-\dfrac{1}{2}KX_{i-1}\right)\\[2mm] \Delta Y_i = K\left(X_{i-1}+\dfrac{1}{2}KY_{i-1}\right)\end{cases} \tag{2-32}$$

则 A_i'点的坐标值为

$$\begin{cases}X_i = X_{i-1}+\Delta X_i\\ Y_i = Y_{i-1}-\Delta Y_i\end{cases} \tag{2-33}$$

式(2-32)和式(2-33)为第一象限顺时针圆弧插补计算公式,依照此原理,可得出其他象限及其走向的扩展数字积分法圆弧插补计算公式。

由上述扩展数字积分法圆弧插补公式可知,采用该方法只需进行加法、减法及有限次的乘法运算,因而计算较方便、速度较高。此外,该法用割线逼近圆弧,其精度较弦线法高。因此扩展数字积分法圆弧插补是比较适合于 CNC 系统的一种插补算法。

2.5.4 脉冲增量插补法和数据采样插补法的比较

1. 插补速度的比较

脉冲增量插补时,CNC 每发出一个脉冲,机床工作台移动一个脉冲当量,每移动一次,系统就进行下一次的插补运算,因此其插补速度仅和插补运算的时间有关。若想要保证一定的速度要求,要么更换运算速度更快的 CPU,要么增大脉冲当量。若增大脉冲当量,会使得精度降低,且速度越快,误差越大。脉冲增量插补仅适用于中等速度和精度、以步进电动机为执行器的开环数控系统。

数据采样插补时,插补输出的是下一周期内各轴要移动的距离,而非一个脉冲插补一次,可以达到较高的进给速度。在实际工作中,刀具不总是根据程序中所设定的速度匀速运动,而是根据曲线的形状要经常进行加减速。因此其整体的平均进给速度主要是和控制策略以及曲线的形状有关。

2. 加工精度的比较

无论是脉冲增量插补,还是数据采样插补(又分为各种曲线插补算法),到最后的执行环节都是用微小直线段来逼近曲线,只是这个"微小"的程度不一样。

脉冲增量插补的插补误差小于一个当量脉冲,至于误差的具体数值大小,主要取决于机床的制造精度。

数据采样插补分为粗插补和精插补,粗插补有两种方法,一种是以微小直线段来逼近曲线,另一种则是直接以曲线本身来进行插补。有的 CNC 系统是以脉冲增量插补(硬件)的形式进行精插补,那么其插补误差小于一个脉冲当量;而有的 CNC 系统则是以软件的形式进行精插补,那么一个采样周期内所移动的距离可能是几个甚至几百个脉冲当量,因此其插补误差肯定是大于等于一个脉冲当量,但是其误差的数值大小同样和机床本身的制造精度有关。

3. 优缺点比较

脉冲增量插补编程容易,其成本较低,一般不涉及反馈控制。但是其由于进给速度的限制导致工作效率低,同时精度取决于机床的制造精度。对于数据采样插补,有一个较大的优势就是加工效率比脉冲增量插补高出许多,工件在误差允许范围内也可以达到很高的精度。由于涉及采样和反馈控制,需要使用伺服电动机而非普通的步进电动机,因此机床的制造成本较高,编程相对较为复杂,对编程人员的要求较高。

 习题

2-1　何谓插补? 插补在数控技术中的具体作用是什么?

2-2　根据插补输出信号形式来分,有哪两类插补算法? 它们各有什么特点?

2-3　逐点比较法是如何实现的?

2-4　逐点比较法直线插补和圆弧插补的偏差判别函数各是什么?

2-5　用逐点比较法插补直线 OA,起点为 $O(0,0)$,终点为 $A(10,6)$,试写出插补过程并绘制插补轨迹。

2-6　用逐点比较法插补圆弧 AB,起点为 $A(6,0)$,终点为 $B(0,6)$,试写出插补过程并绘制插补轨迹。

2-7　试述数字积分法插补原理。

2-8　数字积分法直线插补的被积函数是什么? 如何判断直线插补的终点?

2-9　数字积分法圆弧插补的被积函数是什么? 如何判断圆弧插补的终点?

2-10　用数字积分法插补直线 OC,起点为 $O(0,0)$,终点为 $C(6,7)$,试写出插补过程并绘制插补轨迹。

2-11　用数字积分法插补圆弧 AB,起点为 $A(7,0)$,终点为 $B(0,7)$,试写出插补过程并绘制插补轨迹。

2-12　何谓"左移规格化"? 它有什么作用?

2-13　数据采样插补是如何实现的?

2-14　数据采样插补是如何选择插补周期的?

2-15　数据采样直线插补、圆弧插补是否有误差? 数据采样插补误差与什么有关系?

2-16　试述脉冲增量插补与数据采样插补的区别。

自测题

第3章

CNC 系统

本章重点内容

　　CNC 装置的硬件结构和软件结构；数控系统软件的特点；数据处理；进给速度处理和加减速控制；数控机床用 PLC；开放式数控体系结构。

学习目标

　　了解数控装置硬件的组成、原理、分类和功能及数控系统软件结构；掌握 CNC 装置的数据转换及处理过程以及进给速度处理和加减速控制过程。

3.1　CNC 系统的组成与工作原理

3.1.1　CNC 系统的组成

　　CNC 系统是在硬件数控系统的基础上发展起来的,它用一台计算机完成数控装置的所有功能。从组成部分的性质上分,CNC 系统由硬件和软件组成,如图 3.1 所示。从功能模块上分,其组成如图 1.1 所示。

图 3.1　CNC 系统的组成框图

3.1.2　CNC 装置的工作原理

　　CNC 装置的工作过程是在硬件支持下执行软件的全过程。下面从输入、译码、刀具补偿、进给速度处理、插补、位置控制、I/O 处理、显示和诊断来说明 CNC 的工作原理。

1. 输入

输入 CNC 装置的有零件程序、控制参数和补偿数据。输入形式有光电阅读机纸带输入、键盘输入、磁盘输入、通信接口输入及连接上级计算机的 DNC(直接数控)接口输入。从 CNC 装置工作方式看,有存储工作方式和 NC 工作方式输入。所谓存储工作方式,是将加工的零件程序一次全部输入到 CNC 装置内部存储器中,加工时再从存储器把一个个程序段调出;所谓 NC 工作方式是指 CNC 装置一边输入一边加工,即在前一个程序段正在加工时,输入后一个程序段内容。通常在输入过程中 CNC 装置还要完成无效码删除,代码校验和代码转换等工作。

2. 译码

不论系统工作在 NC 方式还是存储器方式,译码处理都是将零件程序以一个程序段为单位进行处理,把其中的各种零件轮廓信息(如起点、终点、直线或圆弧等)、加工速度信息(F 代码)和其他辅助信息(M,S,T 代码等)按照一定的语法规则解释成计算机能够识别的数据形式,并以一定的数据格式放在指定的内存专用区间。在译码过程中,还要完成对程序段的语法检查,若发现语法错误便立即报警。

3. 刀具补偿

刀具补偿包括刀具长度补偿和刀具半径补偿。CNC 装置的零件程序是以零件轮廓轨迹来编程,刀具补偿的作用是把零件轮廓轨迹的数据转换成刀具中心轨迹的数据。刀具半径补偿的工作还包括程序段间的转接(即尖角过渡)和过切削判别,这称为 C 刀具补偿。长度补偿是指刀具长度与编程时估计的长度有出入时或刀具磨损导致加工不到位,这时需改变刀具库中的刀具长度数值。

4. 进给速度处理

编程所给的刀具移动速度,是在各坐标的合成方向上的速度。速度处理首先要根据合成速度来计算各运动坐标方向的分速度。另外,对于机床允许的最低速度和最高速度的限制及在某些 CNC 装置中,软件的自动加减速也在此处理。进给速度与加工精度、表面粗糙度和生产率有密切的关系。

5. 插补

参阅第 2 章。

6. 位置控制

位置控制的主要任务是在每个采样周期内,将插补计算出的理论位置与工作台实际位置相比较,用其差值去控制进给电动机。这是因为 CNC 系统是个闭环系统,闭环系统是靠差值来驱动的。在位置控制中,通常还要完成位置回路的增益调整、各坐标方向的螺距误差补偿和反向间隙补偿,通过软件来弥补硬件的误差,以提高机床的定位精度。

7. 输入输出(I/O)处理

输入输出处理主要是处理 CNC 装置和机床之间来往信号的输入输出控制。

8. 显示

数控系统显示主要是为操作者提供方便,通常应有零件程序的显示、参数显示、刀具位置显示、机床状态显示、报警显示等。高档 CNC 装置中还有刀具加工轨迹静态和动态图形显示,以及在线编程时的图形显示等。

9. 诊断

现代 CNC 装置都具有联机和脱机诊断的能力。联机诊断是指 CNC 装置中的自诊断程序,这种自诊断程序融合在各个部分,随时检查不正常的事件。脱机诊断是指系统运转条件下的诊断。脱机诊断还可以采用远程通信方式进行,即所谓的远程诊断,把用户 CNC 通过电话线与远程通信诊断中心的计算机连接,由诊断中心计算机对 CNC 装置进行诊断、故障定位和修复。

3.2 CNC 装置的硬件结构

CNC 装置的硬件结构按印制电路板的插接方式可以分为大板结构和功能模块(小板)结构;按 CNC 装置硬件的制造方式可以分为专用型结构和个人计算机式结构;按 CNC 装置中微处理器的个数可以分为单微处理器结构和多微处理器结构。

3.2.1 大板结构和功能模板结构

1. 大板结构

大板结构 CNC 系统的 CNC 装置由主电路板、位置控制板、PC 板、图形控制板、附加 I/O 板和电源单元等组成。主电路板是大印制电路板,其他电路板是小板,插在大印制电路板上的插槽内。这种结构类似于微型计算机的结构。

2. 功能模块结构

如图 3.2 所示,在这种结构中,整个 CNC 装置按功能模块划分为若干个模块,这些模块既是 CNC 系统的组成部分,又都各自有一定的相对独立性,即所谓的模块化设计。

功能模块结构中每个模块配有自己相应的驱动软件,按功能的要求选择相应的功能模块插入母板上。其中母板一般为总线结构,它提供模块之间交互信号的通路。

常用的功能模块有 CNC 控制板、位置控制板、PC 板、存储器板、图形板和通信板等。FANUC 15 系统就采用了功能模块式结构。

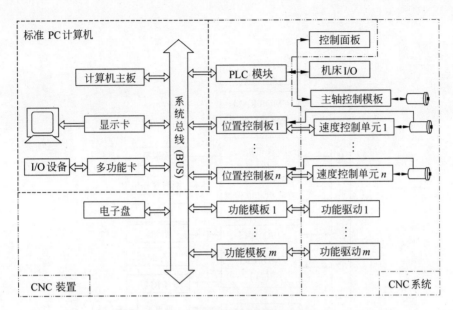

图 3.2　CNC 装置的硬件结构框图

3.2.2　单微处理器结构和多微处理器结构

1. 单微处理器结构

在单微处理器结构中,只有一个微处理器,通过集中控制、分时处理数控装置的各个任务。其他功能部件,如存储器、各种接口、位置控制器等都需要通过总线与微处理器相连。图 3.3 是单微处理器结构图,其优点是投资少、结构简单、易于实现;缺点是功能受 CPU 字长、数据宽度、寻址能力和运算速度的限制。

2. 多微处理器结构

在一个数控系统中有两个或两个以上的微处理器,每个微处理器通过数据总线或通信方式进行连接,共享系统的公用存储器与 I/O 接口,每个微处理器分担系统的一部分工作,这就是多微处理器系统。目前使用的多微处理器系统有三种不同的结构,即主从式结构、总线式多主 CPU 结构和分布式结构,如图 3.4 所示。

总线式多主 CPU 结构按其信息交换方式不同可分为共享总线型和共享存储器型,通过共享总线或共享存储器,来实现各模块之间的互联和通信。其优点是能实现真正意义的并行处理,运算速度快,可实现较复杂的系统功能;容错能力强,在某模块出故障后,通过系统重组仍能继续工作。

(1) 共享总线结构　共享总线结构以系统总线为中心,把组成 CNC 装置的各个功能部件划分为带有 CPU 的主模块和不带 CPU 的从模块(如各种 RAM、ROM 模块,I/O 等)两大类。所有主、从模块都插在配有总线插座的机柜内,共享标准的系统总线。系统总线的作用是把各个模块有效地连接在一起,按照标准协议交换各种数据和控制信息,实现各种预定

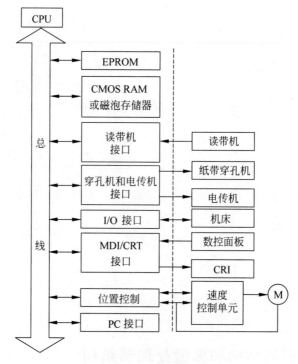

图 3.3　单微处理器结构图

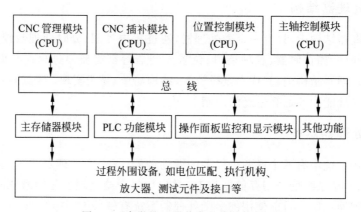

图 3.4　多微处理器共享总线结构框图

的功能,如图 3.4 所示。共享总线结构的典型代表是 FANUC 15 系统。

在共享总线结构中,只有主模块有权控制使用系统总线。但由于有多个主模块,可能会同时请求使用总线,而某一时刻只能由一个主模块占有总线。为了解决这一矛盾,系统设有总线仲裁电路。按照每个主模块负担的任务的重要程度,预先安排各自的优先级别顺序。总线仲裁电路在多个主模块争用总线而发生冲突时,能够判别出发生冲突的各个主模块的优先级别的高低,最后决定由优先级高的主模块优先使用总线。

共享总线结构中由于多个主模块共享总线,易引起冲突,使数据传输效率降低;总线形成系统的"瓶颈",一旦出现故障,会影响整个 CNC 装置的性能。但由于其结构简单、系统配置灵活、实现容易等优点而被广泛采用。

（2）共享存储器结构　共享存储器结构通常采用多端口存储器来实现各微处理器之间的连接与信息交换，由多端口控制逻辑电路解决访问冲突，其结构框图如图 3.5 所示。

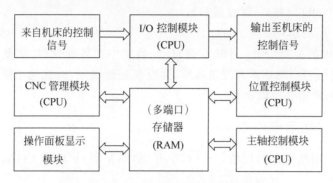

图 3.5　多微处理器共享存储器结构框图

该结构面向公共存储器来设计，每一端口都配有一套数据、地址、控制线，以供端口访问。

在共享存储器结构中，各个主模块都有权控制使用系统存储器。即便是多个主模块同时请求使用存储器，只要存储器容量有空闲，一般不会发生冲突。在各模块请求使用存储器时，由多端口的控制逻辑电路来控制。

共享存储器结构中多个主模块共享存储器时，引起冲突的可能较小，数据传输效率较高，结构也不复杂，所以也被广泛采用。

美国 GE 公司的 MTC1-CNC 采用的就是共享存储器结构，共有 3 个 CPU：中央 CPU 负责数控程序的编辑、译码、刀具和机床参数的输入；显示 CPU 把 CPU 的指令和显示数据送到视频电路显示，定时扫描键盘和倍率开关状态并送 CPU 进行处理；插补 CPU 完成插补运算、位置控制、I/O 控制和 RS232C 通信等任务。中央 CPU 与显示 CPU 和插补 CPU 之间各有 512 字节的公用存储器用于信息交换。

3.2.3　CNC 装置的硬件功能模块

1. CNC 装置主板和系统总线（母板）

CNC 装置的主板是 CNC 装置的核心，如图 3.6 所示。目前 CNC 装置普遍采用基于 PC 的系统体系结构，即 CNC 装置的计算机系统在功能上完全与标准的 PC 一样，各硬件模块均与 PC 总线标准兼容。其目的是利用 PC 丰富的软件和硬件 OEM 资源，以提高系统的适应性、开放性、降低价格，缩短开发周期。

在结构上，CNC 装置的计算机系统与 PC 略有不同。主板与系统总线分离，总线是无源母板，主板做成插卡形式，集成度更高。

图 3.6　CNC 装置主板图

CNC装置主板包括以下功能结构：

（1）CPU芯片及其外围芯片；

（2）内存单元、cache及其外围芯片；

（3）通信接口（串口、并口、键盘接口）；

（4）软、硬驱动器接口。

CNC装置主板的主要作用：对输入到CNC装置中的各种数据、信息（零件加工程序、各种I/O信息）进行相应的算术和逻辑运算，并根据处理结果，向其他功能模块发出控制命令、传送数据，使用户指令得以执行。

2. 显示模块（显示卡）

显示模块是通用性很强的模块，有VGA卡、SVGA卡，早期有CGA、EGA等，无需用户自己开发。

显示模块的作用：接收来自CPU的控制命令和显示用的数据。

3. 输入输出模块（多功能卡）

该模块也是标准的PC模块，无需用户自己开发。这个模块是CNC装置与外界进行数据和信息交换的接口板，即CNC装置通过该接口可以从输入设备获取数据，也可以将CNC装置中的数据送给输出设备。通过该接口，从外部输入设备获取数据，也可将数据输送给外部设备。

输入设备：键盘、纸带阅读机等；

输出设备：打印机、纸带穿孔机等；

输入输出设备：磁盘驱动器、录音机、磁带机等；

通信接口：RS232。

如果计算机主板选用的是ALL-IN-ONE主板，则可以不需要输入输出模块。

4. 电子盘（存储模块）

电子盘在CNC装置中用来存放下列数据和参数：

（1）数控系统软件和固有数据；

（2）系统的配置参数（进给轴数、轴的定义、系统增益、刀偏和刀补等）；

（3）用户的零件加工程序。

目前计算机领域所用存储器件有三类：

（1）磁性存储器件，如硬盘，可随机读写；

（2）光存储器件，如光盘；

（3）半导体（电子）存储器件，如RAM、ROM、FLASH等。

CNC装置常用电子存储器件作为外存储器，而不采用磁性存储器件。因为CNC装置对存取速度有很高的要求，电子存储器较磁性存储器存取速度快。另外，CNC装置的工作环境有可能有电磁干扰，用磁性存储器件可靠性低，电子存储器件抗电磁干扰能力强些。

由电子存储器件组成的存储单元是按磁盘管理方式进行管理的，故称作电子盘。

5. 设备辅助控制接口模块

CNC 装置对机床的加工控制有两类：

一是对机床各坐标轴的运动速度和位置的控制,即轨迹控制,是实现 G 指令所规定的运动;

二是对机床的诸如主轴的启停、换向,更换刀具,工件的夹紧、松开,液压、冷却、润滑系统的运行等进行顺序控制。

设备辅助控制接口模块就是实现顺序控制的模块。

CNC 装置要对机床的辅助动作进行顺序控制,一要接收来自机床上的外部信号(行程开关、传感器、按钮、继电器等);二是要用产生的指令去驱动相应器件实现辅助动作。但 CNC 装置既不能直接接收来自机床外部的信号,因为这些信号在形式、电平上与 CNC 能接收的信号不匹配,而且还会夹带干扰信号;又不能直接驱动辅助动作执行器件,因为 CNC 的输出指令在形式、电平、功率上也不能满足执行器件的输入要求。所以,需要有一个信号的转换接口,这就是设备辅助控制接口模块。该模块的作用是:

(1) 对 CNC 的输入输出信号进行相应的转换,包括输电平转换、模/数转换、数/模转换、数/脉转换、功率匹配转换;

(2) 阻断外部干扰信号进入 CNC 计算机,在电气上将 CNC 与外部信号隔离。

所要转换的信号有三类:开关量、模拟量和脉冲量。

设备辅助控制接口的实现方式主要有两种。

(1) 简单 I/O 接口板。如图 3.7 所示,光电隔离器件起电器隔离和电平转换作用;调理电路对输入信号进行整形、滤波处理。

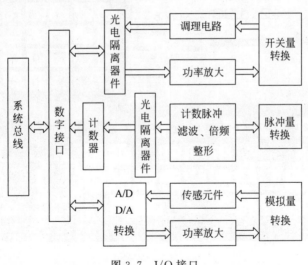

图 3.7　I/O 接口

(2) PLC 接口。

6. 位置控制模块

位置控制模块是进给伺服系统的重要组成部分,是 CNC 与伺服系统连接的接口。其作用是：接受 CNC 插补运算后输出的位置指令，经相应调节运算，输出速度控制指令，然后进行相应的变换后，输出速度指令电压给速度控制单元，去控制伺服电动机运行；对于闭环和半闭环控制，还要处理实际位置和实际速度信号，供位置和速度闭环控制使用。

7. 功能接口模块

实现用户特定要求的接口板，如仿形控制器、刀具监控系统中的信号采集器等。

3.2.4　CNC 装置的输入输出接口

1. 键盘输入及其接口

数控机床上配备的输入设备有键盘和相应接口，其中键盘输入有数控系统操作面板上的键盘直接输入和普通计算机键盘通过 SP2 接口与数控系统相连输入。

手动输入(MDI)方式一般用于加工过程中对程序段进行修改、插入和删除，以及数控机床的调试。在 MDI 方式下操作者可以一边输入数据，一边通过显示器显示的信息进行观察判断，并做相应的处理。

华中数控操作面板如图 3.8 所示。

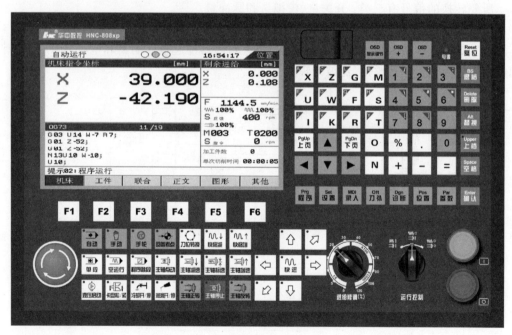

图 3.8　华中数控操作面板

2. I/O 接口

CNC 装置与外部设备连接时，其输入输出接口芯片一般不能与外部设备直接相连，常需要附加 I/O 接口电路，负责与外部设备的连接。

1) I/O 接口电路的主要任务

（1）进行电平转换和功率放大：CNC 装置的信号一般是 TTL 电平，但被控制部件和机床的控制信号不一定都是 TTL 电平，因此有必要进行电平转换，即把开关或继电器具有的"开""关"两种状态信号变成 CNC 装置可识别的高、低电平。CNC 装置输出的信号也必须经过驱动功放环节，将其放大后驱动继电器等动作。

（2）隔离干扰：为防止外围设备、电源等引起的干扰（如噪声引起的误动作），光电耦合器、脉冲变压器和继电器把 CNC 装置与被控制部件的信号进行隔离，并实现不同电源的外设与 CNC 装置的接口。

2) 输入接口电路

输入接口电路是 CNC 装置接收输入信号的电路，如机床操作面板开关信号、按钮信号和机床的各种限位开关信号等。图 3.9 所示是触点输入接口电路，当机床一侧的触点开关闭合时，+24 V 电压加到接收器电路上，经滤波和电平转换后送入 CNC 装置，成为 CNC 装置可以接收和处理的信号。

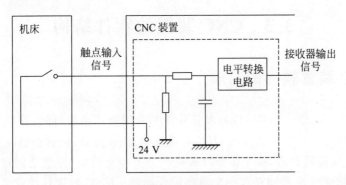

图 3.9　触点输入接口电路

图 3.10 所示是电压输入接口电路，电压信号若频率较高，还应该使用屏蔽电缆去除噪声，直流信号也可以采用光电耦合器，此时图中的滤波和电平转换电路由光电耦合器代替。

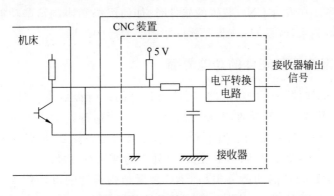

图 3.10　电压输入接口电路

3) 输出接口电路

输出接口电路用于 CNC 装置与机床传送信号，如将直流开关量信号输出到机床强电箱中的中间继电器线圈和指示灯。图 3.11(a)中继电器采用触点输出，但触点开关的通断会有冲击电流,因此需要电流保护电路。图3.11(b)中电路采用预通电路,当触点开关断开时,加在灯上的电压只有8 V,闭合后为24 V。图3.11(c)中CNC装置的输出电路采用光电耦合器实现无触点输出。

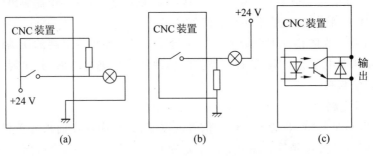

图3.11　输出接口电路

3.3　CNC装置的软件结构

3.3.1　CNC装置软件的组成

CNC装置的软件是一个实时性和多任务性的专用操作系统,即数控系统,CNC的许多控制任务,如零件程序的输入与译码、刀具半径补偿、插补运算、位置控制以及精度补偿都是由软件实现的。从逻辑上讲,这些任务可看成一个个功能模块,模块之间存在着耦合关系;从时间上讲,各功能模块之间存在一个时序配合问题。CNC装置软件就是为实现CNC系统各项功能所编制的专用软件,分管理软件和控制软件两部分,存放在数控计算机的EPROM内存中。各种CNC系统的功能设置和控制方案各不相同,它们的系统软件在结构上和规模上差别很大,但是一般都包括输入数据处理程序、插补运算程序、速度控制程序、管理程序和诊断程序。在设计CNC装置的软件时,如何组织和协调这些功能模块,使之满足一定的时序和逻辑关系,就是CNC装置软件结构要考虑的问题。

1. CNC装置软件和硬件的功能界面

CNC装置是由软件和硬件组成的,硬件为软件的运行提供支持环境。在信息处理方面,软件与硬件在逻辑上是等价的,即硬件能完成的功能从理论上讲也可以由软件来完成。但硬件和软件在实现这些功能时各有不同的特点:硬件处理速度快,但灵活性差,实现复杂控制的功能困难;软件设计灵活,适应性强,但处理速度相对较慢。

如何合理确定软硬件的功能分担是CNC装置结构设计的重要任务,这就是所谓软件和硬件的功能界面划分的概念,其划分准则是系统的性价比。

图3.12所示的四种功能界面是CNC装置不同时期不同产品的划分。其中后面两种是现在的CNC系统常用的方案,反映出软件所承担的任务越来越多,硬件承担的任务越来越少。一是因为计算机技术的发展,计算机运算处理能力不断增强,软件的运行效率大大提高,这为用软件实现数控功能提供了技术支持。二是数控技术的发展,对数控功能的要求越

来越高,若用硬件来实现这些功能,不仅结构复杂,而且柔性差,甚至不可能实现。而用软件实现则具有较大的灵活性,且能方便实现较复杂的处理和运算。因而,用相对较少且标准化程度较高的硬件,配以功能丰富的软件模块的 CNC 系统是当今数控技术的发展趋势。

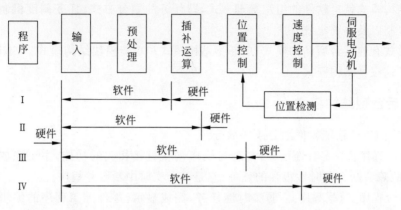

图 3.12　CNC 软件任务分解

2. 华中数控系统的软件结构

华中数控系统的软件结构如图 3.13 所示。图中虚线以下的部分称为底层软件,它是华中数控系统的软件平台,其中 RTM 模块为自行开发的实时多任务管理模块,负责 CNC 系统的任务管理调度。NCBIOS 模块为基本输入输出系统,管理 CNC 系统所有的外部控制对象,包括设备驱动程序(I/O)的管理、位置控制、PLC 控制、插补计算以及内部监控等。RTM 和 NCBIOS 两模块合起来统称 NCBASE,如图 3.13 中双点画线框所示。

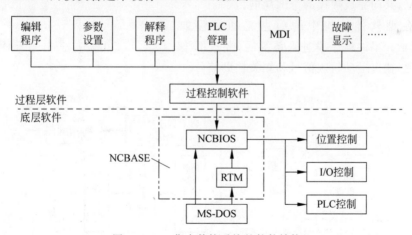

图 3.13　华中数控系统的软件结构

图中虚线以上的部分称为过程控制软件(或上层软件),它包括编辑程序、参数设置、解释程序、PLC 管理、MDI、故障显示等与用户操作有关的功能子模块。对不同的数控系统,其功能的区别都在这一层,系统功能的增减及差异均在这一层进行。

各功能模块通过 NCBASE 的 NCBIOS 与底层进行信息交换。

3.3.2 CNC 装置软件结构模式

所谓结构模式就是软件的组织管理方式,即任务的划分方式、任务调度机制、任务间的信息交换机制以及系统集成方法。

结构模式有前后台型结构模式、中断型结构模式和功能模块结构模式。CNC 装置软件结构采用了这三种结构模式。

1. 前后台型结构模式

该模式将 CNC 系统软件划分成两部分。

(1) 前台程序:强实时性任务,实现与机床动作直接相关的功能,主要完成插补运算、位置控制、故障诊断等实时性很强的任务,它是一个实时中断服务程序。

(2) 后台程序(背景程序):弱实时性任务,完成显示、零件加工程序的编辑管理、系统的输入输出、插补预处理等弱实时性的任务,它是一个循环执行程序。

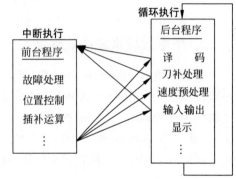

在后台程序循环运行的过程中,前台的实时中断程序不断地定时插入,二者密切配合,并行处理,共同完成零件的加工任务。如图 3.14 所示,程序一经启动,经过一段初始化程序后便进入背景程序循环。同时开放定时中断,每隔一定时间间隔发生一次中断,执行完毕中断程序后返回背景程序,如此循环往复,共同完成数控的全部功能。

前后台型软件结构中的信息流动过程如图 3.15 所示。零件程序段进入系统后,经过图中的流动处理,输出运动轨迹信号和相关辅助信号。

图 3.14 前后台型结构

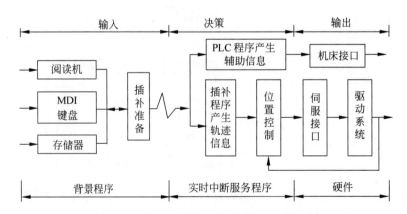

图 3.15 前后台型软件结构中的信息流动过程

背景程序的主要功能是进行插补前的准备和任务的管理调度。它一般由键盘服务、加工服务和手动操作服务三个主要的服务程序组成,有键盘、单段、自动和手动四种工作方式,如图 3.16 所示。各工作方式的功能见表 3.1。

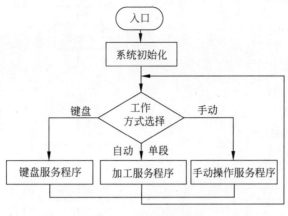

图 3.16 背景程序结构

表 3.1 工作方式的功能

工 作 方 式	功 能 说 明
键盘	主要完成数据输入和零件加工程序的编辑
单段	单段工作方式是加工工作方式,在加工完成一个程序段后停顿,等待执行下一步
手动	用来处理坐标轴的点动和机床回原点的操作
自动	自动工作方式也是加工工作方式,在加工一个程序段后不停顿,直到整个零件程序执行完毕为止

加工工作方式在背景程序中处于主导地位。在操作前的准备工作(如由键盘方式调出零件程序、由手动方式使刀架回到机床原点)完成后,一般便进入加工方式。在加工工作方式下,背景程序要完成程序段的读入、译码和数据处理(如刀具补偿)等插补前的准备工作,如此逐个程序段地进行处理,直到整个零件程序执行完毕为止。自动循环工作方式如图 3.17 所示。在正常情况下,背景程序在 1→2→3→4 中循环。

实时中断服务程序是系统的核心。实时控制的任务包括位置伺服、面板扫描、PLC 控制、实时诊断和插补。在实时中断服务程序中,各种程序按优先级排队,按时间先后顺序执行。每次中断有严格的最大运行时间限制,如果前一次中断尚未完成,又发生了新的中断,说明发生服务重叠,系统进入"急停"状态。实时中断服务程序流程如图 3.18 所示。

前后台软件结构的特点:前台程序是一个中断服务程序,用以完成全部的实时功能;后台程序是一个循环运行程序,管理软件和插补准备在这里完成。后台程序运行时,实时中断程序不断插入,前后台程序相配合,共同完成零件的加工任务。

前后台结构的缺点是程序模块间依赖关系复杂,功能扩展困难,程序运行时资源不能合理协调。例如当插补运算没有数据时,而后台程序正在运行图形显示,使插补处于等待状态,只有当图形显示处理完后,CPU 才有时间进行插补准备,向插补缓冲区写数据时会产生停滞。

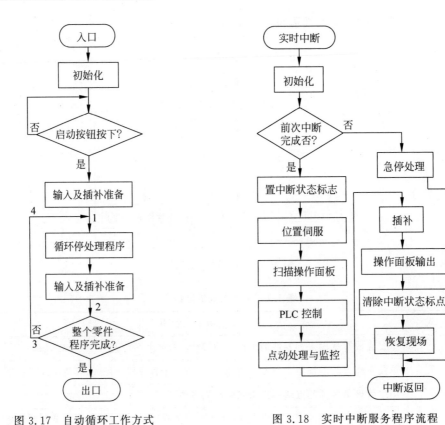

图 3.17　自动循环工作方式　　　　图 3.18　实时中断服务程序流程

2. 中断型结构模式

所谓中断型结构模式,即除初始化程序外,所有任务按实时性强弱,分别划分到不同优先级别的中断服务程序中,其管理功能主要是通过各级中断服务程序之间的相互通信来完成的。数控机床的中断型结构如图3.19所示。机床初始化后,插补计算、位置控制随时能进入中断运行。

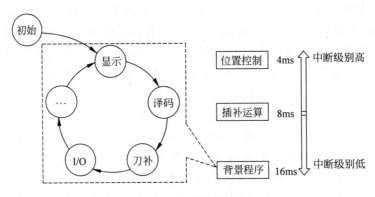

图 3.19　中断型结构图

各中断服务程序的优先级别与其作用和执行时间密切相关。级别高的中断程序可以打断级别低的中断程序。优先级及其功能见表3.2。

表 3.2　中断功能一览表

优　先　级	主　要　功　能	中　断　源
0	初始化	开机后进入
1	CRT 显示,ROM 奇偶校验	由初始化程序进入
2	工作方式选择及预处理	16 ms 软件定时
3	PLC 控制,M、S、T 处理	16 ms 软件定时
4	参数、变量、数据存储器控制	硬件 DMA
5	插补运算,位置控制,补偿	8 ms 软件定时
6	监控和急停信号,定时 2、3、5	2 ms 硬件时钟
7	ARS 键盘输入及 RS232C 输入	硬件随机
8	纸带阅读机	硬件随机
9	报警	串行传送报警
10	RAM 校验,电源断开	硬件,非屏幕中断

中断服务程序的中断有两种来源:一种是由时钟或其他外部设备产生的中断请求信号,称为硬件中断(如第 0,1,4,6,7,8,9,10 级);另一种是由程序产生的中断信号,称为软件中断,这是由 2 ms 的实时时钟在软件中分频得出的(如第 2,3,5 级)。硬件中断请求又称作外中断,要接受中断控制器(如 Intel8259A)的统一管理,由中断控制器进行优先排队和嵌套处理;而软件中断是由软件中断指令产生的中断,每出现 4 次 2 ms 时钟中断时,产生第 5级 8 ms 软件中断,每出现 8 次 2 ms 时钟中断时,分别产生第 3 级和第 2 级 16 ms 软件中断,各软件中断的优先顺序由程序决定。因为软件中断有既不使用中断控制器,也不能被屏蔽的特点,因此为了将软件中断的优先级嵌入硬件中断的优先级中,在软件中断服务程序的开始,要通过改变屏蔽优先级比其低的中断,软件中断返回前,再恢复初始屏蔽状态。

中断型软件结构的特点是整个系统软件,除初始化程序外,各任务模块分别安排在不同级别的中断服务程序中,即整个软件就是一个庞大的中断系统,其管理功能主要是通过各级中断服务程序之间的相互通信来完成的。

3. 功能模块结构模式

当前,为实现数控系统中的实时性和并行性的任务,越来越多地采用多微处理器结构,从而使数控装置的功能进一步增强,结构更加紧凑,更适合于多轴控制、高进给速度、高精度和高效率的数控系统的要求。

多微处理器 CNC 装置多采用模块化结构,每个微处理器分管各自的任务,形成特定的功能模块。相应的软件也模块化,形成功能模块软件结构,固化在对应的硬件功能模块中。各功能模块之间有明确的硬、软件接口。

图 3.20 所示的功能模块软件结构主要由三

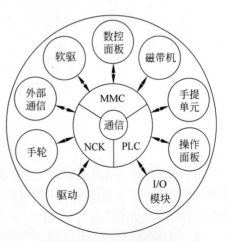

图 3.20　功能模块软件结构

大模块组成,即人机通信(MMC)模块、数控通道(NCK)模块和可编程控制器(PLC)模块。每个模块都是一个微处理器系统,三者可以互相通信。各模块的功能见表3.3。

表3.3 三大模块的功能一览表

模块	功能说明
MMC模块	完成与操作面板、数据存储设备比如硬盘之间的连接,实现操作、显示、编程、诊断、调机、加工模拟及维修等功能
NCK模块	完成程序段准备、插补、位控等功能。可与驱动装置、电子手轮连接;可与外部PC进行通信,实现各种数据变换;还可构成柔性制造系统对信息的传递、转换和处理等
PLC模块	完成机床的逻辑控制,通过选用通信接口实现联网通信。可连接机床控制面板、手提操作单元(即便携式移动操作单元)和I/O模块

3.3.3 CNC装置软件的特点

CNC装置的软件结构,无论其硬件是单微处理机结构,还是多微处理机结构,都具有多任务、并行处理和多重实时中断处理三个特点。下面分别加以介绍。

1. 多任务性

在数控加工的过程中,CNC装置要完成许多任务,如管理任务(程序管理、显示、诊断、人机交互)、控制任务(译码、刀具补偿、速度预处理、插补运算、位置控制),而在多数情况下,上述任务不是顺序执行的,而需要多个任务并行处理同时进行,如图3.21所示。

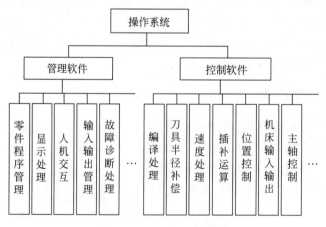

图3.21 CNC软件任务分解

(1) 为使操作人员能及时地了解CNC装置的工作状态,管理软件中的显示模块必须与控制软件同时运行;在插补加工运行时,管理软件中的零件程序输入模块必须与控制软件同时运行;当控制软件运行时,自身的一些处理模块也必须同时运行。

(2) 当机床正在加工时(执行控制任务),CRT要实时显示加工状态(管理任务)。控制与管理并行。

（3）当加工程序送入系统（输入）时，CRT 实时显示输入内容（显示）。管理任务之间的并行。

（4）为了保证加工的连续性，译码、刀具补偿、速度处理、插补运算、位置控制必须同时不间断的执行。控制任务之间的并行。

2. 并行处理

所谓并行处理是指计算机在同一时刻或同一时间间隔内完成两种或两种以上性质相同或不同的工作。

并行处理最显著的优点是提高了运算速度。比较 n 位串行运算和 n 位并行运算，在元件处理速度相同的情况下，后者运算速度几乎提高为前者的 n 倍。在 CNC 软件设计中并行处理主要采用资源分时共享和资源重叠处理两种方法。分时共享是根据流水线处理技术，使多个处理过程在时间上相互错开，轮流使用同一套设备的几个部分。

目前在 CNC 系统的硬件设计中，已广泛使用资源重叠的并行处理方法，如采用多 CPU 的系统体系结构来提高系统的速度。

（1）资源分时共享

在单 CPU 的 CNC 系统中，主要采用 CPU 分时共享的原则来解决多任务的同时运行，即多个用户把时间错开使用同一套设备。一般来讲，在使用分时共享并行处理的计算机系统中，首先要解决的问题是各任务占用 CPU 时间的分配原则。这里面有两方面的含义：其一是各任务何时占用 CPU；其二是允许各任务占用 CPU 的时间长短。

每个任务允许占有 CPU 的时间受到一定限制，通常是这样处理的，对于某些占有 CPU 时间比较多的任务，如插补准备，可以在其中的某些地方设置断点，当程序运行到断点处时，自动让出 CPU，待到下一个运行时间里自动跳到断点处继续执行。

CNC 装置多任务分时共享 CPU 是对一个时间段来说的，位置控制、插补运算、背景程序同时执行，但这是相对于如图 3.22 所示的 16 ms 整个时间段来说的，对于单个时间点，比如在 12 ms 时刻 CNC 装置只能处理一个任务，相当于人脑不能同时刻做两件事一样。

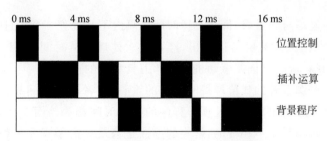

图 3.22　多任务分时共享 CPU 分解图

资源分时共享技术的特征：其一为在任何一个时刻只有一个任务占用 CPU；其二为在一个时间片（如 0～8 ms）内，CPU 并行地执行了两个或两个以上的任务。

（2）资源重叠处理

在多 CPU 结构的 CNC 系统中多采用资源重叠处理方法，根据各任务之间的关联程度，资源重叠处理可采用顺序处理和流水处理这两种处理技术。

若任务间的关联程度不高,则可让其分别在不同的 CPU 上同时执行,这称为流水处理;若任务间的关联程度较高,即一个任务的输出是另一个任务的输入,则可采取顺序处理的方法来处理。

资源重叠除了上述硬件资源重叠外也指时间重叠,使多个处理过程在时间上相互错开,轮流使用同一套设备的几个部分。当 CNC 系统处在 NC 工作方式时,其数据的转换过程将由零件程序输入、插补准备(包括译码、刀具补偿和速度处理)、插补、位置控制四个子过程组成。如果每个子过程的处理时间分别为 Δt_1、Δt_2、Δt_3、Δt_4,那么一个零件程序段的数据转换时间将为

$$t = \Delta t_1 + \Delta t_2 + \Delta t_3 + \Delta t_4$$

如果以顺序方式处理每个零件程序段,即第一个零件程序段处理完以后再处理第二个程序段,以此类推,这种顺序处理时的时间空间关系如图 3.23(a)所示。从图上可以看出,如果等到第一个程序段处理完之后才开始对第二个程序段进行处理,那么在两个程序段的输出之间将有一个时间长度为 t 的间隔。同样在第二个程序段与第三个程序段的输出之间也会有时间间隔,以此类推。这种时间间隔反映在电动机上就是电动机的时转时停,反映在刀具上就是刀具的时走时停。不管这种时间间隔多么小,这种时走时停在加工工艺上都是不允许的。消除这种间隔的方法是用流水处理技术,采用流水处理后的时间空间关系如图 3.23(b)所示。

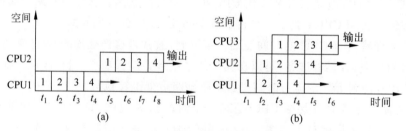

图 3.23　资源重叠流水处理
(a)顺序处理；(b)流水处理

流水处理的关键是时间重叠,即在一段时间间隔内不是处理一个子过程,而是处理两个或更多的子过程。从图 3.23(b)可以看出,经过流水处理后从时间 t_4 开始,每个程序段的输出之间不再有间隔,从而保证了电动机转动和刀具移动的连续性。

流水处理是以资源重叠的代价换得时间上的重叠,或者说以空间复杂性的代价换时间上的快速性。流水处理要求每一个处理子程序的运算时间相等。而在 CNC 系统中每一个子程序所需的处理时间都是不相等的,解决的办法是取最长的子程序处理时间为处理时间间隔。这样在处理时间较短的子程序时,处理完成之后就进入等待状态。

3. 实时中断处理

CNC 系统控制软件的另一个重要特征是实时中断处理。CNC 系统的多任务性和实时性决定了系统中断成为整个系统必不可少的重要组成部分。CNC 系统的中断管理主要靠硬件完成,而系统的中断结构决定了系统软件的结构。其中断类型有外部中断、内部定时中

断、硬件故障中断以及程序性中断等。

（1）外部中断　主要有纸带光电阅读机读孔中断、外部监控中断（如紧急停、量仪到位等）和键盘操作面板输入中断。前两种中断的实时性要求很高，通常把这两种中断放在较高的优先级上，而键盘和操作面板输入中断则放在较低的中断优先级上。在有些系统中，甚至用查询的方式来处理它。

（2）内部定时中断　主要有插补周期定时中断和位置采样定时中断。在有些系统中，这两种定时中断合二为一。但在处理时，总是先处理位置控制，然后处理插补运算。

（3）硬件故障中断　它是各种硬件故障检测装置发出的中断，如存储器出错、定时器出错、插补运算超时等。

（4）程序性中断　它是程序中出现的各种异常情况的报警中断，如各种溢出、清零等。

3.4　CNC 装置的数据转换及处理

3.4.1　数据转换流程

CNC 系统软件的主要任务之一是如何将零件加工程序表达的加工信息，变换成各进给轴的位移指令、主轴转速指令和辅助动作指令，其数据转换的过程如图 3.24 所示。

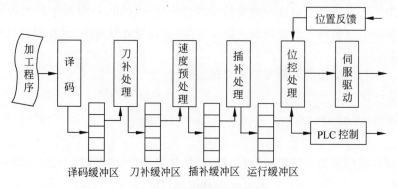

图 3.24　数据转换的过程

1. 译码

译码程序的主要功能是将文本格式表达的零件加工程序，以程序段为单位转换成后续程序所要求的数据结构（格式）。该数据结构用来描述一个程序段解释后的数据信息。包括 X、Y、Z 等坐标值，进给速度，主轴转速，G 代码，M 代码，刀具号，子程序处理和循环调用处理等数据或标志的存放顺序和格式。一个译码缓冲区数据结构的例子如下：

```
Struct PROG_BUFFER
{char buf_state;            //缓冲区状态,0 空;1 准备好。
 int block_num;            //以 BCD 码的形式存放本程序段号。
 double COOR[20];          //以二进制的形式存放 X、Y、Z、I、J、K、R、A、B 等尺寸指令的数值(μm)。
 int F,S;                  //以二进制的形式存放进给速度 F(mm/min)和主轴转速 S(r/min)。
```

```
    char G0;                    //以标志形式存放 G 指令。例如:
```

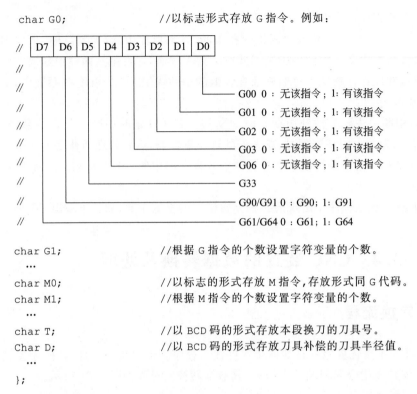

```
    char G1;                    //根据 G 指令的个数设置字符变量的个数。
    ...
    char M0;                    //以标志的形式存放 M 指令,存放形式同 G 代码。
    char M1;                    //根据 M 指令的个数设置字符变量的个数。
    ...
    char T;                     //以 BCD 码的形式存放本段换刀的刀具号。
    Char D;                     //以 BCD 码的形式存放刀具补偿的刀具半径值。
    ...
    };
```

　　在程序中一般有若干个由这种结构组成的程序缓冲区组,当前程序段译码后的数据信息存入缓冲区组中空闲的一个缓冲区。后续程序(如刀补处理程序)从该缓冲区中获取数据信息进行工作。

　　下面以一个程序段为例来简要说明译码过程。

```
...
N06 G90 G01 X200 Y300 F200;
...
```

　　译码程序以程序段为单位进行解释,解释时,从零件程序存储区中逐一读出指令。

程序段	解　释
N06	将 06 转换为 BCD 码 00000110BCD 存入译码缓冲区中的"block_num"
G90	将译码缓冲区中的"G0"的"D6"位置"0"
G01	将译码缓冲区中的"G0"的"D1"位置"1"
X200	将 200 转换为二进制码 11001000B 存入译码缓冲区中的"COOR[1]"
Y300	将 300 转换为二进制码 100101100B 存入译码缓冲区中的"COOR[2]"
F200	将 200 转换为二进制码 11001000B 存入译码缓冲区中的"F"

程序段读完,译码结束。

　　进入下一程序段的解释工作,直至整个缓冲区组被填满,然后,译码程序进入休眠状态。当缓冲区组中有若干个缓冲区置空,系统将再次激活译码程序,按此方式重复进行,直到整个加工程序解释完毕(读到 M02 或 M30)为止。

2. 刀补处理(计算刀具中心轨迹)

将零件轮廓轨迹变换为刀具中心轨迹,并进行相应的坐标变换,主要工作是:

(1) 根据绝对坐标(G90)或相对坐标(G91)计算零件轮廓的终点坐标值;

(2) 根据刀具半径、刀具半径补偿的方向(G41/G42)和零件轮廓的终点坐标值,计算刀具中心轨迹的终点坐标值;

(3) 根据本段和前段的关系,进行段间连续处理。

经刀补处理程序转换的数据存放在刀补缓冲区中,以供后续程序之用。刀补缓冲区与译码缓冲区的结构相似。

3. 速度预处理

速度预处理的主要功能是根据加工程序给定的进给速度,计算在每个插补周期内的合成移动量,供插补程序使用。主要完成以下几步计算。

1) 计算本段总位移量

对于直线轨迹则计算合成位移量 L,圆弧轨迹则计算总角位移量。计算得到的数据供插补程序判断减速起点或终点之用。

2) 计算每个插补周期内的合成进给量

$$\Delta L = F\Delta t/60(\mu m)$$

式中,F 为进给速度值,mm/min;Δt 为数控系统的插补周期,ms。

经速度处理程序转换的数据存放在插补缓冲区中,供插补程序之用。

4. 插补处理

以系统规定的插补周期 Δt 定时运行,主要功能如下所述。

(1) 根据操作面板上"进给修调"开关的设定值,计算本次插补周期的实际合成位移量:

$$\Delta L_1 = \Delta L \times 修调值$$

(2) 将 ΔL_1 按插补的线形和本插补点所在的位置分解到各个进给轴,作为各进给轴的位置控制指令($\Delta x_i, \Delta y_i, \cdots$)。经插补计算后的数据存放在运行缓冲区中,以供位置控制程序之用。

5. 位控处理

位置控制主要进行各进给轴跟随误差($\Delta x_3, \Delta y_3$)的计算,并进行调节处理,输出速度控制指令(v_x, v_y)。

位置控制完成以下几步计算。

(1) 计算新的位置指令坐标值

$$x_{1新} = x_{1旧} + \Delta x_1$$
$$y_{1新} = y_{1旧} + \Delta y_1$$

(2) 计算新的位置实际坐标值

$$x_{2新} = x_{2旧} + \Delta x_2$$
$$y_{2新} = y_{2旧} + \Delta y_2$$

（3）计算跟随误差

$$\Delta x_3 = x_{1新} - x_{2新}$$
$$\Delta y_3 = y_{1新} - y_{2新}$$

（4）计算速度指令值

$$v_x = f(\Delta x_3), \quad v_y = f(\Delta y_3)$$

这里，函数 $f(\ )$ 是位置调节环的控制算法，不同的数控系统算法可能不同。位置控制可以采用硬件电路来实现。其计算结果 v_x 和 v_y 数值传给下一数据转换流程伺服驱动环节，驱动电动机拖动执行部件（导轨和工作台）以某一速度移动到一个预定距离，以实现 CNC 装置的轨迹控制。

3.4.2 数据处理

1. 刀具补偿

1）刀具半径补偿功能的主要用途

实时将编程轨迹变换成刀具中心轨迹。

刀具半径误差补偿。有了刀具半径补偿功能，对于刀具的磨损或因换刀引起的刀具半径的变化，不必重新编程，只需修改相应的偏置参数即可，如图 3.25 所示。

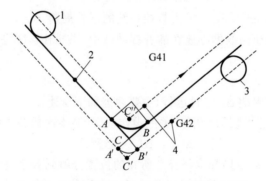

1—刀具；2—编程轨迹；3—刀具；4—刀具中心轨迹。

图 3.25　刀具半径补偿示意图

减少粗、精加工程序编制的工作量。由于轮廓加工往往不是一道工序能完成的，在粗加工时，要为精加工工序预留加工余量。加工余量的预留可通过修改偏置参数实现，而不必为粗、精加工各编制一个程序。

2）刀具半径补偿的常用方法

（1）B 刀补

B 刀补又称 R^2 法，比例法。B 刀补不能自动完成尖角过渡，这是因为早期的刀具补偿功能不够完善，其采用的是读一段、算一段、再走一段的处理方法，这也造成无法预计到由于刀具半径所造成的对下一段加工轨迹的影响。进行中的刀补路线都是从每一段线段起点的法向矢量走到该线段终点的法向矢量处，当两线段间呈尖角过渡时，这种刀补法的刀补路线无法自动从前段线连接到下一段线，因此出现脱节现象。为此，有的控制系统要求预先对编程轨迹的所有尖角过渡都进行倒圆处理,确保前后线段间的顺滑连接。有的控制系统则是在编程时对尖角处预先增加尖角处理指令,比如,FANUC-3MA 控制系统使用的 B 刀补就是采用尖角圆弧插补指令 G39 来处理的。

在外轮廓尖角加工时,由于轮廓尖角处始终处于切削状态,尖角的加工工艺性差。

在内轮廓尖角加工时,由于 C'' 点不易求得(受计算能力的限制),编程人员必须在零件轮廓中插入一个半径大于刀具半径的圆弧,才能避免产生过切。

这种刀补方法,无法满足实际应用中的许多要求。因此现在用得较少,而用得较多的是 C 刀补。

（2）C 刀补

C 刀补的特点是采用直线作为轮廓间的过渡,尖角工艺性好,由数控装置根据零件轮廓的编程轨迹和刀具偏移量直接计算出刀具中心轨迹的转接点 C' 和 C'',如图 3.25 所示。然后再对原来的编程轨迹做伸长、插入或缩短修正,从而自动处理两个程序段间刀具中心轨迹的转接。C 刀补采用直线作拐角的过渡,因此,该刀补尖角工艺性较 B 刀补要好;其次,C 刀补能实现过切(干涉)的自动预报,避免过切。正因为这些优点,现代 CNC 系统一般都采用 C 刀补,编程人员可完全按零件轮廓编程。

3）C 刀补的转接形式和过渡方式

转接形式是指根据前后两编程轨迹的不同,刀具中心轨迹的不同连接方法。在一般的 CNC 装置中,均有圆弧和直线插补两种功能。对由这两种线形组成的编程轨迹有以下四种转接形式:

（1）直线与直线转接;

（2）直线与圆弧转接;

（3）圆弧与直线转接;

（4）圆弧与圆弧转接。

过渡方式为对应两编程轨迹间,刀具中心轨迹过渡连接形式。

矢量夹角 α 是指两编程轨迹在交点处非加工侧的夹角 α,如图 3.26 所示。

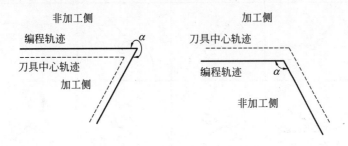

图 3.26　矢量夹角 α 示意图

根据两段程序轨迹的矢量夹角 α 和刀补方向的不同,过渡方式有以下几种。

（1）缩短型　矢量夹角 $\alpha \geqslant 180°$。缩短型的刀具中心轨迹短于编程轨迹。

（2）伸长型　矢量夹角 $90° \leqslant \alpha < 180°$。伸长型的刀具中心轨迹长于编程轨迹。

（3）插入型　矢量夹角 $\alpha < 90°$。在两段刀具中心轨迹之间插入一段直线。

4）刀具中心轨迹的转接形式和过渡方式列表

刀具半径补偿功能在实施过程中,转接形式和过渡方式的各种情况,见表 3.4 和表 3.5。

表中实线表示编程轨迹；虚线表示刀具中心轨迹；α 为矢量夹角；r 为刀具半径；箭头为走刀方向。表 3.5 中是以右刀补(G42)为例进行说明的,左刀补(G41)的情况与右刀补相似,在此不再重复。

表 3.4　刀具半径补偿的建立和撤销

矢量夹角	刀 补 建 立(G42)		刀 补 撤 销(G40)		过渡方式
	直线-直线	直线-圆弧	直线-直线	圆弧-直线	
α≥180°	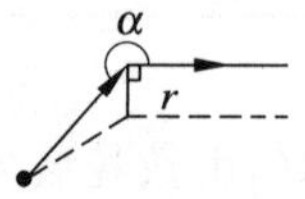 (图)	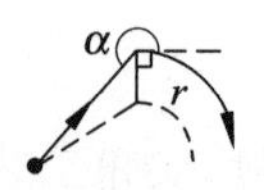 (图)	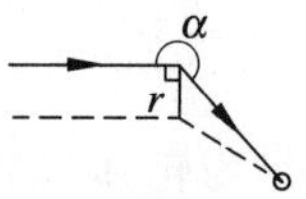 (图)	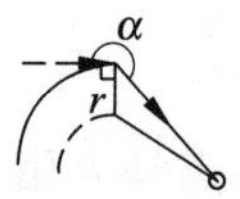 (图)	缩短型
180°>α≥90°	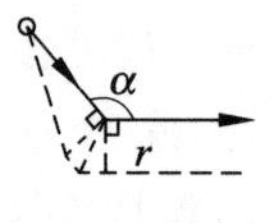 (图)	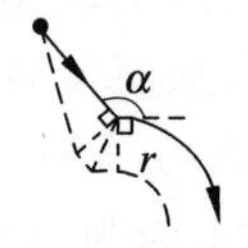 (图)	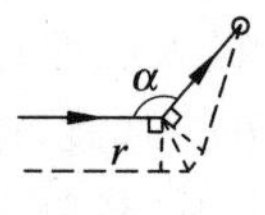 (图)	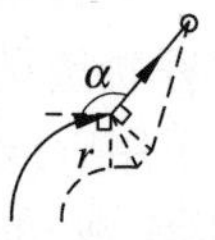 (图)	伸长型
α<90°	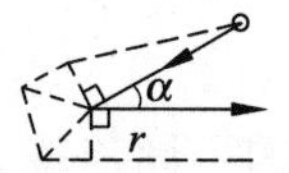 (图)	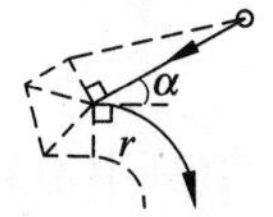 (图)	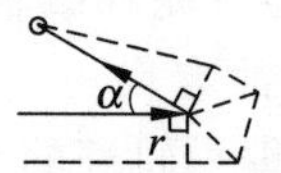 (图)	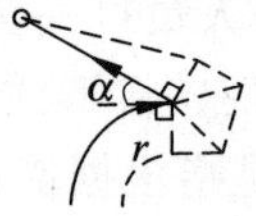 (图)	插入型

表 3.5　刀具半径补偿的进行过程

矢量夹角	刀 补 进 行(G42)				过渡方式
	直线-直线	直线-圆弧	圆弧-直线	圆弧-圆弧	
α≥180°	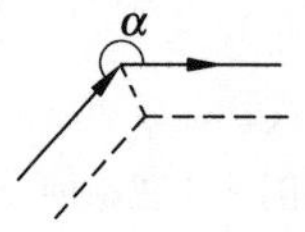 (图)	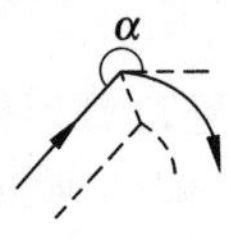 (图)	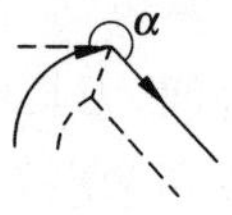 (图)	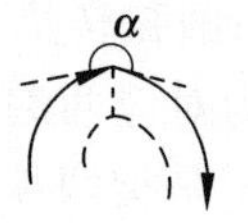 (图)	缩短型
180°>α≥90°	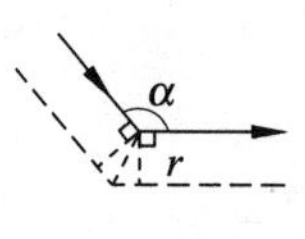 (图)	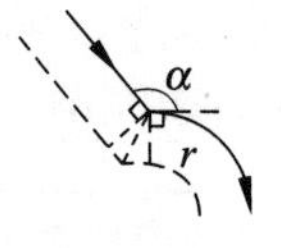 (图)	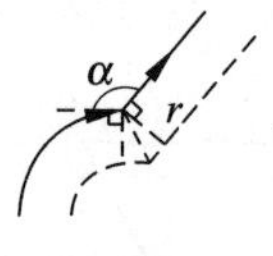 (图)	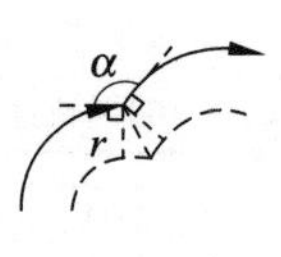 (图)	伸长型
α<90°	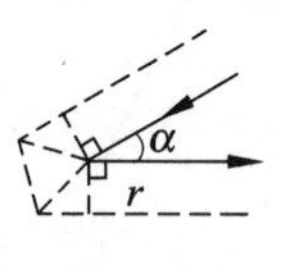 (图)	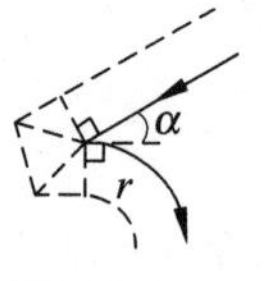 (图)	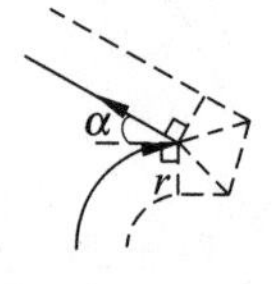 (图)	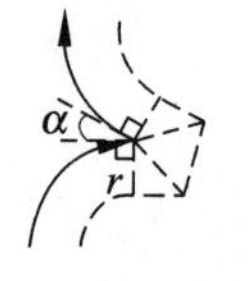 (图)	插入型

5) 刀具半径补偿的实例

读入 OA,判断出是刀补建立,继续读下一段,如图 3.27 所示。

读入 AB,因为 $\angle OAB < 90°$,且又是右刀补(G42),由表 3.5 可知,此时段间转接的过渡形式是插入型。计算出 a、b、c 的坐标值,并输出直线段 Oa、ab、bc,供插补程序运行。

读入 BC,因为 $\angle ABC < 90°$,同理,由表 3.5 可知,段间转接的过渡形式是插入型。计算出 d、e 点的坐标值,并输出直线 cd、de。

　　读入 CD，因为 $\angle BCD > 180°$，由表 3.5 可知，段间转接的过渡形式是缩短型，计算出 f 点的坐标值。由于是内侧加工，须进行过切判别（过切判别的原理和方法见后述），若过切则报警，并停止输出。

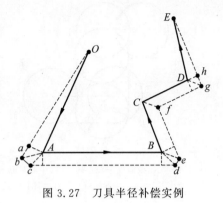

图 3.27　刀具半径补偿实例

　　读入 DE（假定有撤销刀补的 G40 命令），因为 $90° < \angle CDE < 180°$，由于是刀补撤销段，由表 3.4 可知，段间转接的过渡形式是伸长型，计算出 g、h 点的坐标值，然后输出直线段 fg、gh、hE。

　　刀具半径补偿处理结束。

2. 加工过程中的过切判别原理

　　前面我们说过 C 刀补能避免过切现象，是指若编程人员因某种原因编制出了肯定要产生过切的加工程序时，系统在运行过程中能提前发出报警信号，避免过切事故的发生。下面将就过切判别原理进行讨论。

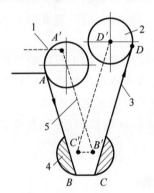

1—刀具中心轨迹；2—刀具；3—编程轨迹；4—过切削部分；5—发出报警程序段。

图 3.28　加工过程中的过切判别

1) 直线加工时的过切判别

　　如图 3.28 所示，当被加工的轮廓是直线段时，若刀具半径选用过大，将产生过切现象。图中，编程轨迹为 $ABCD$，B' 为对应于 AB、BC 的刀具中心轨迹的交点。当读入编程轨迹 CD 时，就要对上段刀具中心轨迹 $B'C'$ 进行修正，确定刀具中心应从 B' 点移到 C' 点。显然，这时必将产生如图阴影部分所示的过切削。

　　在直线加工时，可以通过编程矢量与其相对应的修正矢量的标量积的正负进行判别。在图 3.28 中，BC 为编程矢量，$B'C'$ 为 BC 对应的修正矢量，α 为它们之间的夹角，则由标量积：

$$\overline{BC} \cdot \overline{B'C'} = |\overline{BC}| \, |\overline{B'C'}| \cos \alpha$$

可知 $\overline{BC} \cdot \overline{B'C'} < 0$（即 $90° < \alpha < 270°$）时，刀具就要背向编程轨迹移动，造成过切削。图 3.28 中 $\alpha = 180°$，所以必定产生过切削。

2) 圆弧加工时的过切判别

　　在内轮廓圆弧加工（当圆弧加工的命令为 G41 G03 或 G42 G02）时，若选用的刀具半径 r_D 过大，超过了所需加工的圆弧半径 R，即 $r_D > R$，那么就会产生过切削，如图 3.29 所示。圆弧加工时过切削的判别流程如图 3.30 所示。

　　在实际加工中，还有各种各样的过切削情况，限于篇幅，无法一一列举。但是通过上面的分析可知，过切削现象都发生在过渡形式为缩短型的情况下，因而可以根据这一原则，来判断发生过切削的条件，并据此设计过切削判别程序。

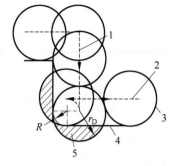

1—发出报警程序段；2—刀具中心轨迹；
3—刀具；4—编程轨迹；5—过切削部分。

图 3.29　圆弧加工过切削

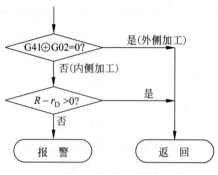

图 3.30　判别流程

3.5　进给速度处理和加减速控制

数控机床的进给速度与加工精度、表面粗糙度和生产效率有着密切的关系。数控机床的进给速度要求速度稳定,具有一定的调速范围,启动快而不失步,停止的位置准确而不超程。故此 CNC 系统必须具有加减速控制功能。

在 CNC 系统中,进给速度控制包括按照加工工艺要求而编入零件加工程序的进给速度控制指令,以及加工过程中操作者根据实际加工需要使用倍率旋钮对进给速度所做的手动调节。CNC 系统采用的插补算法不同,进给速度及加减速度的控制方法也不同。

在 CNC 系统中,可以用软件或软件与接口硬件配合实现进给速度控制,这样就可以达到节省硬件、改善控制性能的目的。

3.5.1　开环 CNC 系统的进给速度及加减速控制

开环 CNC 系统中,一般用脉冲增量插补算法,在插补计算过程中不断向各坐标轴发出相互协调的进给脉冲。发送脉冲的数量决定工作台或刀具的移动距离,发出脉冲的频率决定工作台或刀具的移动速度。因此,可以通过控制输出脉冲频率(或脉冲周期)来控制进给速度。常用的进给速度控制方法有两种:程序计时法和时钟中断法。

1. 程序计时法

采用程序计时法控制进给速度,也就是要用程序来控制进给脉冲的间隔时间。进给脉冲的间隔时间越长,则进给速度越慢;进给脉冲的间隔时间越短,则进给速度越快。通过给定要求的进给速度,就可换算出进给脉冲的间隔时间,这一间隔时间通常由插补运算时间和程序计时时间两部分组成。由于插补运算时间一般是固定的,因此控制进给速度的快慢只有通过改变程序计时时间。程序计时时间可用空循环程序实现。

2. 时钟中断法

时钟中断方法是用软件控制每个时钟周期内的插补次数,以达到进给速度控制的目的。

该方法适用于脉冲增量插补。

具体来说,就是控制向 CPU 发出插补中断信号的频率,假设一个中断信号带来一次插补运算,一次插补运算发出一个进给脉冲。因此,改变中断请求信号的频率,就等于改变进给速度。

设 F 是以 mm/min 为单位的给定速度(如 $F=256$ mm/min),对此给定速度计算机每个时钟周期需进行一次插补。当以 0.01 mm 为脉冲当量时,有

$$F = 256 \text{ mm/min} = (256 \times 100 \times 0.01/60) \text{ mm/s} = 426.66(0.01 \text{ mm})/\text{s}$$

故取时钟频率为 427 Hz。这样对 $F=256$ mm/min 的进给速度,恰好计算机每个时钟周期中断做一次插补运算。

3.5.2　闭环(或半闭环)CNC 系统的加减速控制

闭环(或半闭环)CNC 系统的加减速控制一般采用软件来实现。可以把加减速控制放在插补前进行,称为前加减速控制,如图 3.31(a)所示;也可以把加减速控制放在插补后进行,称为后加减速控制,如图 3.31(b)所示。

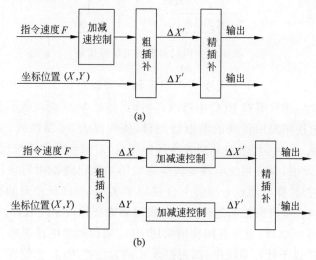

图 3.31　加减速控制

(a) 前加减速控制;(b) 后加减速控制

前加减速控制是对编程指令 F(合成速度)进行控制。其优点是不会影响实际插补输出的位置精度。但需根据实际刀具位置和程序段终点之间的距离来确定减速点,计算工作量比较大。

后加减速控制是对各运动轴分别进行加减速控制,由于是对各运动轴分别进行控制,所以在加减速控制中实际的各运动轴合成位置可能不准确,但这种影响只存在于加速或减速过程中。这种加减速控制不需要专门预先确定减速点,而是在插补输出为零时开始减速,通过一定的时间延时逐渐靠近程序终点。

3.6　数控机床用可编程逻辑控制器

　　CNC、可编程逻辑控制器(programmable logic controller,PLC)是协调配合完成数控机床的各项主要控制工作的,其中CNC装置主要完成与数字运算和管理等有关的功能,如程序的编辑、插补运算、译码、位置伺服控制等。PLC完成与逻辑运算有关的一些动作,没有轨迹上的具体要求,它接受CNC装置的M、S、T指令等顺序动作信息,并对其进行译码,转换成对应的控制信号,控制辅助装置完成机床相应的开关动作,如刀具的更换、冷却液的开关等;它还接受机床操作面板的指令,一方面直接控制机床的动作,另一方面将一部分指令送往CNC装置,用于加工过程的控制。PLC对外围电路的控制如图3.32所示。

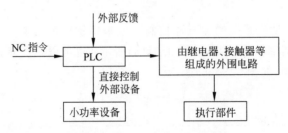

图3.32　PLC对外围电路的控制

　　数控机床的PLC还有一个重大现实作用是如果需要对机床的某些功能进行改变时不需更改数控操作系统,而只需在PLC中修改即可,比如把M03更改成不是主轴正转等。

　　以前,机床强电控制采用传统的继电器逻辑,体积庞大,可靠性差,又有触点数目的限制,给设计带来困难;另外,还易烧坏或发生接触不良,对整个数控系统的可靠性造成影响。随着计算机技术的发展,以往用继电器逻辑等完成的功能已逐渐由可灵活编程的计算机承担。一种做法是数控计算机通过专用的I/O接口来实现,但这样带来的影响是对不同的机床需要不同的控制软件,机床控制逻辑的变化将导致需要修改系统软件,对系统的通用性造成不利。因此,1970年以后,世界各国相继采用PLC来代替继电器逻辑。

　　现在,PLC多集成于数控系统中,即用嵌入式的方法把PLC功能程序写入数控系统的固定芯片中(如华中数控系统),这主要是指控制软件的集成化,而PLC硬件则往往在规模较大的系统中采取分布式结构。PLC与CNC的集成是采取软件接口实现的,一般系统都是将二者间各种通信信息分别指定其固定的存放地址,由系统对所有地址的信息状态进行实时监控,根据各接口信号的现时状态加以分析判断,据此作出进一步的控制命令,完成对运动或功能的控制。

3.6.1　数控机床中PLC完成的功能

　　在数控机床中,利用PLC的逻辑运算功能可实现各种开关量的控制。专门用于数控机床的PLC又称为PMC。现代数控机床通常采用PLC完成如下功能。

　　(1)对机床控制面板的各个按键、旋钮输入信号进行编译处理,以控制数控系统的运行状态。操作面板分为系统操作面板和机床操作面板。系统操作面板的控制信号首先进入 CNC,然后由 CNC 送到 PLC,控制数控机床的运行。机床操作面板控制信号,直接进入 PLC,控制机床的运行。

（2）对辅助功能指令（M、S、T）的译码。对辅助功能的接口信号进行译码处理,将它转换为相应的控制指令,通过与其他状态的逻辑运算控制机床的运行,如刀具交换、冷却启停、工作台交换等。

（3）机床外部输入输出信号的控制。将机床侧的各类开关信号送入 PLC,经逻辑运算后,将运算结果送入到输出口,控制机床侧的动作,如液压系统的启停、刀库（或转塔）、机械手、工作台交换机构等的控制。

（4）伺服控制。控制主轴和伺服进给驱动装置的使能信号,以满足伺服驱动的条件,控制机床的运行。

（5）其他外围设备的控制,如测头、软盘驱动器等。

3.6.2　PLC 顺序程序接口信号处理

接口是连接 CNC 系统、PLC、机床本体的节点。向 PLC 输入的信号有从 CNC 输出来的信号（M 功能、T 功能信号）,从机床来的输入信号（循环启动、进给暂停信号等）。从 PLC 输出的信号有向 CNC 的输出信号（循环启动、进给暂停信号等）,向机床输出的信号（刀架回转、主轴停止等）。接口信号如图 3.33 所示。

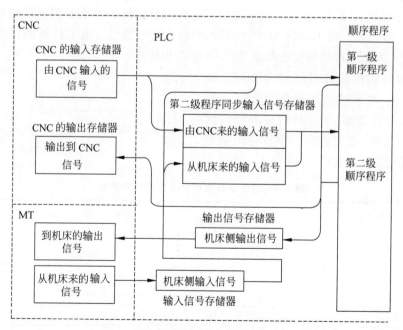

图 3.33　接口信号示意图

顺序程序对输入信号的处理有以下几种。

（1）CNC 侧的输入存储器　来自 CNC 侧的输入信号存放于 CNC 的输入存储器中,每隔 8 ms 传送至 PLC 中。第一级程序直接引用这些信号的状态,执行相应的处理。

（2）来自机床的输入信号（DI/DO 卡）　来自机床侧的输入信号自输入电路（DI/DO 卡）传送至输入信号存储器中。第一级程序中处理的信号取自此存储器。

（3）输入信号存储器　输入信号存储器每隔 2 ms 扫描和存储机床侧的输入信号。第一级程序中处理的信号取自此存储器,输入信号存储器中信号状态与第一级的信号状态是同步的。

（4）第二级程序同步输入信号存储器　存储的信号由第二级程序处理。此存储器中的信号状态与第二级信号状态是同步的。只有在开始执行第二级程序时,输入信号存储器中的信号和来自 CNC 侧的输入信号才会被传送至第二级程序同步输入信号存储器中,即在第二级程序的执行过程中,此存储器中的信号状态保持不变。

顺序程序对输出信号的处理有以下几种。

（1）CNC 的输出存储器　输出信号每隔 8 ms 由 PLC 传送至 CNC 的输出存储器中。

（2）去往机床侧的输出信号（DI/DO 卡）　去往机床侧的输出信号由 PLC 的输出存储器传送至机床侧。

（3）输出信号存储器　由 PMC 程序设定（适用于外置 I/O 卡）,存储在输出信号存储器中的信号每隔 2 ms 传送至机床侧。

3.6.3　PLC 地址分配

地址用来区分信号。不同的地址分别对应机床侧的输入输出信号、CNC 侧的输入输出信号、内部继电器、计数器、保持型继电器和数据表。在编制 PLC 程序时所需的四种类型的地址如图 3.33 所示。图中,MT 与 PLC 相关的输入输出信号经由 I/O 板的接收电路和驱动电路传送。其余几种信号仅在存储器（如 RAM）中传送。

地址的格式用地址号和位号表示,如图 3.34 所示。地址号的开头必须指定一个字母表示信号的类型,字母与信号类型的对应关系见表 3.6。在功能指令中指定的字节单位的地址位号可以省略。

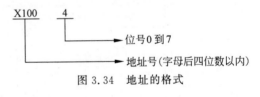

图 3.34　地址的格式

表 3.6　地址字母与信号类型的对应关系

字　　母	信号的种类
X	由机床向 PLC 的输入信号（MT→PLC）
Y	由 PLC 向机床的输出信号（PLC→MT）
F	由 CNC 向 PLC 的输入信号（CNC→PLC）
G	由 PLC 向 CNC 的输出信号（PLC→CNC）
R	内部继电器
D	保持型存储器的数据
C	计数器
K	保持型继电器
T	可变定时器

接口地址分配：

CNC→PLC 相关信号　　地址为 F0 到 F255

PLC→CNC 相关信号　　地址为 G0 到 G255

当使用 I/O Link 时，PLC→MT　地址从 Y0 到 Y127

　　　　　　　　　　MT→PLC　地址从 X0 到 X127

当使用内装 I/O 卡时，PLC→MT　地址从 Y1000 到 Y1014

　　　　　　　　　　MT→PLC　地址从 X1000 到 X1019

3.6.4　PLC 与 CNC 机床的关系

1. 内装型 PLC

内装型（built-in type）PLC 是指 PLC 内含在 CNC 中，它从属于 CNC，与 CNC 装于一体，成为集成化不可分割的一部分，如图 3.35 所示。PLC 与 CNC 间的信号传送在 CNC 装置内部实现。PLC 与数控机床之间的信号传送则通过 CNC 输入输出接口电路实现。

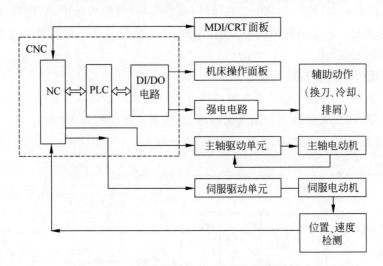

图 3.35　内装型 PLC 与 CNC 机床的关系

内装型 PLC 与一般的工业控制 PLC 相比有其特殊之处，因此在数控集成的研究开发和生产中，又作为有关独立的分支，有如下特点。

（1）内装型 PLC 与 CNC 其他电路同装在有关机箱内，公共使用有关电源和地线，有时采用一块单独的附加印制电路板，有时 PLC 与 CNC 同时制作在一块大印制电路板上。

（2）内装型 PLC 对外没有单独配置的输入输出电路，而使用 CNC 系统本身的输入输出电路。

（3）内装型 PLC 的性能指标依赖于所从属的 CNC 系统的性能、规格，它的硬件和软件要与 CNC 系统的其他功能统一考虑、统一设计。

（4）采用内装型 PLC 扩大了 CNC 内部直接处理的窗口通信功能，可以使用梯形图编辑和传送等高级控制功能,且造价便宜,提高了CNC的性能价格比。

2. 独立型PLC

机床用独立型(stand-alone type)PLC,一般采用模块化结构,装在插板式笼箱内,它的CPU、系统程序、用户程序、输入输出电路、通信模块等均设计成独立的模块。在数控机床中,采用D/A模块,PLC可以实现对外部伺服装置直接进行控制,从而形成另外的两个以上的附加轴控制,可以扩大CNC的控制功能。独立型PLC主要用于FMS或FMC、CIMS中,具有较强的数据处理、通信和诊断功能,成为CNC与上级计算机联网的重要设备。独立型PLC的特点如下。

(1)根据数控机床对控制功能的要求,可以灵活地选购或自行开发通用型PLC。一般采用中型或大型PLC,输入输出点数一般在200点以上,所以多采用模块化结构,安装方便,功能易于扩展和变换。

(2)要进行PLC与CNC装置的I/O连接及PLC与机床侧的I/O连接。CNC和PLC装置均有自己的I/O接口电路,需将对应的I/O信号的接口电路连接起来。

(3)可以扩大CNC的控制功能。在闭环(或半闭环)数控机床中,采用D/A和A/D模块,由CNC控制的坐标运动称为插补坐标,而由PLC控制的坐标运动称为辅助坐标,从而扩大了CNC的控制功能。

(4)在性能价格比上不如内装型PLC。

(5)独立型PLC的输入输出点数可以通过I/O模块的增减来灵活配置,甚至可以通过远程终端连接器,构成大量输入输出点的网络,以实现大范围的集中控制。

独立型PLC与CNC机床的关系如图3.36所示。

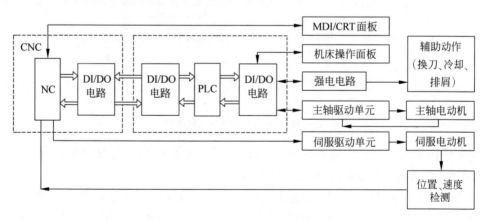

图3.36 独立型PLC与CNC机床的关系

总的来看,单微处理器的CNC系统采用内装型PLC为多,而独立型PLC,主要用在多微处理器CNC系统、FMC或FMS、FA、CIMS中,具有较强的数据处理、通信和诊断功能,成为CNC与上级计算机联网的重要设备。单机CNC系统中的内装型和独立型PLC的作用是一样的,主要是协助CNC装置实现刀具轨迹和机床顺序控制。

3.6.5　M、S、T 功能的实现

PLC 处于 CNC 装置和机床之间,用 PLC 程序代替以往的继电器线路实现 M、S、T 功能的控制和译码。即按照预先规定的逻辑顺序控制主轴的启停、转向、转速,刀具的更换,工件的夹紧、松开,液压、气动、冷却、润滑系统的运行等。

1. M 功能的实现

M 功能也称辅助功能,其代码用字母"M"后跟随 2 位数字表示。PLC 根据不同的 M 功能,可控制主轴的正转、反转和停止,主轴准停,冷却液开、关,卡盘的夹紧、松开及换刀机械手的取刀、归刀等动作。例如,某数控系统设计的基本辅助功能见表 3.7。

表 3.7　某数控系统设计的基本辅助功能动作类型

辅助功能代码	功　能	类　型	辅助功能代码	功　能	类　型
M00	程序停	A	M07	液态冷却	I
M01	选择停	A	M08	雾态冷却	I
M02	程序结束	A	M09	关冷却液	A
M03	主轴顺时针旋转	I	M10	夹紧	H
M04	主轴逆时针旋转	I	M11	松开	H
M05	主轴停	A	M30	程序结束	A
M06	换刀准备	C			

表 3.7 中辅助功能的执行条件是不完全相同的。有的辅助功能在经过译码处理传送到工作寄存器后就立即起作用,称为段前辅助功能,并记为 I 类,例如 M03、M04 等。有些辅助功能要等到它们所在程序段中的坐标轴运动完成之后才起作用,称为段后辅助功能,并记为 A 类,例如 M05、M09 等。有些辅助功能只在本程序段内起作用,当后续程序段到来时便失效,记为 C 类,例如 M06 等。还有一些辅助功能一旦被编入执行后便一直有效,直至被注销或取代为止,并记为 H 类,例如 M10、M11 等。根据这些辅助功能动作类型的不同,在译码后的处理方法也有所差异。

2. S 功能的实现

S 功能主要完成主轴转速的控制。CNC 送出 S 代码值到 PLC,PLC 将十进制数转换为二进制数后送到 D/A 转换器,转换成相对应的输出电压,作为转速指令来控制主轴的转速。

3. T 功能的实现

T 功能即为刀具功能,T 代码后跟随 2~5 位数字表示要求的刀具号和刀具补偿号。数控机床根据 T 代码通过 PLC 可以管理刀库,自动更换刀具,也就是说根据刀具和刀具座的编号,可以简便、可靠地进行选刀和换刀控制。

数控加工程序中有关T代码的指令经译码处理后,由CNC系统控制软件将有关信息传送给PLC,在PLC中进一步经过译码并在刀具数据表内检索,找到T代码指定刀号所对应的刀具编号(即地址),然后与目前使用的刀号相比较。如果相同则说明T代码所指定的刀具就是目前正在使用的刀具,当然不必再进行换刀操作,而返回原入口处。若不相同则要求进行更换刀具操作,即首先将主轴上的现行刀具归还到它自己的固定刀座号上,然后回转刀库,直至新的刀具位置为止,最后取出所需刀具装在刀架上。

3.6.6　华中数控系统PLC的形式和原理

华中数控系统内置式PLC采用C语言程序,即采用的是软件PLC,固化在CPU周围芯片内,具有灵活高效、使用方便等特点。

1. 内置式PLC的结构及相关寄存器

华中数控系统的内置式PLC的寄存器及字节见表3.8。

表3.8　内置式PLC的寄存器、字节(组)及说明

序号	寄存器	字节(组)	说　明	备　注
1	X寄存器	128	机床输出到PLC的开关信号	X、Y寄存器会随不同的数控机床而有所不同,主要和实际的机床输入输出开关信号(如限位开关、控制面板开关等)有关。但X、Y寄存器一旦定义好,软件就不能更改其寄存器各位的定义;如果要更改,必须更改相应的硬件接口或接线端子
2	Y寄存器	128	PLC输出到机床的开关信号	
3	R寄存器	768	PLC内部的中间寄存器	R寄存器是PLC内部的中间寄存器,可由PLC软件任意使用
4	G寄存器	256	PLC输出到计算机数控系统的开关信号	G、F寄存器是由数控系统与PLC事先约定好的,PLC硬件和软件都不能更改其寄存器各位(bit)的定义
5	F寄存器	256	计算机数控系统输出到PLC的开关信号	
6	P寄存器	100	PLC外部参数,可由机床用户设置(运行参数子菜单中的"PMC用户参数"命令即可设置)	寄存器可由PLC程序与机床用户自行定义
7	B寄存器	100	断电保护信息	

2. 内置式PLC的软件结构及其运行原理

和一般C语言程序都必须提供main()函数一样,用户编写内置式PLC的C语言程序必须提供如下系统函数的定义及系统变量值:

```
extern void init(void);          //初始化PLC
extern unsigned plc1_time;       //函数plc1()的运行周期(单位:ms)
extern void plc1(void);          //PLC程序入口1
```

```
extern unsigned plc2_time;          //函数 plc2()的运行周期(单位: ms)
extern void plc2(void);             //PLC 程序入口 2
```

其中:

(1) 函数 init()是用户 PLC 程序的初始化函数,系统只在初始化时调用该函数一次。该函数一般设置系统 M、S、B、T 等辅助功能的响应函数及系统复位的初始化工作。

(2) 变量 plc1_time 及 plc2_time 的值分别表示函数 plc1()、plc2()被系统周期调用的时间(单位: ms)。系统推荐值分别为 16ms 及 32ms,即 plc1_time＝16,plc2_time＝32。

(3) 函数 plc1()及 plc2()分别表示数控系统调用 PLC 程序的入口,其调用周期分别由变量 plc1_time 及 plc2_time 指定。

系统初始化 PLC 时,将调用 PLC 提供的 init()函数(该函数只被调用一次)。在系统初始化完成后,数控系统将周期性地运行如下过程:

(1) 从硬件端口及数控系统成批读入所有 X、F、P 寄存器的内容;

(2) 如果变量 plc1_time 所指定的周期时间已到,调用函数 plc1();

(3) 如果变量 plc2_time 所指定的周期时间已到,调用函数 plc2();

(4) 系统成批输出 G、Y、B 寄存器内容。

一般地,变量 plc1_time 周期时间的值总是小于变量 plc2_time 周期时间的值,即函数 plc1()较函数 plc2()调用的频率要高。因此,在华中数控系统中称函数 plc1()为 PLC 高速扫描进程、函数 plc2()为 PLC 低速扫描进程。因而,用户提供的函数 plc1()及 plc2()必须根据 X、F 寄存器的内容正确计算出 G、Y 寄存器的值。

3.7　开放式数控体系结构

3.7.1　概述

自从 1952 年世界上第一台数控机床诞生以来,数控技术经过几十年的发展已日趋完善,已由最初的硬件数控,经过计算机数控,发展到今天以微型计算机为基础的数控、直接数控和柔性制造系统等,现在正朝着更高的水平发展。但随着市场全球化的发展,市场竞争空前激烈,对制造商所生产的产品不但要求价格低,质量好,而且要求交货时间短,售后服务好,还要满足用户特殊的需要,即要求产品具有个性化。而传统的数控系统是一种专用封闭式系统,它越来越不能满足市场发展的需要。

3.7.2　开放式数控系统的定义及其基本特征

1. 开放式数控系统的定义

IEEE 关于开放式数控系统的定义是: 能够在不同厂商的多种平台上运行,可以和其他系统的应用程序互操作,并且能够给用户提供一致性的人机交互方式。

开放式数控系统的实质也可以通俗地理解为,就是可以在统一的运行平台上,面向机床厂家和最终用户,通过改变、增加或剪裁结构对象(数控功能),形成系列化,并方便地将用户的特殊应用和技术诀窍集成到控制系统中,快速实现不同品种、不同档次的开放式数控系统,形成具有鲜明个性的名牌产品。

2. 开放式数控系统的基本特征

(1) 模块化;

(2) 标准化;

(3) 移植性;

(4) 可再次开发性;

(5) 网络化;

(6) 最大可能地利用个人计算机软件、硬件技术。

3. 开放式数控系统的模式

(1) PC 嵌入 NC 中;

(2) NC 嵌入 PC 中(运动控制卡加 PC);

(3) 全软件化 NC。

4. 开放式数控系统的核心——开放式控制器

开放式数控的核心是具有开放性的运动控制器。PMAC(programmable multiple-axis controller)就是美国 Delta Tau 公司遵循开放式系统体系结构标准开发的开放式可编程多轴运动控制器。在运动控制领域经过二十几年的探索,Delta Tau 公司成功地将 Motorola 的数字信号处理器 DSP56001 用于 PMAC,加上专用的用户门阵列芯片,结合 PC 的柔性,使得 PMAC 对系统的控制非常成熟、可靠。

目前 Delta Tau 公司不仅有 Advantage® 系列 PMAC-NC 机床控制器,控制 4～8 轴运动;而且有 TURBO PMAC、PMAC2(第二代 PMAC)、MACRO(光缆控制环路)、UMAC(3U 结构)等采用最新技术的控制器,最多可以实现 128 轴的运动控制。

PMAC 是 20 世纪 90 年代初推出的,主要提供了机床功能、机器人特性、计时检测及通用自动化的性能,可处理运动控制、逻辑控制、资源管理及与主机的交互工作。

PMAC 最大的优点就是站在用户的立场,方便、快捷、稳定、可靠、全面开放,使用户在使用 PMAC 组建自己的系统时犹如一个建筑师设计房屋、桥梁,尽显自己的才华,而一切又都那么容易。

1) PMAC 的结构与原理

PMAC 是一种开放式可编程多轴运动控制器,它采用 Motorola DSP 56001 数字信号处理器作为 CPU,其结构如图 3.37 所示。

PMAC 能够支持多达 256 个运动程序。任意坐标系在任何时候都可以执行这些程序中的任意一个,即使另外的坐标系正在执行同样的程序。PMAC 能够同时执行和该卡上坐标系数目一样多的运动程序。一个运动程序能够将任何一个其他的运动程序调用作为子程序,可以带变量,也可以不带变量。

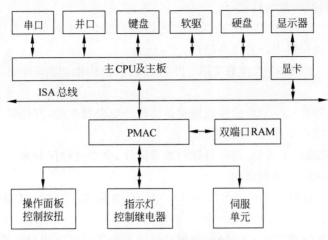

图 3.37　PMAC 结构图

2) PMAC 硬件结构的开放性

(1) PMAC 适应多种硬件操作平台,可在 IBM 及其兼容机上运行,具有 PC、STD、VME、PCI、104 总线及串口脱机运行的功能,方便用户选用适合自己的主机。同时,底层的控制程序只针对 PMAC,所以同一控制软件可以在不同的硬件平台上运行。

(2) PMAC 适用于所有电动机,包括普通的交流电动机、直流电动机、交直流伺服电动机、步进电动机、直线电动机、陶瓷电动机等,也适用于液压马达,控制精度可达到 5 nm。对不同电动机,PMAC 可提供相应的 PWM、PFM、DAC、Pulse+Dir 等控制信号。

(3) PMAC 可接收各种检测元件的反馈,包括测速发电动机、旋转变压器、激光干涉仪、光电编码器、磁致伸缩位移传感器、光栅尺等。

(4) PMAC 的绝大部分地址向用户开放,包括电动机的所有信息、坐标系的所有信息及各种保护信息等。因此,系统的设计和选型灵活自如,不受局限,可将各种先进的设计理念融入系统,而且同一系统可选用不同的电动机,接收不同的反馈信息。

3) PMAC 软件结构的开放性

(1) 支持各种高级语言　PMAC 支持各种高级语言,可用其他相关软件接口,大部分地址向用户开放。

(2) 机床语言的真正开放　PMAC 不但在硬件上具备开放的机床特性,而且支持用户调用现成的直线、圆弧、样条、PVT 三次曲线等插补模式,同时支持标准的 RS274 代码,另外,用户还可以自定义 G 代码、M 代码、T 代码、D 代码、S 代码,实现以往的机床语言所不能完成的功能。

(3) PLC 功能的全部开放　PMAC 内置了 PLC 功能,一般可将 I/O 扩展到 1024 入和 1024 出,可以编写 64 个异步 PLC 程序,对 I/O 的操作几乎是纯软件的工作,通过类似于汇编语言的指针变量,可以让用户按位、字节进行控制。

(4) 可同其他相关软件接口　PMAC 虽然插在 PC 的扩展槽中,但其对轴的控制,对 I/O 的控制是控制器自身完成的,所以 PC 可共享目前相当成熟的 Auto CAD 等绘图软件,方便工艺编程。

4）PMAC 控制器的独特性能

（1）仿真运行　通过对 PMAC 有关地址的改动，就可实现对程序的仿真运行，而传统的数控系统需要在上位机上开发仿真软件。

（2）中断功能　PMAC 上具有 PLC，可向主机请求中断，以实现更为严密的实时性控制。

（3）位置捕捉功能　PMAC 的位置捕捉是由硬件电路完成的，只耗时二十几纳秒，捕捉精度很高。这一性能广泛应用于测量行业。

（4）位置随动功能　PMAC 的位置随动非常简便，全部过程仅与两个变量有关，同时可作一对多的随动并实时修改跟随比。

（5）高分辨率的控制信号　一般的 PMAC 具有 16 位 DAC 输出，PMAC2 控制器提供 18 位 DAC 的能力。

（6）数据采集及分析功能　PMAC 利用自身的开发工具可完成对有关电动机和坐标系的许多信息进行采集、图形分析，同时还提供 24 个采集源供用户使用。

（7）多次开发功能　对同一块 PMAC，用户可以多次开发，以逐步完善其工艺，而且在同一卡上开发的程序是兼容的，可缩短下一次开发的周期。

5. 开放式数控系统面临的问题及发展趋势

1）开放式数控系统面临的问题

开放式数控系统发展的主要目的是解决变换复杂的要求与控制系统专一固定的框架之间的矛盾，实现控制系统的易变、紧凑和廉价。从技术上看，大致有控制、感测、接口、执行器、软件五方面还需进行大量技术难题攻关。

2）开放式数控系统的发展趋势

（1）在控制系统技术、接口技术、检测传感技术、执行器技术、软件技术五大方面开发出先进、适销而且经济、合理的开放式数控系统。

（2）数控系统今后的主攻方向是进一步适应高精度、高效率（高速）、高自动化加工的需求。特别是对有复杂任意曲线、任意曲面零件的加工，需要利用新的加工表述语言、简化设计、生产准备、加工过程，并减少数据储存量，采用 64 位 CPU 实现 CAD/CAM，进行三维曲面的加工。

（3）开放式个人计算机 CNC 系统实现网络化，使 CNC 机床配上个人计算机开放式 CNC 系统，能在厂内联网并与厂外通信网络连接，对 CNC 机床能进行作业管理、远距离监视、情报检索等，在实现高精度、高效率加工的基础上，进一步实现无人化、智能化、集成化的高度自动化生产。

 习题

3-1　CNC 系统由哪几部分组成？各有什么作用？

3-2　CNC 装置由哪几部分组成？各有什么作用？

3-3　CNC 装置软件的特点有哪些？

3-4　华中数控系统层软件的功能是什么？

3-5　数控系统中，软件和硬件有何关系？

3-6　多、单 CPU 数控系统中,常见的软件结构是哪两种? 并简述其特点。

3-7　中断型结构的软件中,各中断服务程序的优先级是如何安排的?

3-8　共享总线结构的 CNC 装置与共享存储器结构的 CNC 装置各有何特点?

3-9　说明加工程序数据在数控装置中是如何处理的。

3-10　CNC 装置中的输入、译码、刀补(轨迹计算)、辅助信息处理、速度计算、插补和位控程序都包括哪些内容?

3-11　CNC 装置中加、减速程序的作用是什么? 加、减速控制有几种方法? 如何实现?

3-12　何为刀具半径补偿? 何为刀具长度补偿?

3-13　CNC 装置中的诊断和通信程序的作用是什么?

3-14　CNC 装置中的接口电路有哪些? 作用是什么?

3-15　数控机床中 PLC 的作用是什么?

3-16　数控机床用 PLC 有几种类型? 各有何特点?

3-17　如果用个人计算机组成 CNC 装置,该装置应包括哪些硬件和软件?

自测题

第4章

数控检测技术

▲本章重点内容

用于数控机床位置测量装置的旋转变压器、感应同步器、光栅传感器、光电脉冲编码器的结构和工作原理。

▲学习目标

了解数控机床位置测量装置的作用和重要性，掌握典型数控机床位置测量装置的构造、工作原理和应用注意事项。

4.1 概　　述

位置检测装置是由检测元件(传感器)和信号处理装置两部分组成的,一般安装在机床工作台、丝杠或电动机上,相当于普通机床上的刻度盘和人的眼睛。

位置检测装置的作用是实时测量执行部件的位移和速度信号,并把测得的位移和速度信息变换成CNC中位置控制单元所要求的信号形式,以便于将运动部件的实际位置反馈到位置控制单元,实现数控系统的半闭环、闭环控制。它是半闭环、闭环进给伺服系统的重要组成部分。

闭环数控机床的加工精度在很大程度上是由位置检测装置的精度决定的,在设计数控机床进给伺服系统,尤其是高精度进给伺服系统时,必须精心选择位置检测装置的精度。位置测量装置的精度主要包括系统的精度和分辨率。系统精度是指在一定长度或转角范围内测量累积误差的最大值;系统分辨率是测量元件所能正确检测的最小位移量。

4.1.1　检测装置的分类

数控系统中的检测装置分为位移、速度和电流三种类型,见表4.1。按照安装的位置及耦合方式,检测装置可分为直接测量和间接测量;按照测量方法可分为增量式和绝对式;按照检测信号的类型可分为模拟式和数字式;按照运动形式可分为回转型和直线型;按照信号转换的原理可分为光电效应、光栅效应、电磁感应、压电效应、压阻效应和磁阻效应等。

表 4.1 数控机床检测装置分类

分 类	增 量 式	绝 对 式
位移传感器	回转型——脉冲编码器、自整角机、旋转变压器、圆感应同步器、光栅角度传感器、圆光栅、圆磁栅	多极旋转变压器、绝对脉冲编码器、绝对值式光栅、三速圆感应同步器、磁阻式多极旋转变压器
	直线型——直线感应同步器、光栅尺、磁栅尺、激光干涉仪、霍尔位置传感器	三速感应同步器、绝对值磁尺、光电编码尺、磁性编码器
速度传感器	交直流测速发电动机、数字脉冲编码式速度传感器、霍尔速度传感器	速度-角度传感器(tachsyn)、数字电磁、磁敏式速度传感器
电流传感器	霍尔电流传感器	

4.1.2 数控测量装置的性能指标及要求

传感器的性能指标包括静态特性和动态特性,主要有如下性能。

(1) 精度 符合输出量与输入量之间特定函数关系的准确程度称作精度。传感器应该具有高精度和高速实时测量的能力。

(2) 分辨率 传感器能检测到对象的最小单位为分辨率,分辨率应适应机床精度和伺服系统的要求。

(3) 灵敏度 灵敏度为传感器检测时对信号的响应能力。灵敏度越高越好。

(4) 迟滞 对某一输入量,传感器的正行程的输出量与反行程的输出量不一致,称为迟滞。迟滞越小越好。

(5) 测量范围和量程 要能满足机床加工零件的尺寸大小。

(6) 零漂与温漂 零漂指没有信号时传感器输出的稳定性;温漂指温度变化时对传感器参数的影响。零漂与温漂越小越好。

另外,还要求性能可靠、抗干扰性强、使用维护方便、成本低等。

4.2 旋转变压器

旋转变压器是一种常用的转角检测元件。它结构简单,工作可靠,精度能满足一般的检测要求。根据转子绕组两种不同的引出方式,旋转变压器分为有刷式和无刷式两种结构形式。

4.2.1 旋转变压器的结构

无刷式旋转变压器(见图 4.1)分为两大部分,即分解器和附加变压器,这两部分都由定子线圈和转子线圈组成,定子和转子的铁心由铁镍软磁合金或硅钢片叠成。分解器的原、副边铁心及其线圈均成环形,分别固定于转子轴和壳体上,径向留有一定的间隙。分解器定子线圈外接励磁电压,分解器的转子绕组与附加变压器一次绕组连在一起绕在转子轴上。当转子转动时,分解器定子线圈和转子线圈的相对位置发生变化,即产生一个相对机械角度,相对位置的变化对分解器定子线圈和转子线圈的电磁耦合作用产生影响,也就是转子线圈的感应电动势会随相对机械角度的变化而作对应的改变,感应电动势的相位角记载了相对机械角度的信息。转子线圈的感应电动势传到变压器一次绕组中后,通过电磁耦合,经变压器二次绕组间接地送出去。这种结构避免了电刷与滑环之间的不良接触造成的影响,提高了旋转变压器的可靠性及使用寿命,其体积、质量较大,是数控机床常用的位置检测装置之一。

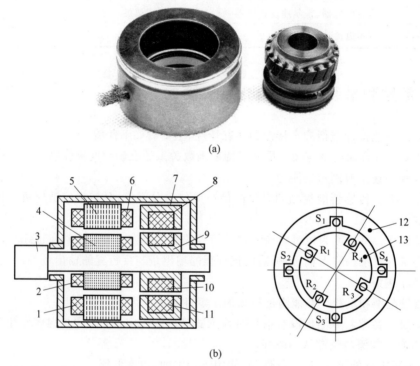

1—分解器定子线圈;2—分解器转子线圈;3—转子轴;4—分解器转子;5—分解器定子;6—输入;7—变压器定子;8—输出;9—变压器转子;10—变压器一次线圈;11—变压器二次线圈;12—定子;13—转子。

图 4.1　无刷式旋转变压器结构

(a)实物图;(b)示意图

常见的旋转变压器一般有两极绕组和四极绕组两种结构形式。两极绕组旋转变压器的定子和转子各有一对磁极,四极绕组则有两对磁极,主要用于高精度的检测系统。除此之外,还有多极式旋转变压器,用于高精度绝对式检测系统。

4.2.2　旋转变压器的工作原理

旋转变压器主要是利用电磁感应原理工作的。

由于旋转变压器在结构上保证了其定子和转子(旋转一周)之间空气间隙内磁通分布符合正弦规律,因此,当励磁电压加到定子绕组时,通过电磁耦合,转子绕组便产生感应电势。

设加到定子绕组的励磁电压为 $V_1 = V_m \sin \omega t$，通过电磁耦合，转子绕组将产生感应电动势 E_2。当转子绕组的磁轴与定子绕组的磁轴相互垂直时，定子绕组磁通不穿过转子绕组，所以转子绕组的感应电动势 $E_2 = 0$，如图 4.2(a)所示。

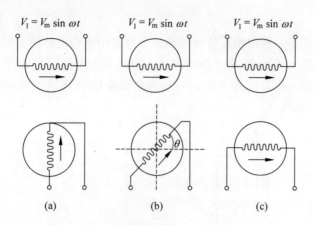

$$V_1 = V_m \sin \omega t \qquad V_1 = V_m \sin \omega t \qquad V_1 = V_m \sin \omega t$$

(a)   (b)   (c)

图 4.2　旋转变压器的工作原理

当转子绕组的磁轴自垂直位置转过 90°时，由于两磁轴平行，此时电磁耦合效果最好，转子绕组的感应电动势为最大，即 $E_2 = KV_m \sin \omega t$，如图 4.2(c)所示。

一般情况下，转子绕组因定子磁通变化而产生的感应电动势（见图 4.2(b)）

$$E_2 = KV_1 \cos \theta = KV_m \sin \omega t \cos \theta \qquad (4-1)$$

式中，E_2 为转子绕组感应电势；V_1 为定子绕组励磁电压，$V_1 = V_m \sin \omega t$；V_m 为电压信号幅值；K 为变压比（即绕组匝数比）；θ 为定、转子绕组轴线间夹角，当转子和定子的磁轴平行时，$\theta = 0°$；垂直时，$\theta = 90°$。如果转子安装在机床丝杠上，定子安装在机床底座上，则 θ 角代表的是丝杠转过的角度，它间接反映了机床工作台的位移。

显然，当 θ 一定时，E_2 为一等幅正弦波，只需测得正弦波的峰值，即可求出转角 θ 的大小，如图 4.3 所示。

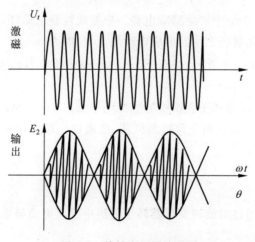

图 4.3　旋转变压器波形图

4.2.3 旋转变压器的应用

1. 鉴相方式

鉴相式工作方式是一种根据旋转变压器转子绕组中感应电势的相位来确定被测位移大小的检测方式。如图 4.4 所示,定子绕组和转子绕组均由两个匝数相等互相垂直的绕组组成。定子的两相绕组一相为正弦绕组 s,一相为余弦绕组 c,转子的两相绕组一相为工作绕组,一相为电枢补偿绕组。

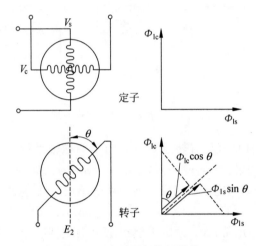

图 4.4　定子两相绕组励磁

在鉴相方式状态下,旋转变压器的分解器定子线圈的两相正交绕组(正弦绕组 s、余弦绕组 c),分别通以幅值相等、频率相同、相位相差 90°的正弦交变电压,即

$$V_s = V_m \sin \omega t$$

$$V_c = V_m \cos \omega t$$

则通过电磁感应,在转子绕组中产生感应电势。根据线性叠加原理,在转子工作绕组中产生的感应电势应为这两相磁通所产生的感应电动势之和,即为

$$E_2 = KV_s \sin \theta + KV_c \cos \theta = KV_m \sin \omega t \sin \theta + KV_m \cos \omega t \cos \theta$$

$$= KV_m \cos(\omega t - \theta)$$

由上式可见,旋转变压器转子绕组中的感应电势 E_2 与定子绕组中的励磁电压同频率,但相位不同,其差值为 θ。而 θ 角正是被测位移,故通过比较感应电势 E_2 与定子励磁电压信号 V_m 的相位,便可求出 θ。

2. 鉴幅方式

鉴幅式工作方式是通过对旋转变压器转子绕组中感应电动势幅值的检测来实现位移检测的。

如果定子的两相正交绕组,分别通以频率和相位都相等,而幅值分别按正弦和余弦变化的激磁交流电压,如图 4.4 所示,即

$$V_s = V_m \sin \alpha \sin \omega t$$

$$V_c = V_m \cos \alpha \sin \omega t$$

这就构成了幅值工作状态,用于幅值伺服系统中。此时,根据线性叠加原理,转子工作绕组产生的感应电动势为

$$E_2 = KV_s \sin \theta + KV_c \cos \theta = KV_m \sin \omega t \sin \alpha \sin \theta + KV_m \sin \omega t \cos \alpha \cos \theta$$
$$= KV_m \cos(\alpha - \theta) \sin \omega t$$

式中,θ 为机械角,是定、转子绕组轴线间的夹角;α 为电气角,激磁交流电压信号的相位角,其可调节修正;$V_m \sin \alpha$、$V_m \cos \alpha$ 分别为定子两个绕组的幅值。

从上式可以看出转子绕组输出电压的幅值与 $\cos(\alpha - \theta)$ 成正比。

从物理意义上理解,当 $\theta = \alpha$ 时,转子绕组中感应电势最大。当 $(\alpha - \theta) = \pm 90°$ 时,感应电势为零。在实际应用中,不断修正激磁信号 α(即激磁幅值),使其跟踪 θ 的变化。

可见,感应电势 E_2 是以 ω 为角频率的交变信号,其幅值为 $V_m \cos(\alpha - \theta)$,若 α 已知,那么只要测出 E_2 的幅值,即可间接地求 θ 值,也可知被测角位移的大小。鉴幅工作方式中不断调整 α,让 E_2 幅值等于零,这样用 α 代替了对 θ 的测量。

当转子反转时,同理可得到:

$$E_2 = KV_m \cos(\alpha + \theta) \sin \omega t \tag{4-2}$$

对于旋转变压器的应用,要注意两个问题。

(1) 如果旋转变压器的极数不止一对,转子每转一周,转子输出电压不止一次地通过零点,容易引起混淆。因此必须在线路中加相敏检波器来辨别转换点,或限制旋转变压器转子在小于半周期内工作。

(2) 由于普通旋转变压器属增量式测量,如果转子直接接丝杠,转子每转动一周,仅相当于工作台移动一个丝杠导程的直线位移,不能反映全行程。因此,要检测数控机床工作台的绝对位置时,需要增加一个绝对位置计数器,与旋转变压器配合使用。

4.3 感应同步器

4.3.1 直线式感应同步器

感应同步器是一种电磁式位置检测元件,按其结构和测量对象的特点可分为直线式和旋转式两种,前者用于测量直线位移,后者用于角位移测量。它们的工作原理相同,具有检测精度较高、抗干扰性强、寿命长、维护简单、可用于长距离测量、成本低、工艺性好等特点,被广泛应用于数控机床及各类机床的改造。

直线式感应同步器由定尺和滑尺组成,定尺与滑尺之间有均匀的气隙,其形状呈直线条形。定尺与滑尺由基板、绝缘层、绕组及屏蔽层组成,如图 4.5 所示。其制造工艺是先在基板(玻璃或金属)上涂上一层绝缘黏合材料,将铜箔粘牢,用制造印刷线路板的腐蚀方法制成节距 T 一般为 2 mm 的方齿形线圈。定尺绕组是连续的。滑尺上分布着两个励磁绕组,分别称为正弦绕组和余弦绕组。当正弦绕组与定尺绕组相位相同时,余弦绕组与定尺绕组错开 1/4 节距。滑尺和定尺相对平行安装,其间保持一定间隙(0.25 mm±0.05 mm)。

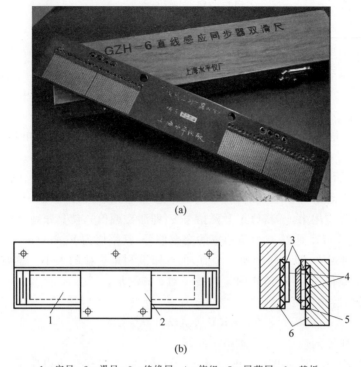

1—定尺;2—滑尺;3—绝缘层;4—绕组;5—屏蔽层;6—基板。

图 4.5 直线式感应同步器

(a) 实物图;(b) 示意图

考虑到接长和安装的要求,通常定尺绕组做成单相的连续式绕组,滑尺绕组做成正交的分段式两相绕组,如图 4.6 所示。ss′ 为正弦绕组,cc′ 为余弦绕组,定尺与滑尺之间的间隙为 0.3 mm 左右。定尺比滑尺长,其中被全部滑尺绕组所覆盖的定尺有效导体数 N 称为直线感应同步器的极数。

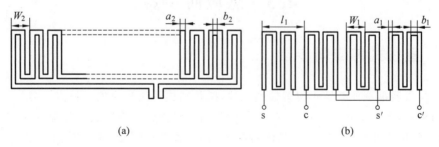

图 4.6 定尺与滑尺绕组

(a) 定尺绕组;(b) 滑尺绕组

定尺绕组中相邻两有效导片之间的距离 W_2 称为极距,滑尺绕组相邻两有效导体之间的距离 W_1 称为节距,W_1、W_2 一般都通称为节距 W,用 2τ 表示,常取为 2 mm,节距代表了测量周期。绕组极距 $W_2 = W_1 = 2(a_1 + b_1)$,其中 a_1、b_1 分别为导片宽度和间隙,滑尺的节距也可取 $W_1 = 2W_2/3$,正弦与余弦两绕组的中心距 l_1 为

$$l_1 = \left(\frac{n}{2} + \frac{1}{4}\right)W$$

式中，n 为任意正整数。

　　直线式感应同步器按照构造可分为标准型、窄型、带型和三重型。三重型结构是在一根尺上有粗、中、精三种绕组，以便构成绝对测量系统。

4.3.2　旋转式感应同步器

　　旋转式感应同步器的结构如图 4.7 所示。定子、转子都用不锈钢、硬铝合金等材料作基板，呈环形辐射状。定子和转子相对的一面均有导电绕组，绕组用厚 0.05 mm 铜箔构成。基板和绕组之间有绝缘层。绕组表面还要加一层和绕组绝缘的屏蔽层（材料为铝箔或铝膜）。

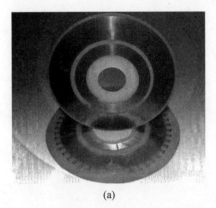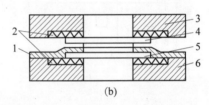

1—屏蔽层；2—绝缘层；3—定子基板；4—定子绕组；5—转子绕组；6—转子基板。

图 4.7　旋转式感应同步器

（a）实物图；（b）示意图

　　转子绕组为连续绕组，定子上有两相正交绕组（正弦绕组和余弦绕组），做成分段式，两相绕组交叉分布，相差 90°电角度，同一相的各相绕组用导线串联连接，如图 4.8 所示。

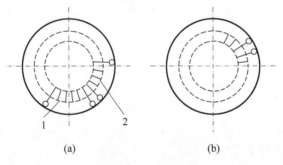

1—正弦绕组；2—余弦绕组。

图 4.8　旋转式感应同步器绕组图

（a）定子绕组（分段式）；（b）转子绕组（连续式）

4.3.3 直线式感应同步器的工作原理

当滑尺两个绕组中的任一绕组通以频率为 f(一般为 2~10 kHz)激磁交变电压时,由于电磁感应,在定尺绕组中会产生频率为 f 的感应电势。该感应电势的大小取决于定尺、滑尺的相对位置。感应电势的频率与激励信号的频率相同,幅值由激励信号的幅值和感应同步器的物理结构决定。

当滑尺绕组与定尺绕组完全重合时,定尺绕组感应电势为正向最大,如图 4.9(a)中所示的位置;如果滑尺相对定尺从重合处逐渐向右(或左)平行移动,感应电势就随之逐渐减小,在两绕组刚好处于相差 $W/4$ 的位置时,感应电势为零;滑尺向右移动到 $W/2$ 位置时,感应电势为负向最大;当到达 $3W/4$ 位置时,又变为零;当到达整节距位置时,感应电势又为正向最大。这时,滑尺移动了一个节距($W=2\tau$),感应电势变化了一个周期(2π),呈余弦函数,此效果是由同步感应器的物理构造决定的。

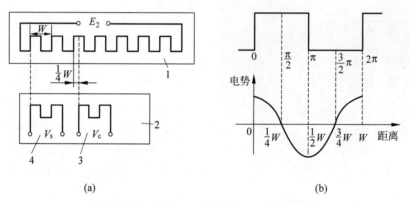

1—定尺;2—滑尺;3—余弦绕组;4—正弦绕组。

图 4.9 直线式感应同步器的工作原理图

(a) 定尺、滑尺绕组原理图;(b) 定尺绕组产生感应电势原理图

当设滑尺移动距离为 x,则感应电势将以余弦函数变化相位角 θ,可得到以下公式

$$\frac{\theta}{2\pi}=\frac{x}{2\tau} \tag{4-3}$$

即可得

$$\theta=\frac{x\pi}{\tau}$$

令 V_s 表示滑尺上一相绕组的励磁电压:

$$V_s=V_m\sin\omega t \tag{4-4}$$

式中,V_m 为 V_s 的幅值。

则定尺绕组感应电势 E_2 为

$$E_2=KV_s\cos\theta=KV_m\cos\theta\sin\omega t \tag{4-5}$$

式中,K 为绕组线圈的变压比。

4.3.4　感应同步器的应用

根据对滑尺绕组供电方式的不同,以及对输出电压检测方式的不同,感应同步器的测量方式有鉴相式和鉴幅式两种工作法。

1. 鉴相方式

在鉴相方式下,给滑尺的正弦绕组和余弦绕组分别通以幅值相等、频率相同、相位相差90°的交流励磁电压,即

$$V_s = V_m \sin \omega t$$
$$V_c = V_m \cos \omega t$$

根据电磁感应及叠加原理,激磁信号在定尺和滑尺上产生移动磁场,该激磁切割定尺导片感应出电压 E_2 为

$$\begin{aligned}
E_2 &= E_2' + E_2'' \\
&= KV_m \cos \omega t \cos \theta + KV_m \sin \omega t \sin \theta \\
&= KV_m \cos(\omega t - \theta)
\end{aligned} \tag{4-6}$$

由此可见,通过鉴别定尺输出感应电压的相位 θ,再由式(4-3)即测得滑尺相对于定尺位移。

感应同步器鉴相测量系统如图 4.10 所示,基准信号发生器输出一系列一定频率的基准脉冲信号(载波信号),为伺服系统提供一个相位比较基准。

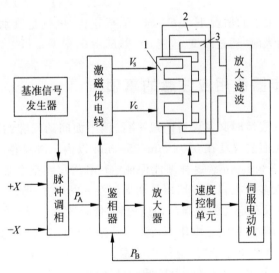

1—滑尺；2—机床；3—定尺。

图 4.10　感应同步器鉴相测量系统框图

脉冲调相器的作用是将来自数控装置的进给脉冲信号转换为相位变化的信号。鉴相器的作用就是鉴别出进给脉冲调相信号 P_A 和位置检测信号 P_B 两个信号的相位差,并以与此相位差信号成正比的电压信号输出。如果相位差不为零,说明工作台实际移动的距离不等于指令信号要求工作台移动的距离。鉴相器检测出的相位差,经放大后,送入速度控制单

元,驱动电动机带动工作台向减少误差的方向移动。若相位差为零,则表示感应同步器的实际位置与给定指令位置相同,鉴相器输出电压为零,工作台停止移动。

2. 鉴幅方式

在鉴幅方式下,给滑尺的正弦绕组和余弦绕组分别通以相位相等、频率相同,但幅值不同的交流电压,即

$$V_s = V_m \sin\alpha\cos\omega t$$

$$V_c = V_m \cos\alpha\cos\omega t$$

式中,α 为励磁电压的给定相位角。

同理,在定尺绕组中感应出电压 E_2 为

$$E_2 = E_2' + E_2'' = KV_m \sin\alpha\cos\omega t\cos\theta - KV_m\cos\alpha\cos\omega t\sin\theta$$

$$= KV_m(\sin\alpha\cos\theta - \cos\alpha\sin\theta)\cos\omega t$$

$$= KV_m\sin(\alpha - \theta)\cos\omega t$$

$$= KV_m\sin\left(\alpha - \frac{\pi}{\tau}x\right)\cos\omega t$$

由此可见,在 α 已知时,只要测量出 E_2 的幅值 $KV_m\sin(\alpha-\theta)$,便可以得到 θ,进而求得线位移。具体实现原理是:若原始状态 $\alpha=\theta$,则 $E_2=0$;然后滑尺相对定尺有一位移 Δx,使 θ 变为 $\theta+\Delta\theta$,则感应电压增加量为

$$\Delta E_2 \approx KV_m\sin\left(\frac{\pi}{\tau}\right)\Delta x\cos\omega t \approx KV_m\left(\frac{\pi}{\tau}\right)\Delta x\cos\omega t$$

上式表明,在 Δx 很小的情况下,ΔE_2 与 Δx 成正比,也就是鉴别 ΔE_2 的幅值,即可测 Δx 的大小。当 Δx 较大时,通过改变 α,使 $\alpha=\theta$,$E_2=0$,根据 α 可以确定 θ,从而确定 Δx。

4.3.5　感应同步器使用应注意的事项

(1) 感应同步器在安装时必须保持两尺平行,两平面间的间隙约为(0.25 ± 0.05)mm,倾斜度小于 0.50,装配面波纹度在 0.01 mm/250 mm 以内。滑尺移动时,晃动的间隙及不平行度误差的变化小于 0.1 mm。这样才能保证定尺和滑尺在整个量程上正常耦合。

(2) 感应同步器大多装在容易被切屑及切屑液浸入的地方,所以必须加以防护,否则切屑夹在间隙内,会使滑尺和定尺的绕组刮伤或短路,使装置发生误动作及损坏。

(3) 同步回路中的阻抗和励磁电压不对称以及激磁电流失真度超过 2%,将对检测精度产生很大的影响,因此在调整系统时,应加以注意。

(4) 由于感应同步器感应电势低,阻抗低,所以应加强屏蔽以防干扰。

4.4　光栅传感器

光栅传感器是利用光栅的衍射现象,把光栅应用于光谱分析、测定光波的波长等方面。如图 4.11 所示为光栅应用于数控机床上。

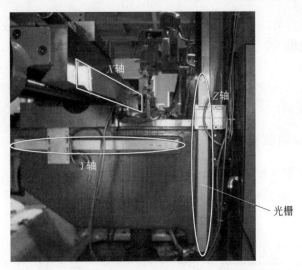

图 4.11 光栅在数控机床的实际应用示例

4.4.1 光栅的类型和结构

计量光栅可分为反射式光栅和透射式光栅两大类,如图 4.12 所示,均由光源、光栅副、光敏元件三大部分组成。计量光栅按形状又可分为长光栅(直线光栅)和圆光栅。圆光栅用于角位移的检测,长光栅用于直线位移的检测。光栅的检测精度较高,可达 1 μm。长光栅实物图如图 4.13 所示。

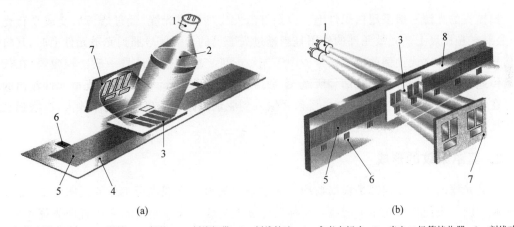

(a)   (b)

1—红外光源(IRED);2—透镜;3—栅格;4—刻线钢带;5—刻线轨迹;6—参考点标志;7—光电二极管接收器;8—刻线玻璃。

图 4.12 计量光栅

(a) 反射式光栅;(b) 透射式光栅

图 4.13 光栅结构

4.4.2　计量光栅的工作原理

计量光栅实质上是一种增量式编码器,它是通过形成莫尔条纹、光电转换、辨向和细化等环节实现数字计量的。

1. 光栅位置检测装置组成

光栅位置检测装置又称为扫描头,由光源 Q、长光栅(标尺光栅)G_1、短光栅(指示光栅)G_2、光电元件等组成,如图 4.14 所示。

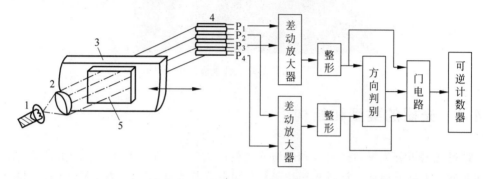

1—光源 Q;2—聚光镜 L;3—长光栅 G_1;4—硅光电池;5—短光栅 G_2。

图 4.14　光栅位置测量装置组成

扫描头的光源一般采用白炽灯泡。白炽灯泡发出的辐射光线,经过透镜后变成平行光束,照射在光栅尺上。光敏元件的作用是当透过光栅尺的光强信号照到光敏元件上时,其将光信号转换成与之成比例的电压信号。由于光敏元件产生的电压信号一般比较微弱,在长距离传递时很容易被各种干扰信号所淹没、覆盖,造成传送失真。为了保证光敏元件输出的信号在传送中不失真,应首先将该电压信号输入到驱动线路进行功率和电压放大,以增强其抗干扰能力,然后再进行传送。

2. 莫尔条纹的形成

常见光栅的工作原理都是根据物理上莫尔条纹的形成原理进行工作的。图 4.15 是其工作原理图。当使指示光栅上的线纹与标尺光栅上的线纹成一角度 θ 来放置两光栅尺时,

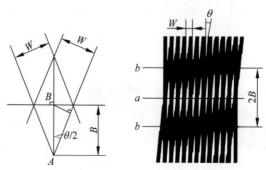

图 4.15　莫尔条纹的形成

必然会造成两光栅尺上的线纹互相交叉。在光源的照射下,交叉点近旁的小区域内由于黑色线纹重叠,因而遮光面积最小,挡光效应最弱,光的累积作用使得这个区域出现亮带。相反,距交叉点较远的区域,因两光栅尺不透明的黑色线纹的重叠部分变得越来越少,不透明区域面积逐渐变大,即遮光面积逐渐变大,使得挡光效应变强,只有较少的光线能通过这个区域透过光栅,使这个区域出现暗带。这些与光栅线纹几乎垂直,相间出现的亮、暗带就是莫尔条纹。

长光栅 G_1 一般固定在机床不动件上,长度相当工作台移动的全行程,短光栅 G_2 则固定在机床移动部件上。长、短光栅保持一定间隙、重叠在一起,并在自身的平面内转一个很小的角度 θ。

莫尔条纹形成的原因,对于粗光栅主要是挡光积分效应;对于细光栅则是光线通过线纹衍射,产生干涉的结果。

若两块栅距 W 相等,黑白宽度相同的光栅,在沿线纹方向上保持一个很小的夹角 θ,当它们彼此平行相互接近时,由于遮光效应或光的衍射作用,便在暗纹相交处形成多条亮带,如图 4.15 所示。亮带的间距 $2B$ 与线纹夹角 θ 的关系为

$$2B \times \sin \frac{\theta}{2} = W$$

当 θ 角很小时,$\sin \dfrac{\theta}{2} \approx \dfrac{\theta}{2}$,则 $2B \times \dfrac{\theta}{2} \approx W$,所以可得 $B \approx \dfrac{W}{\theta}$。

莫尔条纹垂直于两块光栅线纹夹角 θ 的平分线,由于 θ 角很小,所以莫尔条纹近似垂直于光栅的线纹,故称为横向莫尔条纹。当两块光栅沿着垂直于线纹的方向相对移动时,莫尔条纹沿着垂直于条纹的方向移动。移动的方向取决于两块光栅的夹角 θ 的方向和相对移动的方向。

莫尔条纹的移动有如下的规律:光栅向左或向右移动一个栅距 W,莫尔条纹也相应地向上或向下移动一个节距 B。

(1) 若长光栅不动,将短光栅按逆时针方向转过一个很小角度($+\theta$),然后使它向左移动,则莫尔条纹向下移动;反之,当短光栅向右移动,莫尔条纹向上移动。

(2) 若将短光栅按顺时针方向转过一个小角度($-\theta$)时,则情况与($+\theta$)的情况相反。

栅距移动与莫尔条纹移动的对应关系,便于用光电元件(如硅光电池)将光信号转换成电信号。

如上所述,光栅的移动形成了莫尔条纹,又经光电转换成正弦电压信号输出。这样的信号只能用于计数,但不能辨别方向。实际应用中,既要求有较高的检测精度,又能辨别方向。为了达到这种要求,通常使用分频电路实现。在此介绍一种广泛应用的四倍频辨向电路工作原理。

四倍频结构如图 4.16(a)所示,在光电管后接上图 4.17(a)所示的逻辑电路,就组成了四倍频光栅位移-数字转换系统,四个光电元件在长栅距中的分布形式如图 4.16(b)所示,即间隔 1/4 栅距,当光栅副相对运动时,则四个光电二极管输出电压如图 4.16(c)所示,为

$$E_1 = U_0 + U_A \sin(\omega t + 0) = U_0 + U_A \sin \omega t$$

$$E_2 = U_0 + U_A \sin\left(\omega t + \frac{\pi}{2}\right) = U_0 + U_A \cos \omega t$$

$$E_3 = U_0 + U_A \sin(\omega t + \pi) = U_0 - U_A \sin \omega t$$

$$E_4 = U_0 + U_A \sin\left(\omega t + \frac{3\pi}{2}\right) = U_0 - U_A \cos \omega t$$

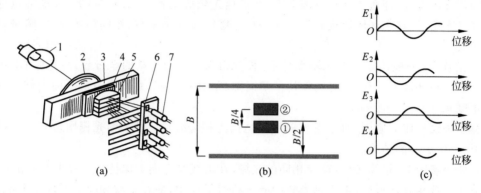

1—灯泡；2—聚光镜；3—长光栅；4—短光栅；5—四个聚光镜；6—狭缝；7—四个光电二极管。

图 4.16　光栅工作原理

(a) 四倍频结构图；(b) 四个光电二极管在栅距中的分布；(c) 四个光电二极管的信号形式

图 4.17(a)所示为四倍频电路的逻辑图，图 4.17(b)所示为四倍频电路的信号变化波形。当指示光栅和标尺光栅相对移动时，四个硅光电池 $P_1 \sim P_4$ 产生四路相差 90°相位的正弦信号。将两组相差 180°的两个正余弦信号 1、3 和 2、4 分别送入两个差动放大器，输出经过放大整形后，得两路相差 90°的方波信号 A、B。A 和 B 两路方波一方面直接进微分器微

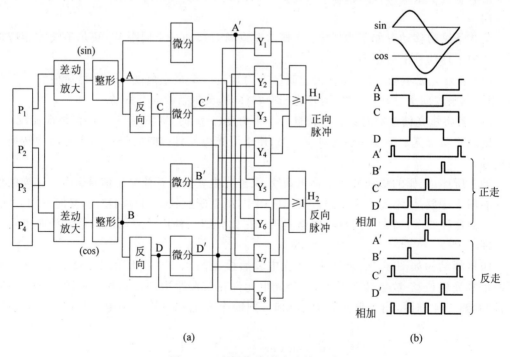

图 4.17　光栅位移-数字变换电路

分后,得到前沿的两路尖脉冲 A' 和 B';另一方面,经反向器,得到分别与 A 和 B 相差 180° 的两路等宽脉冲 C 和 D;C 和 D 再经微分器微分后,得两路尖脉冲 C' 和 D'。四路尖脉冲按相位关系经与门和 A、B、C、D 相与,再输出给或门,输出正反相信号。其中 $A'B$、AD'、$C'D$、$B'C$ 分别通过与门 Y_1、Y_2、Y_3、Y_4 输出给或门 H_1,得正向脉冲,而 BC'、AB'、$A'D$、CD' 通过与门 Y_5、Y_6、Y_7、Y_8 输出给或门 H_2,得反向脉冲。当正向运行时,H_1 有脉冲信号输出,H_2 则保持低平;而反向运行时,H_2 有脉冲信号输出,H_1 则保持低平。由于采用上升沿微分, 因此,正向运行和反向运行时微分出来的尖脉冲序列能反映运行方向信息。微分出来的尖脉冲相加后,就加强了光栅的位置分辨能力,即提高了分辨率。

下面举例说明光栅细分。

设有一直线光栅,每毫米刻线数为 50,细分数为 4 细分,则分辨率 Δ 为

$$\Delta = W/4 = (1\ mm/50)/4 = 0.005\ mm = 5\ \mu m$$

采用细分技术,在不增加光栅刻线数(成本)的情况下,将分辨率提高了 3 倍。

在光栅位移-数字转换系统中,除上述四倍频外,还有八倍频、十倍频、二十倍频等。例如,刻线密度为 100 线/mm 的光栅,十倍频后,其最小读数值为 1 μm,可用于精密机床的测量。

3. 莫尔条纹的特征

1) 莫尔条纹的变化规律

两片两光栅相对移过一个栅距,莫尔条纹移过一个条纹间距。由于光的衍射与干涉作用,莫尔条纹的变化规律近似正(余)弦函数,变化周期数与两光栅相对移过的栅距数同步。

2) 放大作用

当 $W = 0.01\ mm$,$\theta = 0.002\ rad = 0.11°$ 时,$B = 5\ mm$。节距是栅距的 500 倍,将很难看清的光栅线纹放大成清晰可见的莫尔条纹,这样便于测量。节距 B 与角 θ 成反比,θ 越小, 放大倍数越大。不需要经过复杂的光学系统,便能将光栅的栅距放大,从而大大简化了电子放大线路。

莫尔条纹光学放大作用举例如下。

有一直线光栅,每毫米刻线数为 50,主光栅与指示光栅的夹角 $\theta = 1.8°$,则

$$分辨率\ \Delta = 栅距\ W = 1\ mm/50 = 0.02\ mm = 20\ \mu m$$

由于栅距 20 μm 很小,因此无法观察光强的变化,但是由于莫尔条纹的放大作用,得莫尔条纹的节距(宽度)B 为

$$B \approx W/\theta = 0.02\ mm/(1.8° \times 3.14/180°) = 0.02\ mm/0.0314 = 0.637\ mm$$

莫尔条纹的宽度是栅距的 32 倍,由于较大,因此可以用小面积的光电池"观察"莫尔条纹光强的变化。

3) 均化栅距误差作用

莫尔条纹是由光栅的大量刻线作用组成。例如:200 条/mm 线纹的光栅,10 mm 长的光栅就由 2000 条线纹组成,这样栅距之间的固有相邻误差就被平均化了,消除了栅距之间不均匀造成的误差。

4) 辨向和测位移作用

当光栅尺移动一个栅距 W 时,莫尔条纹也相应地向上或向下准确地移动一个节距 B。

只要通过光电元件测出莫尔条纹的数目,就可知道光栅移动了多少个栅距,工作台移动的距离可以计算出来。若光栅移动方向相反,则莫尔条纹移动方向也相反。

如果传感器只安装一套光电元件,则在实际应用中,无论光栅作正向移动还是反向移动,光敏元件都产生相同的正弦信号,无法分辨位移的方向。

例:某1024脉冲/圈的圆光栅,正转10圈,反转4圈,若不采取辨向措施,则计数器将错误地得到14 336个脉冲,而正确值为:$(10-4) \times 1024 = 6144$个脉冲。

4.5 脉冲编码器

4.5.1 脉冲编码器的结构与分类

脉冲编码器是一种回转式数字测量元件,由光源、光栅和光敏元件等组成,如图4.18所示,通常装在被检测轴上,随被测轴一起转动,可将被测轴的机械转角位移转换为增量脉冲形式或绝对式的代码形式,可作为位置检测和速度检测装置。

脉冲编码器按工作方式可以分为增量式和绝对式。按读取方式可分为光电式、接触式和电磁感应式。

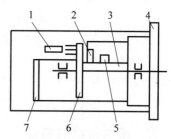

1—光源;2—指示光栅;3—轴;
4—连接法兰;5—光敏元件;6—圆光栅;7—电路板。

图4.18 脉冲编码器的结构示意图

4.5.2 脉冲编码器在数控机床上的应用

1. 脉冲编码器在伺服电动机中的应用

利用脉冲编码器测量伺服电动机的转速、转角,并通过伺服控制系统控制其各种运行参数,如图4.19所示。

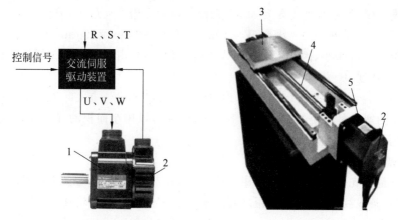

1—电动机;2—编码器;3—工作台;4—丝杠;5—伺服电动机。

图4.19 脉冲编码器在伺服电动机中的应用

2. 脉冲编码器在刀库选刀控制中的应用

角编码器的输出为当前刀具号,如图 4.20 所示。

图 4.20　脉冲编码器在刀库选刀控制中的应用

4.5.3　增量式光电脉冲编码器

增量式光电脉冲编码器亦称光电码盘、光电脉冲发生器等,是一种旋转式脉冲发生器,将被测轴的角位移转换成脉冲数字。增量式光电式脉冲编码器具有结构简单、价格低、精度易于保证等优点,在数控机床上既可用做角位移检测,也可用作角速度检测。

1. 增量式光电脉冲编码器的结构

增量式光电脉冲编码器的结构如图 4.21 所示。

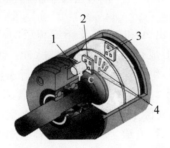

1—光源;2—指示光栅及辨向用的 A、B 狭缝;3—光敏元件;4—零位标志。

图 4.21　增量式光电脉冲编码器的结构

2. 增量式光电脉冲编码器的工作原理

当光电盘随轴一起转动时,在光源的照射下,透过光栏板的狭缝形成明暗交错近似于正弦信号的光信号,光敏元件即光电管把此光信号转换成电信号,通过信号处理电路进行整形、放大后变成脉冲信号,通过计量脉冲的数量,即可测出转轴的转角,通过计量脉冲的频率,即可测出转轴的转速。之所以能成正弦信号的光信号与光阑板上狭缝的形状有很大关系,也即狭缝的形状控制了光信号的形状,若要生成其他形状的光信号,只需改变光阑板上狭缝的形状和大小就可实现,如图 4.22 所示。

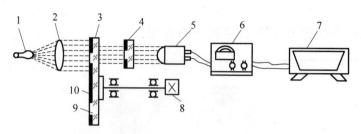

1—光源；2—聚光镜；3—光电盘；4—光阑板；5—光电管；6—整形放大；7—数显装置；8—传动齿轮；9—狭缝；10—铬层。

图4.22　增量式光电脉冲编码器的原理图

如果光阑板上两条狭缝中的信号分别为A和B,相位相差90°,通过整形,成为两相方波信号,光电编码盘的输出波形如图4.23(b)所示。根据A和B的先后顺序,即可判断光电盘的正反转。若A相超前于B相,对应转轴正转,若B相超前于A相就对应于轴反转。若以该方波前沿或后沿产生计数脉冲,可以形成代表正向位移或反向位移的脉冲序列,即可测位移和转速。除此之外,光电脉冲编码盘每转一转还输出一个零位脉冲的信号,这个信号可用作加工螺纹时的同步信号。

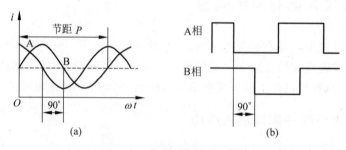

图4.23　光电脉冲编码器的输出波形

在应用时,从脉冲编码盘输出A和B,以及经反相后的$\overline{A}$和$\overline{B}$四个方波被引入位置控制电路,经辨向和乘以倍率后,形成代表位移的测量脉冲;经频率-电压变换器变成正比于频率的电压,作为速度反馈信号,供给速度控制单元,进行速度调节。

为了提高光电码盘的分辨率,其方法有:提高光电盘圆周的等分狭缝的密度;增加光电盘的发信通道。第一种方法,实际上是使光电盘的狭缝变成了圆光栅线纹,通过减小栅距增加线纹条数提高分辨率。第二种方法,使盘上不只有一圈透光狭缝,而是有若干大小不等的同心圆环狭缝(亦称码道),光电盘回转一周,使发出的脉冲信号增多,分辨率提高。

3. 增量式光电脉冲编码器的特点

优点:没有接触磨损,使用寿命长,允许转速高,检测精度高。

缺点:结构复杂,价格高,光源的寿命有限。而就码盘的材料而言,薄钢板或铝板所制成的光电码盘比玻璃码盘的抗振性能好,耐不洁环境,且造价低。但由于受到加工槽数的限制,检测精度低。

4.5.4　绝对式脉冲编码器

绝对式脉冲编码器是一种直接编码、绝对测量的检测装置,码盘每一转角位置有表示该位置的唯一代码与其对应。与增量脉冲编码器不同,它是通过读取绝对编码盘、编码尺(通称为码盘)的代码(图案)信号来指示绝对位置的。因为是绝对测量,因此电源切除后,位置信息不丢失,也不产生积累误差。

1. 分类

绝对式脉冲编码器按使用的计数制分,有二进制编码、二进制循环码(葛莱码)、余三码和二-十进制码等编码器;按读取方式来分,有接触式、光电式和电磁式等绝对值式编码器。

2. 绝对式脉冲编码器的结构

绝对式脉冲编码器一般都做成二进制编码,码盘的图案由若干个同心圆环组成。从编码的角度来说,这些圆环称为码道,码道的数量与二进制的位数相同。靠近圆心的码道代表高位数码,越往外位数越低,最外圈是最低位。码道上有黑白色扇区,黑色扇区表示遮光,白色扇区表示透光区,如图 4.24 所示。

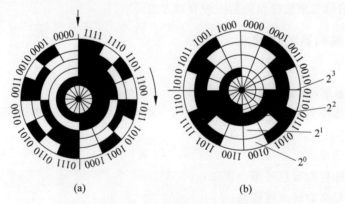

(a)　　　　　　　　(b)

图 4.24　绝对式脉冲编码器的码盘结构示意图

(a) 纯二进制码盘;(b) 循环二进制码盘(格雷码)

3. 绝对式脉冲编码器的工作原理

如图 4.25 所示,由光源 1 发出光线经柱面镜 2 变成一束平行光照射在玻璃码盘 3 上,玻璃码盘 3 上刻有许多同心码道,具有一定规律的亮区和暗区。通过亮区的光线经狭缝 4 形成一束很窄的光束照射在光电元件 5 上,光电元件的排列与码道一一对应,对亮区输出为"1",暗区输出为"0",由于四个码道产生四位二进制数,码盘每转一周产生 0000~1111 十六

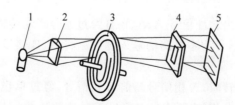

1—光源;2—柱面镜;3—玻璃码盘;4—狭缝;5—光电元件。

图 4.25　绝对式脉冲编码器的工作原理图

个二进制数,因此将码盘圆周分成十六等份。当码盘旋转时,二进制编码也同步显示输出,编码代表角位移。码盘的分辨率与码道的个数有关,n 位码道码盘分辨率为

$$\theta = 360°/2^n$$

二进制编码信号经信息处理电路(图中没画出)进行放大、整形、锁存与译码,输出二进制代码,就代表了码盘轴的转角大小,从而实现了角度的绝对值测量。

纯二进制码盘,如图 4.24(a)所示,由于制造和安装精度的影响,当码盘回转在两码段交替过程中,会产生读数误差。例如,当码盘顺时针方向旋转,由位置“0111”变为“1000”时,这四位数要同时都变化,可能将数码误读成 16 种代码中的任意一种,如读成 1111、1011、1101、…、0001 等,产生了无法估计的很大的数值误差,这种误差称非单值性误差。

为了消除非单值性误差,采用循环码盘(或称格雷码盘),如图 4.24(b)所示。这种编码的特点是任意相邻的两个代码间只有一位代码有变化,即“0”变为“1”或“1”变为“0”。因此,在两数变换过程中,所产生的读数误差最多不超过“1”,只可能读成相邻两个数中的一个数。所以,它是消除非单值性误差的一种有效方法。

4. 绝对式编码器的优缺点

优点:

(1) 没有接触磨损,编码盘寿命长;

(2) 可以直接读出角度坐标的绝对值;这一点可使数控机床开机后不必回零;如若发生故障,故障处理后可回到故障断点等;

(3) 没有累积误差;

(4) 电源切除后位置信号不会丢失;

(5) 允许的最高旋转速度较高。

缺点:码盘图案变化较大,易产生误读;为提高精度和分辨率,必须增加码道数,使构造变得复杂,价格也较贵。

4.5.5　光电脉冲编码器的应用形式

光电脉冲编码器在数控机床上,用在数字比较伺服系统中,作为位置检测装置。光电脉冲编码器将位置检测信号反馈给 CNC 装置有几种方式。

(1) 适应带加减计数要求的可逆计数器,形成加计数脉冲和减计数脉冲,如图 4.26 所示。

光电脉冲编码器的输出脉冲信号 A、$\overline{A}$、B、$\overline{B}$ 经过差分驱动传输进入 CNC 装置,为 A 相信号和 B 相信号,该两相信号为本电路的输入脉冲。将 A、B 信号整形后,变成规整的方波(电路中 a、b 点)。

当光电脉冲编码器正转时,A 相信号超前 B 相信号,经过单稳电路变成 d 点的窄脉冲,与 b 点反向后的 c 点的信号相与,再由 e 点输出正向计数脉冲。d 点由于在窄脉冲出现时,b 点的信号为低电平,所以 f 点也保持低电平。这时可逆计数器进行加计数。

当光电脉冲编码器反转时,B 相信号超前 A 相信号,在 d 点窄脉冲出现时,因为 c 点是

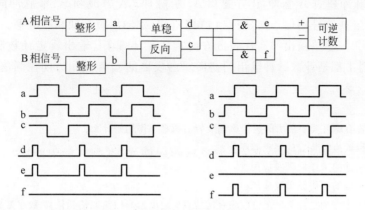

图 4.26 电脉冲编码器可逆计数器示意图

低电平,所以 e 点保持低电平。而 f 点输出窄脉冲,作为反向减计数脉冲。这时可逆计数器进行减计数。

这样就实现了不同旋转方向时,数字脉冲由不同通道输出,分别进入可逆计数器做进一步的误差处理工作。

(2) 适应有计数控制端和方向控制端的计数器,形成正走、反走计数脉冲和方向控制电平,如图 4.27 所示。

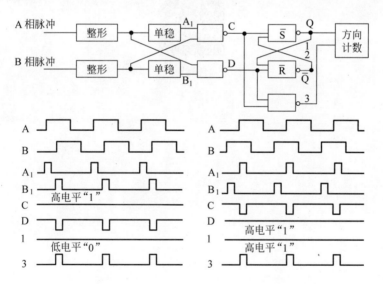

图 4.27 光电脉冲编码器计数器示意图

光电脉冲编码器的输出脉冲信号 A、$\overline{A}$、B、$\overline{B}$ 经过差分驱动传输进入 CNC 装置,为 A 相信号和 B 相信号,该两相信号为本电路的输入脉冲。经整形和稳后变成 A_1、B_1 窄脉冲。

正走时,A 脉冲超前 B 脉冲,B 方波和 A_1 窄脉冲进入 C"与非门",A 方波和 B_1 窄脉冲进入 D"与非门",则 C 门和 D 门分别输出高电平和负脉冲。这两个信号使由两个与非门组成的"R-S"触发器置"0"(此时,Q 端输出"0",代表正方向),使 1"与非门"输出正走计数脉冲。

　　反走时,B脉冲超前A脉冲,B方波和A_1窄脉冲;A方波和B_1窄脉冲同样进入C、D"与非门",但由于其信号相位不同,使C门和D门分别输出负脉冲和高电平。从而将"R-S"触发器置"1"(此时,Q端输出"1",代表负方向),使1"与非门"输出反走计数脉冲。不论正走、反走,与非门1都是计数脉冲输出门,"R-S"触发器的Q端输出方向控制信号。

 ## 习题

4-1　数控检测装置有哪几类? 常用的数控检测装置有哪些? 作用是什么?

4-2　数控机床对位置检测装置的要求有哪些?

4-3　说明旋转变压器的工作原理及应用。

4-4　说明感应同步器的工作原理及应用。

4-5　直线光栅的工作原理是什么? 光栅检测有何特点? 画出光栅检测四倍频位移-数字变换电路原理图及波形图,并简述工作过程。

4-6　说明光电脉冲编码器的结构、工作原理及其应用场合。

4-7　画出光电脉冲编码器检测电路原理图及波形图,并简述工作过程。

4-8　纯二进制式码盘码道数5个,当前位置输出编码数为10000,请算出相对O点转过了多少度?

4-9　在光栅的信息处理过程中,可以说倍频数越大越好吗? 为什么?

4-10　试用"与非门"设计一个鉴相线路。

自测题

第 5 章

数控伺服系统

▲**本章重点内容**

    伺服系统的组成，伺服系统的分类；步进电动机伺服系统、直流电动机伺服系统及交流电动机伺服系统的结构和工作原理；位置控制系统的类型和工作原理。

▲**学习目标**

    了解伺服系统的组成、工作原理及特点，掌握典型常用伺服电动机的控制方法。

5.1 概 述

    如果说 CNC 装置是数控系统的"大脑"，是发布"命令"的"指挥所"，那么伺服系统则是数控系统的"四肢"，是"执行机构"。

    数控机床的伺服系统作为一种实现切削刀具与工件间相对运动的进给驱动和执行机构，是数控机床的一个重要组成部分，它在很大程度上决定了数控机床的性能，如数控机床的最高移动速度、跟踪精度、定位精度等一系列重要指标。因此，随着数控机床的发展，研究和开发高性能的伺服驱动系统，一直是现代数控机床研究的关键技术之一。

5.1.1 伺服系统的组成

    伺服系统由伺服电动机和驱动器组成，驱动器由驱动信号控制转换电路、电力电子驱动装置、位置调节单元、速度调节单元、电流调节单元、检测装置等组成，如图 5.1 所示。

    一般闭环伺服系统为三环结构：位置环、速度环、电流环。位置、速度和电流环均由调节控制模块、检测和反馈部分组成。电力电子驱动装置由驱动信号产生电路和功率放大器组成。严格来说，位置控制包括位置、速度和电流控制；速度控制包括速度和电流控制。

    (1) 电流环是为伺服电动机提供转矩的电路。一般情况下，它与电动机的匹配调节已由制造者做好了或者指定了相应的匹配参数，其反馈信号也在伺服系统内连接完成，因此不

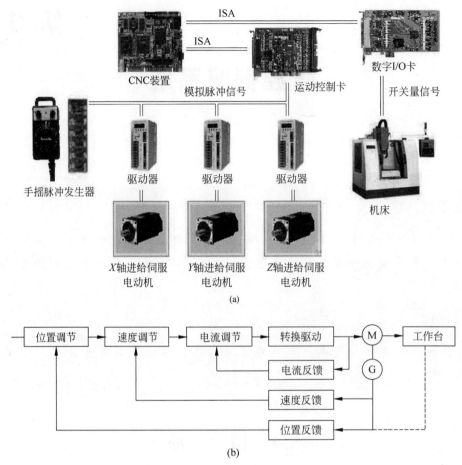

图 5.1 伺服系统的组成

(a) 数控机床伺服系统结构图；(b) 数控伺服系统控制原理图

需接线与调整。

（2）速度环是控制电动机转速亦即坐标轴运行速度的电路。速度调节器是比例积分（PI）调节器，其 P、I 调整值完全取决于所驱动坐标轴的负载大小和机械传动系统（导轨、传动机构）的传动刚度与传动间隙等机械特性，当机械特性发生明显变化时，首先需要对机械传动系统进行修整工作，然后重新调整速度环 PI 调节器。

速度环的最佳调节是在位置环开环的条件下完成的，这对于水平运动的坐标轴和转动坐标轴较容易进行。而对于竖直运动的坐标轴，位置开环时会自动下落而发生危险，可以采取先摘下电动机空载调整，然后装好电动机与位置环一起调整或者直接带位置环一起调整。

（3）位置环是控制各坐标轴按指令位置精确定位的控制环节。位置环将最终影响坐标轴的位置精度及工作精度，这其中有两方面的工作。一是位置测量元件的精度与 CNC 系统脉冲当量的匹配问题。测量元件单位移动距离发出的脉冲数目经过外部倍频电路和 CNC 内部倍频系数的倍频后要与数控系统规定的分辨率相符。例如位置测量元件 10 脉冲/mm，数控系统分辨率即脉冲当量为 0.001 mm，则测量元件送出的脉冲必须经过 100 倍频方可匹配。二是位置环增益系数 K_v 值的正确设定与调节。通常 K_v 值是作为机床数据设置的,数控系统中对各个坐标轴分别指定了 K_v 值的设置地址和数值单位。在速度环最佳化调节后,K_v 值的设定则成为反映机床性能好坏、影响最终精度的重要因素。K_v 值是机床运动坐标自身性能优劣的直接表现而并非可以任意放大。关于 K_v 值的设置要注意两个问题,首先要满足下列公式:

$$K_v = v/\Delta x$$

式中,v 为坐标运行速度,m/min;Δx 为跟踪误差,mm。

注意:不同的数控系统采用的单位可能不同,设置时要注意数控系统规定的单位。例如,v 的单位是 m/min,则 K_v 值单位为 m/(mm·min);若 v 的单位为 mm/s,则 K_v 的单位应为 mm/(mm·s)。

其次要确保各联动坐标轴的 K_v 值必须相同,以保证合成运动时的精度。通常是以 K_v 值最低的坐标轴为准。

5.1.2　对伺服系统的基本要求

1. 精度高

伺服系统的精度是指输出量能复现输入量的精确程度,包括定位精度和轮廓加工精度。由于数控机床不像普通机床可用手动操作来调整和补偿各种因素对精度的影响,因此伺服系统本身应具有较好的静态特性和较高的刚度。

2. 稳定性好

稳定性是指系统在给定输入或外界干扰作用下,能在短暂的调节过程后,达到新的或者恢复到原来的平衡状态。它直接影响数控加工的精度和表面粗糙度。

3. 响应快

数控系统在启动、控制时,为了缩短进给系统的过渡过程的时间,减小轮廓过渡误差,要求加、减速足够大。快速响应是伺服系统动态品质的重要指标,它反映了系统的跟踪精度。

4. 调速范围宽

调速范围是指生产机械要求电动机能提供的最高转速和最低转速,一般为 0~24 m/min。由于加工用刀具、被加工材料、主轴转速以及零件加工工艺不同,为达到好的加工质量,要求伺服系统必须有足够宽的无级调速范围。

5. 低速大转矩

进给坐标的伺服控制属于恒转矩控制,在整个速度范围内都要保持恒定转矩。主轴坐标的伺服控制在低速时为恒转矩控制,能提供较大转矩;在高速时为恒功率控制,具有足够大的输出功率。

比如说在加工拐角时,坐标轴的速度有时会逐渐降至零,为保证不发生爬行现象,则要求伺服系统在低速时保持恒定力矩。

5.1.3　对伺服电动机的要求

(1) 调速范围宽且有良好的稳定性,低速时的速度平稳性好。

(2) 电动机应具有大的、较长时间的过载能力,以满足低速大转矩的要求。

(3) 反应速度快,即电动机必须具有较小的转动惯量、较大的转矩、尽可能小的机电时间常数和很大的加速度(400 rad/s^2 以上)。

(4) 能承受频繁的启动、制动和正反转。

5.1.4　伺服系统分类

1. 按调节理论分类

1) 开环伺服系统

开环伺服系统没有位置测量装置,信号流是单向的(数控装置→进给系统),故系统稳定性好。无位置反馈,精度相对闭环系统来讲不高,其精度主要取决于伺服驱动系统和机械传动机构的性能和精度,如图 5.2 所示。

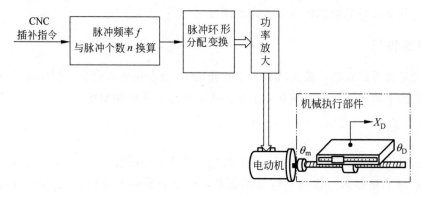

图 5.2　开环伺服系统

开环伺服系统一般以功率步进电动机作为伺服驱动元件。这类系统具有结构简单、工作稳定、调试方便、维修简单、价格低廉等优点,在精度和速度要求不高、驱动力矩不大的场合得到广泛应用。一般用于经济型数控机床。

2) 半闭环伺服系统

半闭环数控系统的位置采样点如图 5.3 所示,是从驱动装置(常用伺服电动机)或丝杠引出,通过采样旋转角度进行检测,间接检测运动部件的实际位置。

半闭环环路内不包括或只包括少量机械传动环节,因此可获得稳定的控制性能,其系统的稳定性虽不如开环系统,但比闭环要好。由于丝杠的螺距误差和齿轮间隙引起的运动误差难以消除;因此,其精度较闭环差,较开环好。但可对这类误差进行补偿,故仍可获得满意的精度。半闭环数控系统结构简单、调试方便、精度也较高,因而在现代 CNC 机床中得

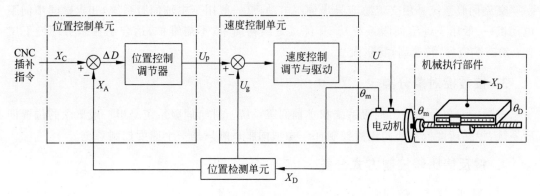

图 5.3　半闭环伺服系统

到了广泛应用。

3）全闭环伺服系统

全闭环数控系统的位置采样点如图 5.4 所示，直接对运动部件的实际位置进行检测。

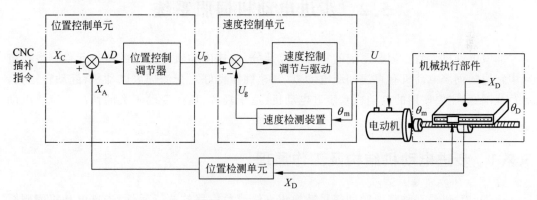

图 5.4　全闭环伺服系统

从理论上讲，可以消除整个驱动和传动环节的误差、间隙和失动量，具有很高的位置控制精度。由于位置环内的许多机械传动环节的摩擦特性、刚性和间隙都是非线性的，故很容易造成系统的不稳定，使闭环系统的设计、安装和调试都相当困难。该系统主要用于精度要求很高的镗铣床、精密车床、精密磨床以及较大型的数控机床等。

2. 按使用的执行元件分类

1）电液伺服系统

优点：在低速下可以得到很高的输出力矩，刚性好、时间常数小、反应快和速度平稳。

缺点：液压系统需要供油系统，体积大、噪声大、易漏油。

2）电气伺服系统

该伺服系统较电液伺服系统操作维护方便，可靠性高。

直流伺服系统进给运动系统采用大惯量宽调速永磁直流伺服电动机和中小惯量直流伺服电动机；主运动系统采用他激直流伺服电动机。其优点是调速性能好；缺点是有电刷，速度不高。

交流伺服系统采用交流感应异步伺服电动机(一般用于主轴伺服系统)和永磁同步伺服电动机(一般用于进给伺服系统)。其优点是结构简单,不需维护,适合于在恶劣环境下工作;动态响应好,转速高,容量大。

3. 按被控对象分类

按被控对象分为进给伺服系统和主轴伺服系统。进给伺服系统是指一般概念的位置伺服系统,包括速度控制环和位置控制环。主轴伺服系统只是一个速度控制系统。

4. 按反馈比较控制方式分类

(1) 脉冲、数字比较伺服系统;
(2) 相位比较伺服系统;
(3) 幅值比较伺服系统;
(4) 全数字伺服系统。

5.2　步进电动机伺服系统

伺服电动机为数控伺服系统的重要组成部分,是速度和轨迹控制的执行元件。数控机床中常用的伺服电动机有直流伺服电动机(调速性能良好)、交流伺服电动机(起动转矩大,运行范围宽,主要使用的电动机)、步进电动机(适于轻载、负荷变动不大的情况)、直线电动机(高速、高精度)。

5.2.1　步进电动机结构及工作原理

步进电动机是一种将电脉冲信号转换成直线或角位移的执行元件,步进电动机伺服系统是典型的开环控制系统。在此系统中,步进电动机受驱动线路控制,将进给脉冲序列转换成为具有一定方向、大小和速度的机械转角位移,并通过齿轮和丝杠带动工作台移动。进给脉冲的频率代表了驱动速度,脉冲的数量代表了位移量,而运动方向则由步进电动机的各相通电顺序来决定,并且保持电动机各相通电状态就能使电动机自锁。但由于该系统没有反馈检测环节,其精度主要由步进电动机来决定,速度也受到步进电动机性能的限制。步进电动机具有较好的定位精度,无漂移和累积定位误差。但低速运行时有较大的噪声和振动,过载或高速运行时会产生失步,限制了机床的精度和可靠性。因此主要用于经济型数控机床和各种小型自动化设备及仪器中。

步进电动机实物图如图5.5所示,在结构上分为定子和转子两部分,现以图5.6所示的反应式三相步进电动机为例加以说明。定子上有六个磁极,每个磁极上绕有励磁绕组,每相对的两个磁极组成一相,分成A、B、C三相。转子无绕组,它是由带齿的铁心做成的。步进电动机是按电磁吸引的原理进行工作的。当定子绕组按顺序轮流通电时,A、B、C三对磁极就依次产生磁场,并每次对转子的某一对齿产生电磁引力,将其吸引过来,而使转子一步步转动。每当转子某一对齿的中心线与定子磁极中心线对齐时,磁阻最小,转矩为零。如果控制线路不停地按一定方向切换定子绕组各相电流,转子便按一定方向不停地转动。步进电动机每次转过的角度称为步距角。

 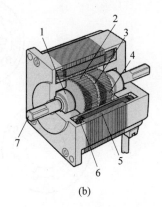

（a）　　　　　　　　　　　　（b）

1—滚珠轴承；2—转子 1；3—永久磁钢；4—转子 2；5—定子；6—线圈；7—转轴。

图 5.5　两相混合式步进电动机

（a）实物解剖图；（b）结构示意图

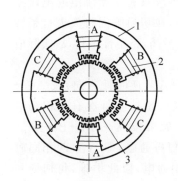 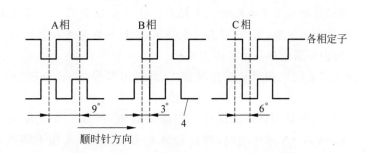

1—定子；2—绕组；3—转子；4—转子齿展开。

图 5.6　展开后的步进电动机齿距

步进电动机转子的齿数很多，因为齿数越多步距角越小。为了改善运行性能，定子磁极上也有齿，这些齿的齿距与转子的齿距相同，但各极的齿依次与转子的齿错开齿距的 $1/m$（m 为电动机相数）。这样，每次定子绕组通电状态改变时，转子只转过齿距的 $1/m$（如三相三拍）或 $1/2m$（如三相六拍）即达到新的平衡位置。如图 5.6 所示，转子有 40 个齿，故齿距为 $360°/40=9°$。若通电为三相三拍，当转子齿与 A 相定子齿对齐时，转子齿与 B 相定子齿相差 1/3 齿距，即 3°，与 C 相定子齿相差 2/3 齿距，即 6°，这种转子齿的分布形式便于步进电动机的连续启动。

为进一步了解步进电动机的工作原理，以图 5.7 为例来说明其转动的整个过程，假设转子上有四个齿，相邻两齿间夹角（齿距角）为 90°。当 A 相通电时，转子 1、3 齿被磁极 A 产生的电磁引力吸引过去，使 1、3 齿与 A 相磁极对齐。接着 B 相通电，A 相断电，磁极 B 又把距它最近的一对齿 2、4 吸引过来，使转子按逆时针方向转动 30°。然后 C 相通电，B 相断电，转子又逆时针旋转 30°，依次类推，定子按 A→B→C→A 顺序通电，转子就一步步地按逆时针方向转动，每步转 30°。

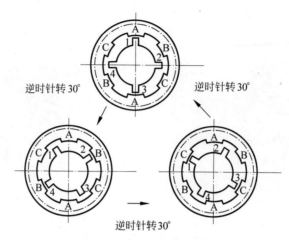

图 5.7 步进电动机的工作原理

若改变通电顺序,按 A→C→B→A 使定子绕组通电,步进电动机就按顺时针方向转动,同样每步转 30°。这种控制方式叫三相单三拍方式,"单"是指每次只有一相绕组通电,"三拍"是指每三次换接为一个循环。由于每次只有一相绕组通电,在切换瞬间将失去自锁转矩,容易失步,另外,只有一相绕组通电,易在平衡位置附近产生振荡,稳定性不佳,故实际应用中不采用单三拍工作方式。

采用三相双三拍控制方式,即通电顺序按 AB→BC→CA→AB(逆时针方向)或 AC→CB→BA→AC(顺时针方向)进行,其步距角仍为 30°。由于双三拍控制每次有两相绕组通电,而且切换时总保持一相绕组通电,所以工作比较稳定。如果按 A→AB→B→BC→C→CA→A 顺序通电,即首先 A 相通电,然后 A 相不断电,B 相再通电,即 A、B 两相同时通电,接着 A 相断电而 B 相保持通电状态,然后再使 B、C 两相通电,以此类推,每切换一次,步进电动机逆时针转过 15°。如通电顺序改为 A→AC→C→CB→B→BA→A,则步进电动机以步距角 15°顺时针旋转。这种控制方式为三相六拍,它比三相三拍控制方式步距角小一半,因而精度更高,且转换过程中始终保证有一个绕组通电,工作稳定,因此这种方式被大量采用。

实际应用的步进电动机如图 5.6 所示,转子铁心和定子磁极上均有齿距相等的小齿,且齿数要有一定比例的配合。

5.2.2 步进电动机的主要性能指标

1. 步距角和步距误差

步距角和步进电动机的相数、通电方式及电动机转子齿数的关系如下:

$$\alpha = \frac{360^\circ}{kmZ}$$

式中,α 为步进电动机的步距角;m 为电动机相数;Z 为转子齿数;k 为控制方式确定的拍数与相数的比例系数。例如三相三拍时,$k=1$;三相六拍时,$k=2$。

同一相数的步进电动机可有两种步距角,通常为 1.2°/0.6°、1.5°/0.75°、1.8°/0.9°、

3°/1.5°等。

步距误差是指步进电动机运行时,转子每一步实际转过的角度与理论步距角之差值。连续走若干步时,上述步距误差的累积值称为步距的累积误差。由于步进电动机转过一转后,将重复上一转的稳定位置,即步进电动机的步距累积误差将以一转为周期重复出现。

2. 静态转矩与矩角特性

当步进电动机上某相定子绕组通电之后,转子齿将力求与定子齿对齐,使磁路中的磁阻最小,转子处在平衡位置不动($\theta=0$)。如果在电动机轴上外加一个负载转矩 M_z,转子会偏离平衡位置向负载转矩方向转过一个角度 θ,称为失调角。有失调角之后,步进电动机就产生一个静态转矩(也称为电磁转矩),这时静态转矩等于负载转矩。静态转矩与失调角 θ 的关系叫矩角特性,如图 5.8 所示,近似为正弦曲线。该矩角特性上的静态转矩最大值称为最大静转矩 M_{jmax}。M_{jmax} 越大,电动机带负载的能力越强,运行的快速性和稳定性越好。在静态稳定区内,当外加负载转矩除去时,转子在电磁转矩作用下,仍能回到稳定平衡点位置($\theta=0$)。各相矩角特性差异不应过大,否则会影响步距精度及引起低频振荡。最大静转矩与通电状态和各相绕组电流有关,但电流增加到一定值时使磁路饱和后,电流对最大静转矩就无大影响了。

3. 最大启动转矩

图 5.9 所示为三相单三拍矩角特性曲线,图中的 A、B 分别是相邻 A 相和 B 相的静态矩角特性曲线,它们的交点所对应的转矩是步进电动机的最大启动转矩 M_q。如果外加负载转矩大于 M_q,电动机就不能启动。当 A 相通电时,若外加负载转矩 $M_a > M_q$,对应的失调角为 θ_a,当励磁电流由 A 相切换到 B 相时,对应角 θ_a,B 相的静转矩为 M_b。从图中看出 $M_b < M_q$,电动机不能带动负载做步进运动,因而最大启动转矩是电动机能带动负载转动的极限转矩。

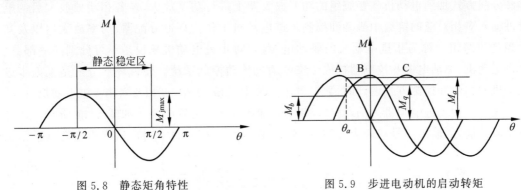

图 5.8　静态矩角特性　　　　　　图 5.9　步进电动机的启动转矩

4. 启动频率

空载时,步进电动机由静止状态突然启动,并进入不失步的正常运行的最高频率,称为启动频率或突跳频率,加给步进电动机的指令脉冲频率如大于启动频率,就不能正常工作。步进电动机在带负载(尤其是惯性负载)下的启动频率比空载要低。而且,随着负载加大(在允许范围内),启动频率会进一步降低。

5. 连续运行频率

步进电动机启动后,其运行速度能根据指令脉冲频率连续上升而不丢步的最高工作频率,称为连续运行频率。其值远大于启动频率,它也随着电动机所带负载的性质和大小而异,与驱动电源也有很大关系。

6. 矩频特性与动态转矩

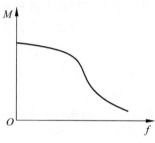

矩频特性是描述步进电动机连续稳定运行时输出转矩与连续运行频率之间的关系(见图 5.10),该特性上每一个频率对应的转矩称为动态转矩。当步进电动机正常运行时,若输入脉冲频率逐渐增加,则电动机所能带动负载转矩将逐渐下降。在使用时,一定要考虑动态转矩随连续运行频率的上升而下降的特点。

当步进电动机转动时,电动机各相绕组的电感将形成一个反向电动势;频率越高,反向电动势越大。在它的作用下,电动机随频率(或速度)的增大而相电流减小,从而导致力矩下降。

图 5.10 步进电动机矩频特性

5.2.3 步进电动机功率驱动

1. 脉冲分配控制——硬件(环形分配器)

步进电动机是受环形分配器输入一系列的电脉冲而进行工作和被控制的,环形分配器功能可由硬件或软件来实现。CNC 装置所产生的电脉冲信号,通过环形分配器按一定的顺序和分配方式加到电动机各相绕组的功率放大器上进行功率放大,经各相功放放大后的电脉冲输入对相对应的绕组中驱动和控制步进电动机工作。环形分配器、功率放大器以及其他控制线路组合称为步进电动机的驱动电源,它对步进电动机来说是不可分割的一部分。步进电动机、驱动电源和控制器构成步进电动机传动控制系统。硬件环形分配是根据步进电动机的相数和控制方式设计的,数控机床上常用三相、四相、五相及六相步进电动机。

现以三相步进电动机为例,硬件环形分配器与 CNC 装置的连接如图 5.11 所示。环形分配器的输入、输出信号一般为 TTL 电平,输出信号对应 A、B、C 接口,哪相为高电平则该

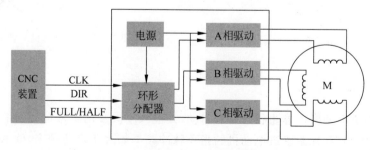

图 5.11 三相硬件环形分配器的驱动控制

相绕组通电;反之,则该相不通电;CLK 为 CNC 装置所发脉冲,每一脉冲信号的上升或下降沿到来时,环形分配器改变一次步进电动机绕组通电的状态;DIR 为 CNC 装置所发方向信号,其电平高低对应环形分配器输出信号顺序的改变,即电动机转向的正、反转改变;FULL/HALF 用于控制电动机是整步(对于三相步进电动机即为单三拍)还是半步(对于三相步进电动机即为双三拍)运行。

CH250 是国产的三相反应式步进电动机环形分配器的专用集成电路芯片,通过其控制端的不同接法可以组成三相双三拍和三相六拍的不同工作方式,其外形和三相六拍接线图如图 5.12 所示。

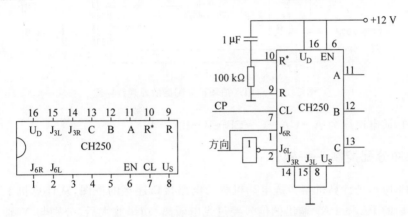

图 5.12　CH250 外形和三相六拍接线图

CH250 主要管脚的作用如下。

A、B、C——环形分配器三个输出端,经功率放大后接到电动机的三相绕组上。

R、R^*——复位端,R 为三相双三拍复位端,R^* 为三相六拍复位端,先将对应的复位端接入高电平,使其进入工作状态,若为"10",则为三相双三拍工作方式;若为"01",则为三相六拍工作方式。

CL、EN——进给脉冲输入端和允许端;进给脉冲由 CL 输入,只有 EN=1,脉冲上升沿使环形分配器工作;CH250 也允许以 EN 端作脉冲输入端,此时,只有 CL=0,脉冲下降沿使环形分配器工作。不符合上述规定则为环形分配器状态锁定(保持)。

J_{3R}、J_{3L}、J_{6R}、J_{6L}——分别为三相双三拍、三相六拍工作方式时步进电动机正、反转的控制端。

U_D、U_S——电源端。

硬件环形分配器是根据真值表或逻辑关系式采用逻辑门电路和触发器来实现,如图 5.13 所示。

该线路由与非门和 J-K 触发器组成。指令脉冲加到三个触发器的时钟输入端 CP,旋转方向由正、反控制端的状态决定。Q_1,Q_2,$\overline{Q_3}$ 为三个触发器的输出端,连到 A、B、C 三相功率放大器。若"1"表示通电,"0"表示断电,对于三相六拍步进电动机正向旋转,正向控制端状态置"1",反向控制端状态置"0"。初始时,在预置端加上预置脉冲,将三个触发器置为 100 状态。当在 CP 端送入一个脉冲时,环形分配器就由 100 状态变为 110 状态,随着指令脉冲的不断到来,各相通电状态不断变化,按照 100→110→010→011→001→101 即 A→AB→B→BC→C→CA 次序通电。步进电动机反转时,由反向控制信号"1"状态控制(正向

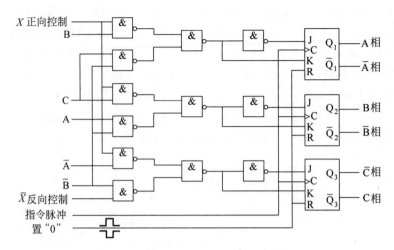

图 5.13　三相六拍环行分配器的原理线路图

控制为"0"),通电次序为 A→CA→C→CB→B→BA→A。

2. 脉冲分配控制——软件

图 5.14 所示是计算机与步进电动机驱动电路接口连接的框图,从计算机 PIO(并行输入输出接口)的 PA_0~PA_5 输出的信号经过光电隔离、功率放大后,分别与 X 轴、Z 轴电动机的三相输入端口 A、B、C 和 a、b、c 连接。

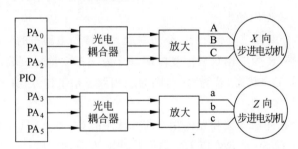

图 5.14　两坐标步进电动机伺服进给系统框图

软件环形分配器实现较为简单、方便。计算机控制的步进电动机驱动系统中,使用软件实现脉冲分配,常用的是查表法。

查表法的关键是根据步进电动机当前励磁状态和要求的正向或反向运转的要求,如何从表中找到相应单元地址,并取出地址的内容输出。当然要用查表程序中用的基址(表格首址)加索引值(序号)的方法。正转时,只要步进电动机当前状态序号不是表底序号,则序号+1 就是下一状态的序号;若是表底序号,需要将表底序号修改成表首序号。反转时,须判断当前序号是不是表首,若不是表首则序号-1;若是表首序号,需要将表首序号修改成表底序号。

PIO 的 A 口上连接两个步进电动机,显然,计算机控制软件在进行脉冲分配时,要兼顾两个步进电动机。一方面,根据进给坐标和方向控制一个步进电动机依次的脉冲分配;另一方面,要兼顾另一步进电动机锁在原来的状态不变。实现的方法是:将不动的步进电动机的控制码与进给的步进电动机的控制码相加(十六进制数相加),作为合成的控制码,再输出到 PIO 的 A 口。

例如对于三相六拍环形分配器,每当接收到一个进给脉冲指令,环形分配器软件根据表 5.1 所示真值表,按顺序及方向控制输出接口将 A、B、C 及 a、b、c 的值输出即可。如果上一个进给脉冲到来时,控制输出接口输出的 A、B、C 的值是 100,则对于下一个正向进给脉冲指令,控制输出接口输出的值是 110,再下一个正向进给脉冲,应是 010,而使步进电动机正向旋转起来。

表 5.1　两坐标步进电动机环形分配器的输出状态表

X 向步进电动机							Z 向步进电动机						
节拍序号	C	B	A	存储单元		方向	节拍序号	c	b	a	存储单元		方向
	PA_2	PA_1	PA_0	地址	内容			PA_5	PA_4	PA_3	地址	内容	
0	0	0	1	2A00H	01H	反转 ↑ ↓ 正转	0	0	0	1	2A10H	08H	反转 ↑ ↓ 正转
1	0	1	1	2A01H	03H		1	0	1	1	2A11H	18H	
2	0	1	0	2A02H	02H		2	0	1	0	2A12H	10H	
3	1	1	0	2A03H	06H		3	1	1	0	2A13H	30H	
4	1	0	0	2A04H	04H		4	1	0	0	2A14H	20H	
5	1	0	1	2A05H	05H		5	1	0	1	2A15H	28H	

5.2.4　功率放大器

功率放大器的作用是将环形分配器发出的电平信号放大至几安培到几十安培的电流送至步进电动机各绕组,每一相绕组分别有一组功率放大电路。按照工作原理分,有单电压功率放大器、高低压功率放大器、恒流斩波功率放大器。其输出波形如图 5.15 所示,从平稳性看恒流斩波功率放大器效果最好。

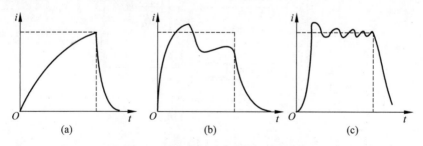

图 5.15　三种驱动电路的输出电流波形
(a) 单电压电路;(b) 高低压电路;(c) 斩波电路

图 5.16 所示为单电压功率放大器电路,L 为步进电动机励磁绕组的电感,R_a 为绕组电阻,R_c 为外接电阻。电阻 R_c 并联一电容 C,组成阻容吸收回路,脉冲到来时刻只相当于短路,可以提高负载瞬间电流的上升率,改善了驱动信号的脉冲前沿,即使前沿变陡,从而提高

电动机快速响应能力和启动性能;续流二极管 VD 和
阻容吸收回路对功率管 VT 起保护作用。环形分配
器输出为高电平时,VT 饱和导通,绕组电流按指数
曲线上升,电路时间常数 $\tau = L/(R_a + R_c)$,它表示功
放电路在导通时允许步进电动机绕组电流上升的速
率。串联电阻 R_c 可以使电流上升时间减小,改善带
负载能力。但电阻消耗了一部分功率,降低了效率。
当环形分配器输出为低电平时,VT 截止,绕组断电,
因步进电动机的绕组是电感性负载,当 VT 管从饱和
到突然截止的瞬间,将产生一较大反电势,此反电势
与电源电压叠加在一起加在 VT 管的集电极上,可能
会使 VT 管击穿。

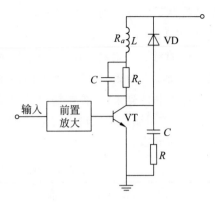

图 5.16 单电压驱动电路的工作原理

该电路具有结构简单等优点,但由于限流电阻 R_c 的功耗较大,所以常用于小功率或要
求不高的场合。

高低压驱动电路是恒电压驱动的改进型,如图 5.17 所示。它的特点是供给步进电动机
绕组两种电压,以改善电动机启动时的电流前沿特性。一种是高电压 U_1,由电动机参数和
晶体管特性决定,一般在 80 V 至更高范围;另一种是低电压,即步进电动机绕组额定电
压 U_2,一般为几伏至 20 V。在相序输入信号到来时,I_H、I_L 信号使 VT_1、VT_2 同时导通,
给绕组加上高压 U_1,以提高绕组中电流上升率,当电流达到规定值时,VT_1 关断、VT_2 仍
然导通(t_H 脉宽小于 t_L),则自动切换到低压 U_2。该电路的优点是在较宽的频率范围内
有较大的平均电流,能产生较大且稳定的平均转矩,其缺点是电流波形有凹陷,电路较
复杂。

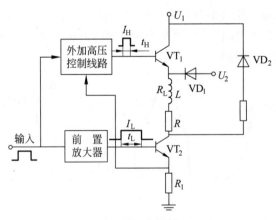

图 5.17 高低压驱动电路的原理图

当低压断开时,电感中储能通过构成的放电回路放电,因此也加快了放电过程。这种供
电线路由于加快了绕组电流的上升和下降过程,有利于提高步进电动机的启动频率和最高
连续工作频率。由于额定电流是由低压维持的,只需较小的限流电阻,功耗小。

恒流斩波驱动电路的原理图如图 5.18 所示,其工作原理是:环形分配器输出的正脉冲将 VT_1、VT_2 导通,由于 U_1 电压较高,绕组回路又没串电阻,所以绕组电流迅速上升,当绕组电流上升到额定值以上的某一数值时,由于采样电阻 R_e 的反馈作用,经整形、放大后送自 VT_1 的基极,使 VT_1 管截止。接着绕组由 U_2 低压供电,绕组中的电流立即下降,但刚降到额定值以下时,由于采样电阻 R_e 的反馈作用,使整形电路无信号输出,此时高压前置放大电路又使 VT_1 导通,电流又上升。如此反复进行,形成一个在额定电流值上下波动呈锯齿状的绕组电流波形,近似恒流。

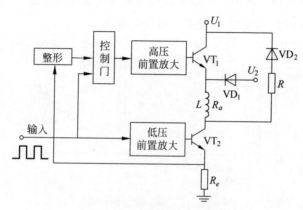

图 5.18　恒流斩波驱动电路原理图

5.2.5　调频调压驱动电路

从上述驱动电路可以看出,为了提高驱动器的快速响应,采用了提高供电电压,加快电流上升沿的措施。但在低频工作时,步进电动机的振荡加剧,甚至失步。从原理上讲,为了减小低频振荡,应使低频时绕组中的电流上升沿较平缓,这样才能使转子在到达新的平衡位置时不产生过冲。而在高速时则应使电流前沿较陡峭,以产生足够的绕组电流,才能提高步进电动机的负载能力。

这就要求驱动电源对绕组提供的电压与电动机运行频率建立直接关系,即低频时用较低的电压供电,高频时用较高的电压供电。电压随频率变化可由不同的方法实现,如分频段来调压、电压随频率线性地变化等。

调频调压驱动方式结合了高低驱动和斩波驱动的优点,是一种十分可取的步进电动机驱动电路。

5.2.6　细分驱动电路

步进电动机绕组中的电流为矩形波供电时,其步距角因供电控制方式不同只有两种(整步与半步)。步距角虽已由步进电动机结构确定,但可用电的方法来进行细分。为此,绕组电流由矩形波供电改为梯形波供电。

　　矩形波供电时,绕组中的电流基本上是从零值跃到额定值,或从额定值降至零值。而梯形波供电时,绕组中的电流经若干个阶梯上升到额定值,或经若干个阶梯下降至零值,也就是说,在每次输入脉冲切换时,不是将绕组电流全部通入或切除,而是改变相应绕组中额定电流的一部分。电流分成多少个台阶,则转子就以同样的个数转一个步距角,即绕组中的电流每次增加或减小,都使转子转过一小步。如图5.19所示,把一个脉冲细分为8步,则步进电动机需转动8次才转动一个步距角,假设步进电动机的步距角为30°,这时转子需要转动8次每次3.75°才完成一个步距角,分8次运行比一次就运行完一个步距角电动机要平稳一些。这种将一个步距角细分成若干个步的驱动方法称为细分驱动。细分驱动的优点是使步距角减小,运行平稳,提高匀速性,并能减弱或消除振荡。

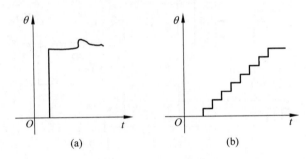

图5.19　细分驱动原理图

(a) 无细分；(b) 细分后

5.2.7　步进电动机应用中的注意问题

　　(1) 低速转动时振动和噪声相对较大；

　　(2) 当频率突变过大时容易发生堵转、丢步和过冲现象。

　　这两个缺点对定位系统的精度会产生较大的影响。电动机本身固有的问题可通过驱动器或者控制器来弥补。比如采用细分驱动技术可以大大减少低速转动时的振动和噪声,还可以起到减小步距角、提高分辨率、增大输出力矩的效果；采用升降频控制技术,则可以克服步进电动机高速启停时存在的堵转、丢步或者过冲等问题,使步进电动机转动得更加平稳、定位更加精确。

5.3　直流电动机伺服系统

5.3.1　直流伺服电动机的种类与应用

1. 按电动机结构分类

　　(1) 小惯量直流电动机；

　　(2) 改进型直流伺服电动机；

（3）无刷直流电动机；

（4）永磁式直流伺服电动机。

2. 按转速高低分类

（1）高速直流伺服电动机；

（2）低速大扭矩宽调速电动机。

3. 按励磁方式分类

（1）他励直流电动机 适用于要求宽调速、对启动制动特性要求较高的场合。

（2）并励直流电动机 适用于要求电压可调范围大，负载电流变化时电压又比较稳定的中型和大型机组。

（3）串励直流电动机 适用于启动制动频繁、较大启动扭矩和恒功率调速的机械，如电车、牵引机车等。

（4）复励直流电动机 适用于负载变动较大，同时需要宽调速的场合。

直流进给伺服系统通常采用永磁式直流电动机类型中的有槽电枢永磁直流电动机（普通型）。

直流主轴伺服系统通常采用励磁式直流电动机类型中的他激直流电动机。

5.3.2 直流伺服电动机的结构与工作原理

直流伺服电动机由定子、转子、电刷与换向片组成，如图 5.20 所示。

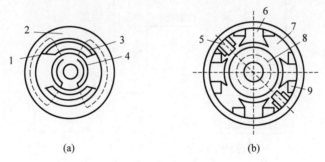

（a）　　　　　　　　　（b）

1—极靴；2—机壳；3—瓦状永磁材料（定子）；4—电枢（转子）；

5—换向极；6—主磁极；7—定子；8—转子；9—线圈。

图 5.20 直流伺服电动机的结构

（a）永磁直流伺服电动机的结构；（b）直流主轴电动机结构示意图

（1）定子磁场由定子的磁极产生。根据产生磁场的方式，直流伺服电动机可分为永磁式和他激式。永磁式磁极由永磁材料制成；他激式磁极由冲压硅钢片叠压而成，外绕线圈，通以恒定直流电流便产生恒定磁场。

（2）转子又称电枢，由硅钢片叠压而成，表面嵌有线圈，通以直流电时，在定子磁场作用下便产生能带负载旋转的电磁转矩。

（3）电刷与换向片为使所产生的电磁转矩保持恒定方向,转子能沿固定方向均匀的连续旋转,电刷与外加直流电源相接,换向片与电枢导体相接,如图 5.21 所示。

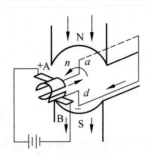

图 5.21　直流电动机的工作原理

5.3.3　直流伺服电动机的控制原理

就原理而言,一台普通的直流电动机也可认为就是一台直流伺服电动机。因为,当一台直流电动机加以恒定励磁,若电枢(多相线圈)不加电压,电动机不会旋转;当外加某一电枢电压时,电动机将以某一转速旋转,改变电枢两端的电压,即可改变电动机转速,这种控制叫电枢控制,如图 5.22(a)所示。当电枢加以恒定电流,改变励磁电压时,同样可达到上述的控制目的,这种方法叫磁场控制,如图 5.22(b)所示。通常直流伺服电动机一般都采用电枢控制。

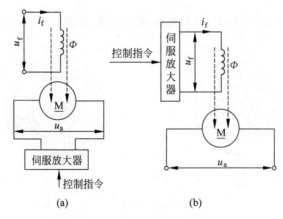

(a)　　　　　　　　　(b)

图 5.22　直流电动机的控制原理

5.3.4　直流伺服电动机的调速

直流电动机的转速 n 可用下式计算：

$$n = \frac{U}{K_e\Phi} - \frac{R}{K_e K_t \Phi^2}T = n_0 - \beta T$$

$$n_0 = \frac{U}{K_e\Phi}, \quad \beta = \frac{R}{K_e K_t \Phi^2}$$

式中，U 为电枢电压；R 为电枢调节电阻；Φ 为励磁磁通；T 为电动机转矩；K_t、K_e 分别为与电动机结构有关的常数。

由上述公式可知，直流电动机的基本调速方式有三种，即电枢调节电阻 R、调节电枢电压 U 和调节磁通 Φ 的值。

1. 改变电枢回路电阻的调速

在电枢电路中的电阻 R 上串联一个变电阻 R_a 时，机械特性如图 5.23 所示（R 越大，β 越大，n_0 不变）。

直流电动机的机械特性为一向下倾斜的直线，即随着外负载的增加，其转速线性下降：当增大电枢电阻时，直流电动机的空载理想转速不变，但电动机的机械特性变软，即当电动机外负载增加时，电动机转速相对理想转速的下降值增加，稳定转速下降，输出的机械功率下降。这是由于负载增加，电动机的电流增加，电阻所消耗的功率比原来增加所至。因此，调节电枢电阻调速的方法是不经济的，在实际伺服系统中应用较少。

2. 改变电枢电压的调速

改变电枢电压 U 时的机械特性（U 越大，n_0 越大，β 不变）如图 5.24 所示，此时应注意，由于电动机绝缘耐压强度的限制，电枢电压只允许在其额定值以下调节。

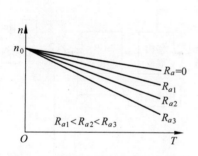

图 5.23　改变电枢电路电阻的调速

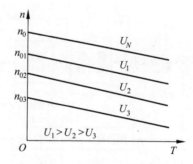

图 5.24　改变电枢电压的调速

这种调速方法有以下特点：①当电源电压连续变化时，转速可以平滑无级调节，但一般只能在额定转速以下调节；②机械特性硬度不变（β 不变），调速的稳定度较高，调速范围较大；③电枢电压调速属恒转矩调速，适合于对恒转矩型负载进行调速。

电枢电压调速是数控机床伺服系统中用得最多的调速方法，后面将讲到的晶闸管调速控制（silicon controlled rectifier，SCR）系统和晶体管直流脉宽调制（pulse width modulation，PWM）调速系统都是电枢电压调速原理的具体应用。

3. 改变励磁磁通的调速

改变磁通 Φ 时的机械特性如图 5.25 所示（Φ 越大，n_0 越小，β 越小）。此时应注意，由于励磁线圈发热和电动机磁饱和限制，电动机的励磁电流和它对应的磁通只能在低于其额

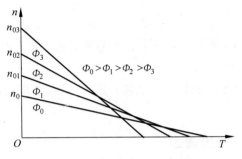

图 5.25　改变励磁磁通时的调速

定值的范围内调节。

　　对于调磁调速,不但改变了电动机的理想转速,而且也使机械特性变软,使电动机抗负载变化的能力降低。

5.3.5　晶闸管调速控制系统

　　SCR 系统只通过改变晶闸管触发角 α,对电动机进行调速,调速的范围较小,为满足数控机床的调速范围要求,可采用带有速度反馈的闭环系统。为增加调速特性的硬度,充分利用电动机过载能力,加快启动过程,需要加一个电流反馈环节,实现双闭环调速,如图 5.26所示。

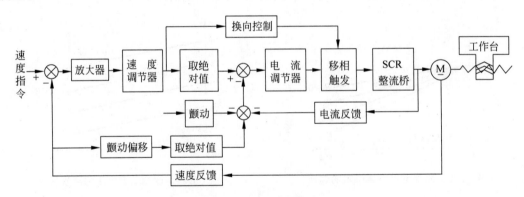

图 5.26　双闭环调速系统

　　SCR 多采用三相全控桥式整流电路作为直流速度控制单元的主回路,通过对 12 个晶闸管触发角的控制,达到控制电动机电枢电压的目的。

　　当给定的速度指令信号增大时,放大器的输出信号随之加大,输入到速度调节器端的偏差信号会加大,移相触发器的触发脉冲前移,SCR 整流桥输出电压提高,电动机转速相应地上升;同时,测速电动机输出电压增加,反馈到输入端使偏差信号减小,电动机转速上升减慢,直到速度反馈值等于或接近给定值时系统达到新的平衡。

　　当负载增加时,转速会下降,测速电动机输出电压下降,使速度调节器输入偏差信号增大,放大器输出电压增加,触发脉冲前移,晶闸管整流器输出电压升高,从而使电动机转速上升,直到恢复原干扰前的转速;电流调节器可对速度调节器电流反馈信号进行补偿,使 SCR

整流器输出电压恢复到原值,抑制了主回路电流的变化。

当速度给定信号为阶跃函数时,电流调节器输入值很大,输出值整定在最大的饱和值,电枢电流值最大。因而,电动机在加速的过程中可始终保持在最大转矩和最大加速度状态,使启动、制动过程最短。

晶闸管调速控制系统的特点:双环调速系统具有良好的静态、动态指标,可最大限度地利用电动机过载能力,实现过渡过程最短。上述晶闸管调速的缺点在于低速轻载时,电枢电流出现断续,机械特性变软,总放大倍数下降,动态品质变坏。可采用电枢电流自适应调节器或者增加一个电压调节内环,组成三环来解决。

5.3.6　晶体管直流脉宽调制调速系统

PWM 调速系统简称脉宽调速系统,是利用脉宽调制器对大功率晶体管开关时间进行控制,将直流电压转变成一系列某一频率的单极性或双极性方波电压,加到直流电动机电枢的两端,通过对方波脉冲宽度的控制,改变电枢电压的平均值,从而达到调整电动机转速的目的。

1. PWM 调速系统的特点

(1) 电动机损耗和噪声小　晶体管开关频率很高,远比转子所跟随的频率高(约为2 kHz),也即避开了机械的共振。由于开关频率高,使得电枢电流仅靠电枢电感或附加较小的电抗器便可连续,所以电动机耗损和发热小。

(2) 晶体管的开关性能好,控制简单　功率晶体管工作在开关状态,其耗损小,且控制方便。只需在基极加以信号就可以控制其开关。

(3) 系统动态特性好,响应频带宽　晶体管的电容小,截止频率高于可控硅,允许系统有较高的工作频率和较宽的频带,可获得好的系统动态性能,动态响应迅速,也可避免机床的共振区,使机床加工平稳,从而可提高加工质量。

(4) 电流脉动小,波形系数小　电动机负载呈感性,电路的电感值与频率成正比关系,因此电流脉动的幅度随频率的升高而下降。PWM 的高工作频率使电流的脉动幅度大大的削弱,电流的波形系数接近于 1,使得电动机内部发热少,输出转矩平稳,对低速加工有利。

(5) 电源的功率因数高　PWM 系统的直流电源为不控整流输出,相当于可控硅导通角为最大时的工作状态,功率因数与输出电压无关,整个工作范围内的功率因数可达 90%,从而大大改善了电源的利用率。

(6) 功率晶体管承受高峰值电流的能力差。

2. PWM 调速系统的工作原理

PWM 调速系统可分为控制部分、晶体管开关式放大器和功率整流器三部分。控制部分包括速度调节器、电流调节器、固定频率振荡器、三角波发生器、脉冲宽度调制器以及基极的驱动电路。其主要缺点是不能承受高的过载电流,功率还不能做得很大,故其多用在中小功率的伺服驱动中,在大功率场合则采用 SCR 调速系统。PWM 调速系统的工作原理如图 5.27 所示。

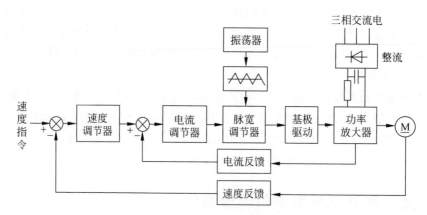

图 5.27　PWM 调速系统的工作原理

所谓脉宽调制就是使功率放大器中的晶体管处于开关工作状态,开关频率保持恒定,用调整每周期内的导通时间的方法来改变功率晶体管的输出,从而使电动机电枢两端获得宽度随时变化的确定频率的电压脉冲。脉宽的连续变化,从而改变了电枢电压的占空比,使得电枢电压的平均值也连续变化,因而使电动机的转速连续调整。脉宽调制器是使电流调节器输出的直流电压电平(随时间缓慢变化)与振荡器产生的确定频率的三角波叠加,然后利用线性组件产生宽度可变的矩形脉冲,经驱动回路放大后加到晶体管的基极,控制其开关周期及导通的持续时间。

3. 脉宽调制器

脉宽调制器的作用是将电压量转换成可由控制信号调节的矩形脉冲。在 PWM 调速系统中,电压量为电流调节器输出的直流电压量,该电压是由数控装置插补器输出的速度指令转化而来。经过脉宽调制器变为周期固定、脉宽可调的脉冲信号,脉冲宽度的变化受速度指令的变化支配。由于脉冲周期不变,脉冲宽度的改变将使脉冲平均电压改变,则电动机转速改变。

脉冲宽度调制器的种类很多,但从结构上看,都是由两部分组成,即调制信号发生器和比较放大器。而调制信号发生器有三角波发生器和锯齿波发生器。

图 5.28(a)所示三角波发生器输出电压 u_A 为三角波;图 5.28(b)和(c)所示为比较放大电路,如图所示,该电路能实现 u_{b1}、u_{b2}、u_{b3} 和 u_{b4} 的波形。

在晶体管 VT_1 的前面电路中设有运算放大器 N_3,三角波电压 u_A 与控制电压 u_{er} 比较后送入 N_3 的输入端。当 $u_{er}=0$ 时,运算放大器 N_3 输出脉冲的正负半波脉宽相等(图中未画出);当 $u_{er}>0$ 时,运算放大器 N_3 输出脉冲宽度的正半波宽度小于负半波宽度;当 $u_{er}<0$ 时,运算放大器 N_3 的输出脉冲正半波宽度大于负半波宽度。如果三角波的线性度很好,则输出脉冲宽度可正比于控制电压 u_{er},从而实现了模拟电压脉冲的转换。图中 u_{b1}、u_{b2}、u_{b3} 和 u_{b4} 分别是在一种特定情况下(输入信号为 u_A+u_{er})放大器 N_3、N_4、N_5、N_6 同时产生的四种脉冲信号。图中晶体管 VT_1、VT_2、VT_3、VT_4 是为了提高脉宽调制器的驱动功率并保证它的正脉冲输出。

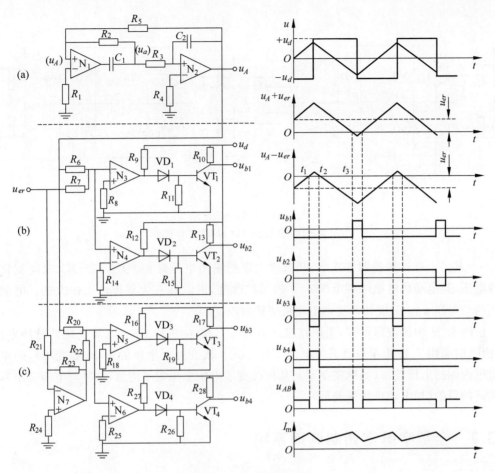

图 5.28　脉宽调制器

(a) 三角波发生器；(b)、(c) 比较放大器

4. 开关功率放大器

H 形单极性开关电路如图 5.29(a)所示。它的控制方法是将两个相位相反的脉冲控制信号分别加在 VT_1 和 VT_2 的基极，而 VT_3 的基极施加截止控制信号，VT_4 的基极施加饱和导通的控制信号。在 $0 \leqslant t \leqslant t_1$ 时，VT_1 饱和导通，VT_2 截止，由于 VT_4 始终处于饱和导通状态，所以加在电动机电枢两端电压 u_{AB} 为 $+E_d$。而在 $t_1 \leqslant t < T$ 时，VT_1 截止而 VT_2 饱和导通，但由于 VT_3 始终处于截止状态，所以电动机处于无电源供电的状态，电枢电流只靠 VT_4 和 VD_2 通道，将电枢电感能量释放而继续流通。在这种控制方式下，开关放大器的输出电压是在 0 和 $+E_d$ 之间变化的脉冲电压，其电动机电枢两端电压 u_{AB} 的极性不变，因此称它为单极性工作方式。如要电动机反转，需将 VT_3 基极加上饱和导通的控制电压，VT_4 基极加上截止控制电压。

H 形双极性开关电路如图 5.29(b)所示，比较图 5.29(a)、(b)可得，这两个图的组成一样，只是控制电压不同。图 5.29(b)中的控制电压的特点是 $u_{b1} = u_{b4}$，$u_{b2} = u_{b3} = -u_{b1}$。在 $0 \leqslant t < t_1$ 时，VT_2 和 VT_3 导通，此时电源 $+E_d$ 加在电动机电枢 BA 两端（即 $u_{AB} = -E_d$）。在 $t_1 \leqslant t < T$ 时，VT_1 和 VT_4 导通，此时电源 $+E_d$ 加在电动机电枢 AB 两端（即

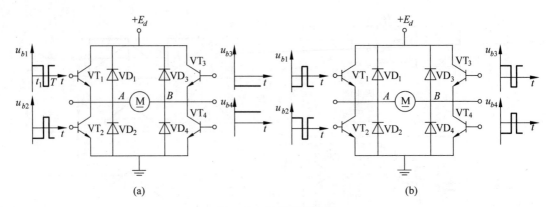

图 5.29　H 形开关电路

(a) 单极性工作状态；(b) 双极性工作状态

$u_{AB} = +E_d$)。在这种控制方式下,开关放大器的输出电压是在 $+E_d$ 到 $-E_d$ 之间变化的脉冲电压,其电动机电枢两端电压 u_{AB} 的极性改变,因此称它为双极性工作方式。电动机电枢两端电压 u_{AB} 的极性改变则电动机的转向改变。

从图 5.28 中的波形可知,主回路输出电压 u_{AB} 是在 0 和 $+E_d$ 之间变化的脉冲电压。因此,这时采用了 H 形单极性开关电路工作方式。改变控制电压的大小(如变小),即可改变电枢两端的电压波形(如脉宽变窄),从而改变了电枢电压的平均值(如平均电压变小),达到调速的目的(如电动机转速变低)。

5.3.7　全数字脉宽调制调速系统

全数字脉宽调制调速系统如图 5.30 所示,在数字脉宽调制器中,控制信号是数字,其值可确定脉冲的宽度。只要维持调制脉冲序列的周期不变,就可以达到改变占空比的目的。

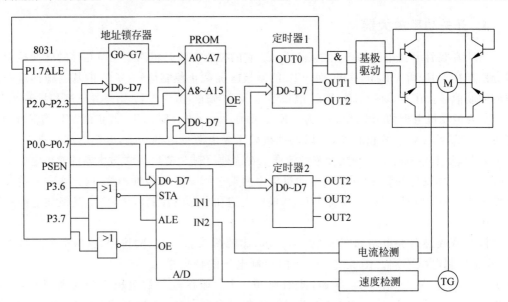

图 5.30　数字 PWM 控制系统

用微处理器实现数字脉宽调节器可分为软件和硬件两种方法,软件法占用较多的计算机机时,于控制不利,但柔性好,投资少。目前被广泛推广的是硬件法。

在全数字数控系统中,可用定时器生成可控方波;有些新型的单片机内部设置了可产生 PWM 控制方波的定时器,用程序控制脉冲宽度的变化。如图 5.30 所示是用单片机8031 控制的全数字系统,其中用 8031 的 P0 口向定时器 1 和 2 送数据。当指令速度改变时,由 P0 口向定时器送入新的计数值,用来改变定时器输出的脉冲宽度。速度环和电流环的检测值经模数转换后的数字量也由 P0 口读入,经计算机处理后,再由 P0 口送给定时器,及时改变脉冲宽度,从而控制电动机的转速和转矩。

5.4　交流电动机伺服系统

5.4.1　交流伺服电动机的种类

交流伺服电动机可以分为永磁式交流伺服电动机和感应式交流伺服电动机。永磁式交流伺服电动机转速与电源的频率有严格的对应关系,同步性较好,因此常用于进给伺服系统。

20 世纪 80 年代以来,随着集成电路、电力电子技术和交流可变速驱动技术的发展,永磁交流伺服驱动技术取得了长足进步,各国著名电气厂商相继推出各自的交流伺服电动机和伺服驱动器系列产品,并不断完善和更新。交流伺服系统已成为当代高性能伺服系统的主要发展方向。90 年代以后,世界各国已经商品化了的交流伺服系统采用全数字控制的正弦波电动机伺服驱动。永磁交流伺服电动机同直流伺服电动机比较,主要优点有:

(1) 无电刷和换向器,因此工作可靠,对维护和保养要求低;
(2) 定子绕组散热比较方便;
(3) 惯量小,易于提高系统的快速性;
(4) 适应于高速、大力矩工作状态;
(5) 同功率下有较小的体积和重量。

5.4.2　永磁交流同步伺服电动机的结构

永磁交流同步伺服电动机由定子、转子和检测元件组成,如图 5.31 所示。

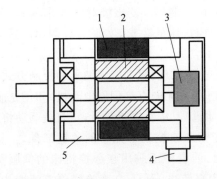

1—定子;2—转子;3—脉冲编码器;4—接线盒;5—定子三相绕组。

图 5.31　永磁交流同步伺服电动机结构

5.4.3 交流伺服电动机的发展方向

1. 永磁交流同步伺服电动机的发展

(1) 新性能永磁材料的应用：如性能钕铁硼的应用。

(2) 专用化发展：根据负载特性针对性地设计的油田用抽油机专用稀土永磁电动机，节电率高达 20%，使用效果比通用电动机好。

(3) 与机床部件一体化的电动机：空心轴永磁交流同步伺服电动机。

2. 交流主轴伺服电动机的发展

(1) 输出转换型交流主轴电动机：三角-星形切换，绕组数切换或二者组合切换。

(2) 液体冷却电动机。

(3) 内装式主轴电动机。

5.4.4 交流伺服电动机的调速原理

由电动机学基本原理可知，交流电动机的同步转速为

$$n_0 = \frac{60f}{p} \quad (\text{r/min})$$

异步电动机的转速为

$$n = \frac{60f}{p}(1-S) \quad (\text{r/min})$$

式中，f 为定子电源频率；p 为电动机定子绕组磁极对数；S 为转差率。

由转速公式可知改变电动机转速的方法有如下三种：

(1) 改变磁极对数调速；

(2) 改变转差率调速；

(3) 变频调速。

5.4.5 交流伺服电动机的速度控制单元

永磁同步伺服电动机的调速与异步型伺服电动机的调速有不同之处，即不能用调节转差率 S 的方法来调速。一般也不能用改变磁极对数 p 来调速，而只能用改变电动机电源频率 f 的方法调速才能满足数控机床的要求，实现无级调速。这样，交流伺服电动机的调速问题就归结为变频问题。

永磁交流伺服系统按其工作原理、驱动电流波形和控制方式的不同，又可分为矩形波电流驱动的永磁交流伺服系统(称为无刷直流伺服电动机)和正弦波电流驱动的永磁交流伺服系统(称为无刷交流伺服电动机)。从发展趋势看，正弦波驱动将成为主流。

永磁交流伺服电动机变频调速控制单元中的关键部件之一是变频器。变频器又分为交-直-交型和交-交型变频器，前者广泛应用在数控机床的伺服系统中。交-直-交型变频器中的交-直变换是将交流变为直流电，而直-交变换是将直流变为调频、调压的交流电，采用脉冲宽度调制逆变器来完成。逆变器有晶闸管和晶体管逆变器之分，而数控机床上的交流

伺服系统几乎全部采用晶体管逆变器。

1. SPWM 变频器

SPWM 变频器,即正弦波 PWM 变频器,属于交-直-交静止变频装置。它先将 50 Hz 的工频电源经整流变压器变到所需的电压后,经二极管整流和电容滤波,形成恒定直流电压,再送入由大功率晶体管构成的逆变器主电路,输出三相频率和电压均可调整的等效于正弦波的脉宽调制波(SPWM 波),去驱动交流伺服电动机运转。

(1) SPWM 波形与等效正弦波   SPWM 逆变器用来产生正弦脉宽调制波,即 SPWM 波形。其工作原理如图 5.32 所示,是把一个正弦半波分成 N 等份,然后把每一等份的正弦曲线与横坐标所包围的面积都用一个与此面积相等的矩形脉冲来代替,这样可得到 N 个等高而不等宽的脉冲。这 N 个脉冲对应着一个正弦波的半周。对正弦波的负半周也采取同样处理,得到相应的 $2N$ 个脉冲,这就是与正弦波等效的正弦脉宽调制波,即 SPWM 波。

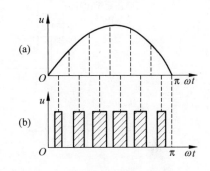

图 5.32   与正弦波等效的矩形脉冲波形

(2) 产生 SPWM 波形的原理及方法   SPWM 波形可以用计算机软件或通过专用集成芯片生成,不过一般是以正弦波为调制波对等腰三角波为载波的信号进行“调制”,如图 5.33 所示。

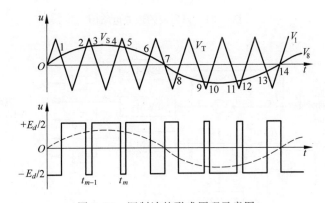

图 5.33   调制波的形成原理示意图

当三角波 V_T 的值大于正弦波 V_S 时,输出电压为 $-E_d/2$;当三角波 V_T 的值小于正弦波 V_S 时,输出电压为 $E_d/2$。当不断输入三角波 V_T 和正弦波为 V_S 时,就会产生系列的宽度受正弦调制波控制的脉冲(SPWM 波),SPWM 波的频率与三角波频率相同。调制电路一般采用电压比较放大器,电路图如图 5.34 所示。由电路原理可知,只需改变正弦调制波的频率或幅值,就能调制输出脉冲的宽度。其调速原理与直流调速类似。

(3) 交流伺服电动机驱动控制电路如图 5.35 所示。要获得三相 SPWM 脉宽调制波形,则需要三个互成 120° 的控制电压 U_a、U_b、U_c 分别与同一三角波比较,获得三路互成 120° 的 SPWM 脉宽调制波 U_{0a}、U_{0b}、U_{0c}。而三相正弦控制电压 U_a、U_b、U_c 的幅值和频率都是可调的。三角波频率为正弦波频率 3 倍的整数倍,所以保证了三路脉冲调制波形 U_{0a}、

U_{0b}、U_{0c} 和时间轴所组成的面积随时间的变化互成 120°相位角。该电路输出的 6 个电压信号连接至如图 5.36 所示的 6 个三极管的基极,用以控制变频器主电路这 6 个三极管的通断,主电路输出的 3 个信号具有一定的功率,输入到交流电动机的输入信号端,驱动和控制电动机工作,实现变频调速目的。

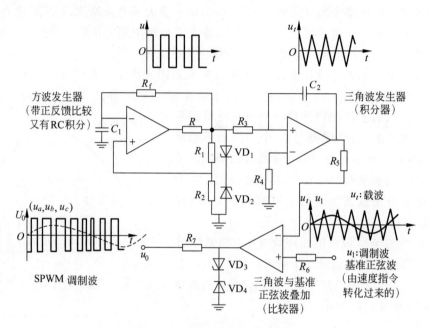

图 5.34　调制波的形成电路图

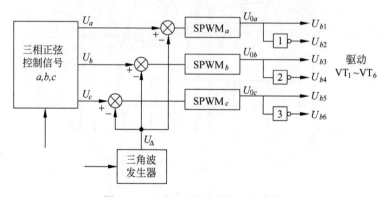

图 5.35　三相 SPWM 控制电路原理

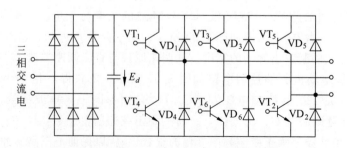

图 5.36　双极性 SPWM 通用型功率放大主电路

（4）SPWM 变频器的功率放大主电路　SPWM 调制波需要功率放大后才能驱动电动机。图 5.36 为双极性 SPWM 通用型功率放大主电路。其中左侧是桥式整流滤波电路，将工频交流电整流成直流电，右侧是逆变器，用 6 个大功率晶体管 VT_1、VT_2、VT_3、VT_4、VT_5、VT_6 把直流电变成脉宽按照正弦规律变化的等效正弦交流电，再输送到交流伺服电动机的输入端驱动电动机转动。

2. SPWM 变频调速系统

SPWM 变频调速系统如图 5.37 所示。速度（频率）给定器给定信号，用以控制频率、电压及正反转；平稳启动回路使启动加、减速时间可随机械负载情况设定，达到软启动目的；函数发生器是为了在输出低频信号时，保持电动机气隙磁通一定，补偿定子电压降的影响；电压频率变换器将电压转换为具有一定频率的脉冲信号，经分频器、环形计数器产生方波，和经三角波发生器产生的三角波一并送入调制回路；电压调节器和电压检测器构成闭环控制。电压调节器产生频率与幅度可调的控制正弦波，送入调制回路；在调制回路中进行 PWM 变换产生三相的脉冲宽度调制信号；在基极回路中输出信号至功率晶体管基极，即对 SPWM 的主回路进行控制，实现对永磁交流伺服电动机的变频调速，电流检测器起过载保护作用。

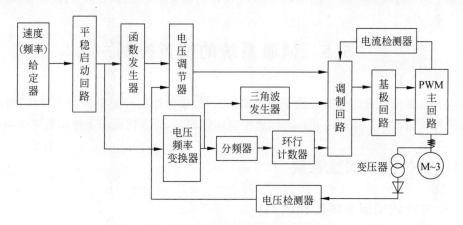

图 5.37　SPWM 变频调速系统框图

为了实现更加灵活的控制，SPWM 一般采用多 CPU 控制方式，如用两个 CPU 分别控制 SPWM 信号的产生和电动机-变频系统的工作，称为微机控制 SPWM 技术。

SPWM 变压变频调速的优点：

（1）主电路只有一个可控的功率环节，简化了结构；

（2）采用不可控整流器，使电网功率因数提高；

（3）逆变器同时调频调压，动态响应不受中间环节影响；

（4）可获得更接近于正弦波的输出电压波形。

3. 交流伺服电动机的矢量控制调速

交流伺服电动机的矢量控制（vector control）是把交流电动机模拟成直流电动机来控制，是既适用于异步型电动机，也可用于同步型电动机的一种调速控制方法。它是在 PWM 变频异步电动机调速的基础上发展起来的。因为数控机床的主轴在工作时，为保证加工质量,对恒转矩有更高的要求,所以主轴交流电动机更广泛地采用矢量控制调速方式。

异步型交流电动机矢量控制的基本原理是:他激直流伺服电动机之所以能获得优良的动态与静态性能,其根本原因是被控量只有电动机磁场和电枢电流 I_r,且这两个量是相互独立的。此外,电磁转矩 $T = K_t \phi I_r$,T 与 ϕ、I_r 成比例关系,因此控制简单,性能优良。如果能够模拟直流电动机,求出异步电动机与之对应的磁场与电枢电流,分别独立地加以控制,就会使异步电动机具有与直流电动机近似的优良性能。为此,必须将三相交变量(矢量)转换为与之等效的直流量(标量),建立起异步电动机的等效数学模型,然后按照直流电动机的控制方式对其进行控制。所以,这种控制方法叫异步电动机的矢量控制。其方法是首先把交流电动机转子磁场定向,再把定子电流向量分解成与定向方向平行的磁化电流分量 i_d 和 i_q 分别进行控制,实现矢量控制。

如果仅仅控制定子电压和频率,其输出特性 $n = f(T)$ 显然不是线性的。为此可利用等效概念,将三相交流输入电流变为等效的直流电动机中彼此独立的激磁电流 I_f 和电枢电流 I_r,然后和直流电动机一样,通过两个量的反馈控制实现对电动机的转矩控制。再通过相反的变换,将被控制的等效的直流量还原为三相交流量,控制实际的三相交流电动机。则三相交流电动机的调速性能就能完全体现出直流电动机的调速性能,这就是矢量控制的基本思想。

5.5　伺服系统的位置控制

闭环伺服系统中按监测方式的不同有相位控制、幅值控制和数字控制三种位置控制方式。在早期的直流伺服系统中相位与幅值控制使用较多,而现代机床上使用数字控制较多。

5.5.1　相位比较伺服系统

1. 相位比较伺服系统的组成

相位比较伺服系统是采用相位比较方法实现位置闭环(及半闭环)控制的伺服系统,是数控机床中使用较多的一种位置控制系统,主要由基准信号发生器、脉冲调相器、检测元件、鉴相器、伺服放大器、伺服电动机等组成。其检测元件主要使用旋转变压器或感应同步器,并且检测元件应工作在鉴相方式下。相位比较伺服系统原理框图如图5.38所示。

2. 相位比较伺服系统的工作原理

在该系统中,感应同步器处在鉴相工作状态,以定尺的相位检测信号经过整形放大后所得的 $P_B(\theta)$ 作为位置反馈信号。进给指令脉冲 f_P 经脉冲调相器调相后,转换成频率为 f_0 的脉冲信号 $P_A(\theta)$。$P_A(\theta)$ 与反馈信号 $P_B(\theta)$ 为两个同频的脉冲信号,它们的相位差 $\Delta\theta$ 反映了指令位置与实际位置的偏差。

当进给指令脉冲 $f_P = 0$ 且工作台处于静止状态时,$P_A(\theta)$、$P_B(\theta)$ 经鉴相器进行比较,输出的相位差 $\Delta\theta = 0$,此时伺服放大器的速度给定为0,伺服电动机的输出转速为0,工作台维持在静止状态。

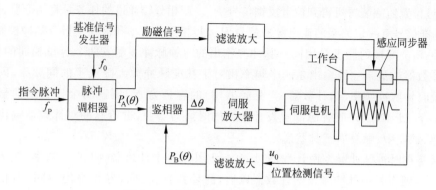

图 5.38　相位比较伺服系统原理框图

当进给指令脉冲 $f_P \neq 0$ 时,工作台将从静止状态向指令位置移动。这时若设 f_P 为正,经过脉冲调相器,$P_A(\theta)$ 产生正的相移 $+\theta$,即 $\Delta\theta = +\theta > 0$。因此,伺服驱动部分应按指令脉冲的方向使工作台作正向移动,以消除 $P_A(\theta)$ 与 $P_B(\theta)$ 的相位差。反之,若设 f_P 为负,则 $P_A(\theta)$ 产生负的相移 $-\theta$,在 $\Delta\theta = -\theta < 0$ 的控制下,伺服机构应驱动工作台作反向移动。

工作台在进给指令脉冲的作用下作正向或反向移动时,反馈脉冲信号 $P_B(\theta)$ 的相位必须跟随指令脉冲信号 $P_A(\theta)$ 的相位作相应的变化。一旦 $f_P = 0$,正在运动着的工作台应迅速制动,使 $P_A(\theta)$ 和 $P_B(\theta)$ 在新的相位值上继续保持同频同相的稳定状态。

3. 相位比较伺服系统的控制线路

1) 脉冲调相器

脉冲调相器的功能为按照所输入指令脉冲的要求对载波信号进行相位调整,也就是将进给脉冲转换成基准信号的相位移动。调相器每接收一个正或负的进给脉冲,它的输出信号就产生一个向前或向后移动的相位角 φ。

图 5.39 所示为脉冲调相器组成原理框图。在脉冲调相器中基准脉冲信号 f_0 由基准脉冲信号发生器产生并分成两路,一路输入分频器 1,称为基准分频通道;另一路先经过脉冲加减器再进入分频器 2。分频器 1(基准分频通道)和分频器 2(调相分频通道)均为 N 分频二进制计数器。

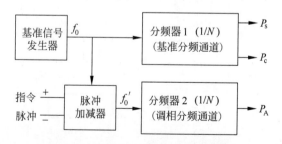

图 5.39　脉冲调相器组成原理框图

为适应需要激磁信号的检测元件(如感应同步器、旋转变压器等)的要求,基准分频通道应输出两路频率和幅值相同,但相位互差 $90°$ 的脉冲信号 P_s 和 P_c。再经滤波放大,就变成了正、余弦激磁信号,而且它们与基准信号有确定的相位关系。P_s 和 P_c 经处理变成激磁信号,通过位置监测装置可得到位置反馈信号 P_B。调相分频通道的任务是将指令脉冲信号调制成与基准信号有一定关系的输出脉冲信号 P_A,其相位差大小和极性受指令脉冲控制。

脉冲-相位变换的原理是用同一脉冲源输出的时钟脉冲去触发两个容量相同的计数器,这两个计数器的最末一级输出是两个频率相对于基准脉冲大大降低了的同频率、同相位信号。假设时钟脉冲频率 F,计数器(当分频器用)的容量为 N,则这两个计数器的最后一级输出频率 $f=F/N$。以时钟脉冲触发计数器的时间为参照,进给脉冲对计数器输出的影响分触发前、触发中、触发后三种状态。

如果是在时钟脉冲触发两计数器以前,先向其中一个计数器(如 X 计数器)输入一定数量脉冲 Δx,则当时钟脉冲触发两计数器以后,两计数器输出信号频率仍相同,但相位就不相同了。N 个时钟脉冲使标准计数器的输出变化一个周期,即 $360°$,$N+\Delta x$ 个脉冲使 X 计数器的输出在变化一个周期($360°$)后,又变化 $\varphi=(360°/N)\Delta x$,即超前标准计数器一个相位角 φ。以后每来 N 个时钟脉冲,两计数器都变化一个周期。其原理图和波形图如图 5.40(a)和(b)所示。

若在时钟脉冲触发两计数器的过程中,加入一定数量的脉冲 $+\Delta x$ 给 X 计数器,这样就会使输入给 X 计数器的脉冲总数比给标准计数器的计数脉冲多了 Δx 个,结果使得 X 计数器输出的信号相位超前 $\varphi=+\Delta x(360°/N)$,如图 5.40(c)所示。

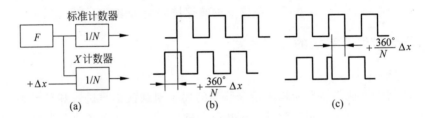

图 5.40 输入 $+\Delta x$ 前后的波形变化

(a) 原理图;(b) 预加 $+\Delta x$ 的波形;(c) 输入 $+\Delta x$ 前后的波形

假如在时钟脉冲不断触发两计数器过程中,加入一定数量的 $-\Delta x$ 脉冲给 X 计数器,使加入的 $-\Delta x$ 个脉冲抵消了 Δx 个进入 X 计数器的时钟脉冲,则在两计数器的最末一级输出端将出现 X 计数器的相位滞后标准计数器一个相位 φ,$\varphi=(+\Delta x/N)\times360°$,如图 5.41(a)和(b)所示。

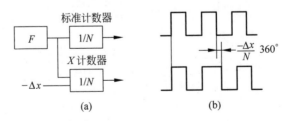

图 5.41 输入 $-\Delta x$ 前后的波形变化

上述 $+\Delta x$、$-\Delta x$ 脉冲是突然加入的,在两计数器最后一级相位差的变化 φ 也是突然产生的。但实际上数控装置输出的进给脉冲频率是由加工中采用的进给速度的大小决定的,此时的时钟脉冲频率低得多,$\pm\Delta x$ 的加入或抵消实际上是一个个慢慢进行的,所以两计数器输出端信号相位也是逐渐变化的。

完成脉冲-相位变换必须有脉冲加减器,来完成向基准脉冲中加入或抵消脉冲的任务。图 5.42 所示为一种脉冲加减器线路。

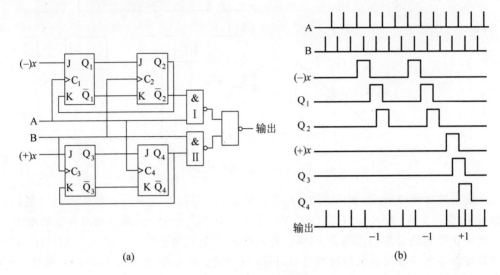

图 5.42 脉冲加减器

(a) 原理图;(b) 波形图

A、B 基准脉冲发生器发出在相位上错开 $180°$ 的两个同频率时钟脉冲信号。A 作为主脉冲,通过与非门 I 送出,作为分频器的分频脉冲。B 用作加减脉冲的同步信号。没有进给脉冲(指令脉冲)时,与非门 I 开,A 脉冲由此通过。当来一个 $-x$ 进给脉冲(进给脉冲与 A 脉冲同步)时,触发器 Q_1 变为“1”状态,接着触发器 Q_2 变为“1”状态,Q_2 封住与门 I,扣除了一个 A 序列脉冲。如果来一个 $+x$ 进给脉冲,触发器 Q_3 变“1”状态,接着触发器 Q_4 变为“1”状态,Q_4 端打开与门 II,使 A 序列输出脉冲中插入一个 B 序列脉冲。

由上可知,每输入一个 $+x$ 进给脉冲就使 A 序列输出脉冲增加一个脉冲,因而使分频器产生超前相位的脉冲信号 P_A,而每输入一个 $-x$ 进给脉冲就使 A 序列输出脉冲减少一个脉冲,使分频器产生滞后相位的脉冲信号 P_A。

2) 鉴相器(相位比较器)

鉴相器又称相位比较器,它的作用是鉴别指令信号与反馈信号的相位,判别两者之间的相位差,再把相位差变成一个带极性的误差电压信号作为速度单元的输入信号。

鉴相器的结构形式很多,有二极管鉴相器、触发器鉴相器等。下面以触发器鉴相器为例说明鉴相器的工作原理。

如图 5.43 所示,从脉冲调相器来的信号 P_A 和由位置检测线路来的位置相位信号 P_B 都是方波(或脉冲)信号,故可用开关工作状态的触发器鉴相器。如图中所示指令信号 P_A 和反馈信号 P_B 分别控制触发器的两个触发端,如果两者相差 $180°$,Q 端输出方波。经电平转换,变为对称方波,且正负幅值对零电位也对称,经低通滤波器输出的直流平均电压为零。若反馈信号 P_B 超前(两个信号比较基准是 $180°$)指令信号 P_A 一个相位 $\Delta\varphi$,则输出方波为上窄下宽,其平均电压为一负电压 $-\Delta u$。反之为一正电压 $+\Delta u$。

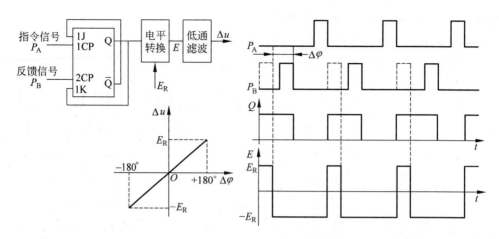

图 5.43　触发器鉴相器

从输出特性可以看出,相位差 $\Delta\varphi$ 与误差电压 Δu 呈线性关系。该鉴相器的灵敏度(即相位-电压变换系数)为 $K_d = E_R/180°(\text{V}/(°))$,式中 E_R 为电平转换器输出方波的幅值。

该鉴相器的最大鉴相范围为 $\pm 180°$,若超出这个范围就要失步。扩大鉴相范围的解决方法是将指令脉冲和反馈信号脉冲进行分频,但分频会降低鉴相器的灵敏性,灵敏性可用提高系统增益系数的办法来补偿。鉴相器输出的信号为脉宽调制波,需经过滤波整流电路使其变为平滑的直流电压信号再输送到速度控制单元。

5.5.2　幅值比较伺服系统

如图 5.44 所示,幅值比较伺服系统是以位置检测信号的幅值大小来反映机械位移的数值,并以此作为位置反馈信号与指令信号进行比较构成的闭环控制系统。该系统的特点是,所用的位置检测元件应工作在幅值工作方式。常用的位置检测元件主要有感应同步器和旋转变压器。

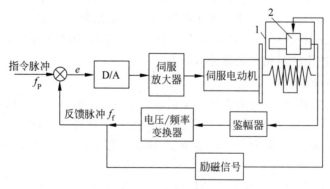

1—工作台;2—感应同步器。

图 5.44　幅值比较伺服系统

位置检测装置将工作台的位移检测出来,经鉴幅器和电压-频率变换器处理,转换为相应的数字脉冲信号,其输出一路作为位置反馈脉冲 f_f,另一路送入位置检测装置的激磁电路。

当进给指令脉冲 f_P 与反馈脉冲 f_f 两者相等,则比较器输出 e 为 0,说明工作台实际移动的距离等于进给指令要求的距离,指引伺服电动机停止转动,从而使工作台停止移动;若 $e \neq 0$,则 f_P 与 f_f 不相等,说明工作台实际位移不等于进给指令要求的位移,伺服电动机会继续运转,带动工作台继续移动,直到 $e=0$ 为止。

鉴幅器由低通滤波器、放大器和检波器三部分组成。来自测量元件的信号除包含基波信号之外,还有许多高次谐波,低通滤波器的作用是将这些高次谐波滤掉。检波器的作用是将滤波后的基波正弦信号转变为直流电压。电压-频率变换器的作用是把检波后输出的直流模拟电压变成相应的脉冲信号,此电压为正时,输出正脉冲,此电压为负时,输出负脉冲。

5.5.3　数字比较伺服系统

随着数控技术的发展,在位置控制伺服系统中,采用数字脉冲的方法构成位置闭环控制,受到了普遍的重视。这种系统的主要优点是结构比较简单。目前采用光电编码器作位置检测元件,以半闭环的控制结构形式构成的数字脉冲比较伺服系统用得较普遍。在闭环控制中,多采用光栅作为位置检测元件。通过检测元件进行位置检测和反馈,实现数字脉冲比较伺服系统。

数字比较伺服系统的结构框图如图 5.45 所示。整个系统按功能模块大致可分为三部分:由位置检测器产生位置反馈脉冲信号 f_f;实现指令脉冲 f_P 和反馈脉冲 f_f 的比较,以取得位置偏差信号 e;以位置偏差 e 作为速度给定的伺服电动机速度调节系统。

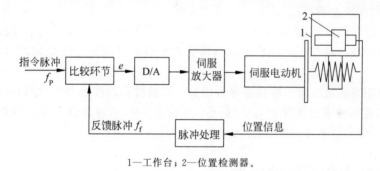

1—工作台;2—位置检测器。

图 5.45　数字比较伺服系统的组成

1. 数字比较系统的工作原理

现假设工作台处于静止状态,指令脉冲 $f_P=0$,这时反馈脉冲 f_f 亦为零,经比较环节可知偏差 $e=f_P-f_f=0$,此时无进给信号输入系统,则伺服电动机的速度给定为零,工作台继续保持静止不动。

随着指令脉冲的输出,$f_P \neq 0$,在工作台尚未移动之前,反馈脉冲 f_f 仍为零。经在比较器中,将 f_P 与 f_f 比较,得偏差 $e=f_P-f_f \neq 0$,若设指令脉冲为正向进给脉冲,则 $e>0$,由速度控制单元驱动电动机带动工作台正向进给。

随着电动机运转,位置检测器将输出反馈脉冲 f_f 送入比较器,与指令脉冲 f_P 进行比较,如 $e=f_P-f_f \neq 0$ 继续运动,不断反馈,直到 $e=f_P-f_f=0$,即反馈脉冲数等于指令脉冲数时,$e=0$,工作台停在指令规定的位置上。如果继续给正向运动指令脉冲,工作台继续运动。当指令脉冲为反向运动脉冲时,控制过程与 f_P 为正时基本上类似。只是此时 $e<0$,

工作台作反向进给。最后,也应到达指令所规定的反向某个位置。在 $e=0$ 时,准确停止。

2. 全数字控制伺服系统

随着计算机技术、电子技术和现代控制理论的发展,数字伺服系统向着交流全数字化方向发展。交流系统取代直流系统,数字控制取代模拟控制。全数字数控是用计算机软件实现数控的各种功能,完成各种参数的控制。

在数控伺服系统中,主要表现在位置环的数字控制。现在,不但位置环的控制数字化,而且速度环和电流环的控制也全面数字化。数字化控制发展的关键是依靠控制理论及算法、检测传感器、电力电子器件和微处理器功能等的发展。

全数字伺服系统具有如下一些特点。

(1) 具有较高的动、静态特性。在检测灵敏度、时间温度漂移、噪声及外部干扰等方面都优于混合式伺服系统,在全数字伺服系统中,对逻辑电平以下的信号漂移、干扰无响应。

(2) 数字伺服系统的控制调整环节全部软件化,很容易引进经典和现代控制理论中的许多控制策略,如比例(P)、比例积分(PI)和比例-积分-微分(PID)控制等。而且这些控制调节的结构和参数可以通过软件进行设定和修改。这样可以使系统的控制性能得到进一步提高,以达到最佳控制效果。

(3) 引入前馈控制,实际上构成了具有反馈和前馈的复合控制的系统结构。这种系统在理论上可以完全消除系统的静态位置误差,速度、加速度误差以及外界扰动引起的误差,即实现完全的"无误差调节"。

(4) 由于是软件控制,在数字伺服系统中,可以预先设定数值进行反向间隙补偿,可以进行定位精度的软件补偿。因热变形或机构受力变形所引起的定位误差,也可以在实测出数据后通过软件进行补偿。

(5) 系统能高速地传递多种状态参数信息。因机械传动件的参数(如丝杠的螺距)或因使用要求的变化而要求改变脉冲当量(最小设定单位)时,可通过设定不同的指令脉冲倍率(CMR)或检测脉冲倍率(DMR)的办法来解决。

5.5.4　全数字伺服系统举例

下面介绍一种用 ADMC401 芯片控制的全数字伺服系统。图 5.46 所示为系统硬件结构框图。ADMC401 是 AD 公司推出的专门针对电动机控制的数字信号处理器芯片,它将高性能 DSP(数字信号处理器)内核 ADSP2171 与丰富的外设控制器集成于芯片中,大大简化了硬件设计。

1. 系统组成

(1) 功率部分　以 IPM 智能功率模块为核心如图 5.47 所示,主要由三相整流器、软启动与制动回路和 IPM 模块三部分组成。其中三相整流器将交流电整流为直流,软启动与制动回路提供初始上电和电动机制动运行时的器件保护;IPM 模块集成了功率开关器件 IGBT(绝缘门极晶体管)与驱动电路,内设故障检测电路,可将检测信号送至 DSP,它将整流滤波后的直流电压转换为脉宽调制电压,驱动电动机;辅助电源部分为系统提供所有的低压直流电源。

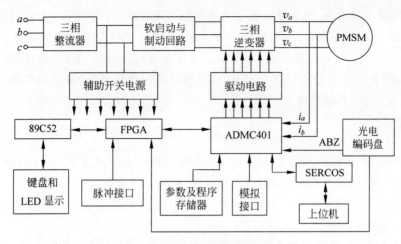

图 5.46　系统硬件结构

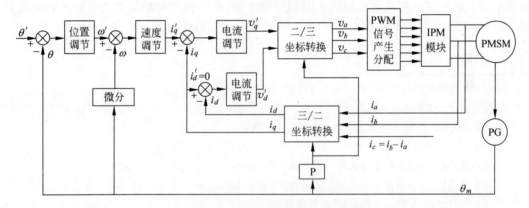

图 5.47　全数字伺服系统原理

（2）执行元件部分　以交流伺服电动机 PMSM 为系统的执行元件。

（3）以 ADMC401 为核心的控制系统部分　ADMC401 主要负责控制策略的具体实现。高密度的 FPGA 用于集成 DSP 外部的所有数字逻辑，单片机 89C52 用于状态控制与显示，ADMC401 通过 SERCOS（串行实时通信系统）接口与上位机联系。

2. 系统工作过程

（1）位置与速度反馈信号的测量　采用增量式光电编码器作为速度及位置检测器件，它输出的两路相位相差 90°的方波信号 A、B 和零脉冲信号 Z 及它们的非，即 $\overline{A}$、$\overline{B}$、$\overline{Z}$，经差分及光电隔离后送入 ADMC401 的编码器接口单元（EIU），在其内部可实现编码器输出信号的四倍频，利用 EIU 内部的 16 位计数器对脉冲进行计数，得到位置反馈值，同时可得到速度反馈值。

（2）电流的检测　定子电流由霍尔传感器检测，B、A 两相定子电流经隔离滤波送入 ADMC401 进行模拟/数字量的转换，得到数字量的电流反馈值。

（3）脉宽调制 PWM 的实现　ADMC401 具有灵活的 PWM 产生方式，根据 SPWM 原理可计算出 6 个功率开关元件的占空比，利用 ADMC401 产生 6 路 PWM 脉冲，经功率放大后驱动功率开关元件 IGBT。

（4）故障显示与处理、指令输入方式　当系统出现故障时，如欠压、过压、过流、过温等，故障信号被送入 FPGA 锁存并报警，同时 FPGA 送出封锁桥臂的信号保护元器件不受损坏。系统的运行状态可通过单片机 89C52 与 LED 的接口进行显示。上位控制机进行参数设计，指令的输入方式有三种：通过 SERCOS（串行实时通信系统）数字接口送入 DSP；由脉冲接口输入；由模拟接口输入。

3. 控制方式

系统控制软件中采用了 PI 控制方式，对检测到的定子电流进行 A/D 转换，计算零偏值，对电流进行软件滤波，判断是否过流，采用 PI 调节方式对电流进行调节。

该系统另一个特点是采用了矢量变换控制的 SPWM 调速系统，控制软件进行矢量变换计算，产生矢量脉宽调制波。

在系统位置控制中，将位置指令与反馈值进行比较，误差送入位置调节器，其输出作为速度给定；速度环控制速度反馈值实时跟踪指令值，由于速度控制器受负载的影响比较显著，其控制方法采用自调整技术，通过参数辨识调整控制器的增益。

 习题

5-1　伺服系统由哪些部分组成？数控机床对伺服系统的基本要求是什么？

5-2　伺服系统的分类有哪些？

5-3　什么是步距角？步进电动机的步距角由哪些因素决定？

5-4　步进式伺服系统是如何实现对机床工作台位移、速度和进给方向进行控制的？

5-5　说明直流进给、主轴伺服电动机的工作原理及特性曲线。

5-6　说明交流进给、主轴伺服电动机的工作原理及特性曲线。

5-7　直流进给运动的晶闸管（可控硅）速度控制原理是什么？

5-8　直流进给运动的"脉宽调制（PWM）"速度控制原理是什么？

5-9　交流驱动的速度控制方法有哪些？

5-10　说明交流进给运动的"SPWM"速度控制原理。

5-11　说明交流速度控制有哪些方法，它的优缺点是什么？

5-12　相位比较伺服系统由哪几部分组成？试论述相位比较伺服系统的工作原理。

5-13　脉冲调相器和鉴相器的作用是什么？

5-14　试论述幅值比较伺服系统的工作原理。

5-15　在幅值比较伺服系统中，测量元件及信号处理线路是如何实现位移测量的？

5-16　数字比较伺服系统由哪几部分组成？

5-17　全数字控制伺服系统的特点是什么？

5-18　在 CNC 伺服系统中，为什么要对位置环增益 K_v 进行调节控制？

5-19　用软件设计一个三相六拍环形分配电路。

自测题

第 6 章

数控加工的程序编制

▲ 本章重点内容

数控加工工艺方案制订过程；数控程序的组成、格式及手工编程基本方法；数控机床误差的来源和控制方法；实际零件编程加工举例。

▲ 学习目标

掌握数控加工工艺方案的制订及加工程序的编制。

6.1 数控机床编程概述

数控机床都是按照事先编制好的零件加工程序自动地对工件进行加工的高效自动化设备,要在数控机床上进行加工,首先要根据被加工零件的图纸和技术要求,把加工工件的工艺过程、运动轨迹、工艺参数和辅助操作等信息按机床规定的指令和格式编制成文件(零件程序),这个过程称为零件数控加工的程序编制,它是数控加工中一个极为重要的过程。

在普通机床上确定零件加工的工艺过程实际上只是制作一个工艺过程卡,零件加工过程中的切削用量、走刀路线、工序内的工步安排等都是由操作工人按工艺过程卡的规定逐一实现的。而数控机床是按照程序进行加工的,加工过程是自动的。因此,加工中的所有工序,每道工序的切削用量、走刀路线和所用刀具的尺寸、类型等都要预先确定好并编入程序中。为此,要求一个合格的编程人员首先应该是一个很好的工艺员。理想的加工程序不仅应保证加工出符合图纸要求的合格工件,同时应能使数控机床的功能得到合理的应用与充分的发挥,以使数控机床能安全可靠及高效地工作。在数控编程之前,编程员应了解所用数控机床的规格、性能、数控系统所具备的功能及编程指令格式等。

编制程序时,应先对图纸规定的技术要求、零件的几何形状、尺寸及工艺要求进行分析,确定使用的刀具、切削用量及加工顺序和走刀路线,再进行数值计算,获得刀位点移动数据,然后按数控机床规定的代码和程序格式,将工件的尺寸、刀具运动轨迹、位移量、切削参数(主轴转速、刀具进给量、背吃刀量(切削深度)等)以及辅助功能(换刀、主轴正转、反转、冷却液开关等)编制成加工程序,并输入数控系统,由数控系统控制数控机床自动地进行加工。

一般来说,数控编程过程主要包括:分析零件图纸、工艺分析、图形的数学处理、编制程序、输入程序、程序校验与首件试切、修改确认程序,如图6.1所示。

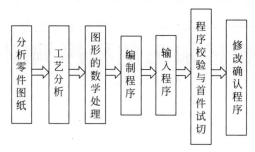

图6.1　数控编程过程

数控加工操作过程主要包括毛坯装夹、刀具选择、对刀、试运行、试切削,具体过程如图6.2所示。

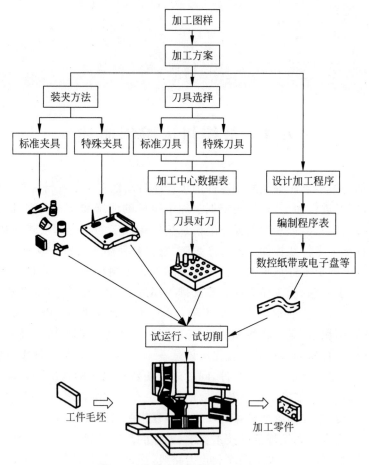

图6.2　数控加工操作过程示意图

数控编程方法常用的有两种:手工编程和自动编程。

(1) 手工编程　手工编程是指由人工来完成编制零件数控加工程序的各个步骤,即从零件图纸分析、工艺处理、确定加工路线和工艺参数、计算数控机床所需输入的数据、编写零件的数控加工程序单直至程序的检验。对于点位加工或几何形状不太复杂的零件,数控编程计算较简单,程序段不多,手工编程即可实现。但对轮廓形状不是由简单的直线、圆弧组成的复杂零件,特别是空间复杂曲面零件,以及几何元素虽并不复杂,但程序量很大的零件,数值计算则相当繁琐,工作量大,容易出错,且很难校对,采用手工编程是难以完成的。因此,为了缩短生产周期,提高数控机床的利用率,有效地解决各种模具及复杂零件的加工问题,采用手工编程已不能满足要求,而必须采用自动编程方法。

（2）自动编程　自动编程是用计算机把人们输入的零件图纸信息改写成数控机床能执行的数控加工程序,就是说数控编程的大部分工作由计算机来完成。编程人员只需根据零件图纸及工艺要求,用 CAD/CAM 软件建立加工零件模型,再自动生成数控加工程序。详细介绍见第 7 章。

6.2　数控机床坐标系的确定

6.2.1　数控机床的坐标系

为了简化编制程序的方法和保证程序的通用性,对数控机床的坐标和方向的命名制定了统一的标准,规定直线进给运动的坐标轴用 X、Y、Z 表示,常称基本坐标轴。X、Y、Z 坐标轴的相互关系用右手定则决定,如图 6.3 所示,图中大拇指的指向为 X 轴的正方向,食指指向为 Y 轴的正方向,中指指向为 Z 轴的正方向。

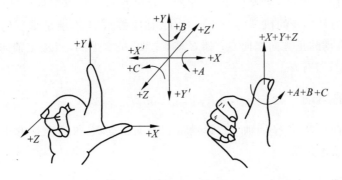

图 6.3　数控机床的坐标系

围绕 X、Y、Z 轴旋转的圆周进给坐标轴分别用 A、B、C 表示,根据右手螺旋定则以大拇指指向＋X、＋Y、＋Z 方向,则食指、中指等的指向是圆周进给运动的＋A、＋B、＋C 方向。

6.2.2　数控机床上坐标轴方向的确定

1. Z 坐标的运动

Z 坐标的运动,由传递切削力的主轴所决定,与主轴轴线平行的坐标轴即为 Z 坐标。对于车床、磨床等由主轴带动工件旋转;对于铣床、钻床、镗床等由主轴带着刀具旋转,如图 6.4 所示。如果机床没有主轴（如牛头刨床）,Z 轴垂直于工件装夹面。

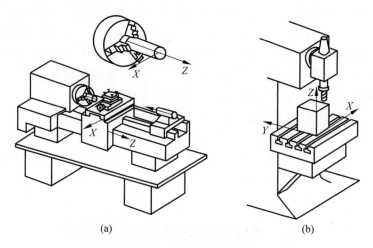

图 6.4　数控机床的坐标

(a) 数控车床；(b) 数控铣床

Z 坐标的正方向为增大工件与刀具之间距离的方向。如在钻镗加工中,钻入和镗入工件的方向为 Z 坐标的负方向,而退出为正方向。

2. X 坐标的运动

X 坐标一般是水平的,它平行于工件的装夹面。对于工件旋转的机床(如车床、磨床等),X 坐标的方向是在工件的径向上,且平行于横向拖板。远离工件旋转中心的方向为 X 轴正方向。对于刀具旋转的机床(如铣床、镗床、钻床等),如 Z 轴是垂直的,当从刀具主轴向立柱看时,X 运动的正方向指向右;如 Z 轴(主轴)是水平的,当从主轴向工件方向看时,X 运动的正方向指向右方。

3. Y 坐标的运动

Y 坐标轴垂直于 X、Z 坐标轴。Y 运动的正方向根据 X 和 Z 坐标的正方向,按照右手直角笛卡儿坐标系来判断。

4. 旋转运动 A、B 和 C

A、B 和 C 相应地表示其轴线平行于 X、Y 和 Z 坐标的旋转运动。A、B 和 C 的正方向,相应地表示在 X、Y 和 Z 坐标正方向上按照右旋螺纹前进的方向。

5. 附加坐标

如果在 X、Y、Z 主要坐标以外,还有平行于它们的坐标,可分别指定为 U、V、W。如还有第三组运动,则分别指定为 P、Q 和 R。

6. 对于工件运动的相反方向

对于工件运动而不是刀具运动的机床,必须将前述为刀具运动所作的规定,作相反的安排。用带"′"的字母,如 $+X'$,表示工件相对于刀具正向运动指令;而不带"′"的字母,如

$+X$,则表示刀具相对于工件的正向运动指令;二者表示的运动方向正好相反。对于编程、工艺人员只考虑不带"'"的运动方向。

7. 主轴旋转运动的方向

主轴的顺时针旋转运动方向(正转),是按照右旋螺纹旋入工件的方向。

6.2.3　机床坐标系与工件坐标系

1. 机床参考点与机床坐标系

机床参考点是用于对机床工作台(或滑板)及刀具相对运动的测量系统进行定标与控制的点,该点一般设在各轴行程极限点上。该点或与该点有明确位置关系的点处安装有挡块和限位开关,系统通电后,只要工作台接触到该挡块和限位开关,系统就能识别该点(机床参考点)的位置,同时也知道了工作台、刀具等相对于机床参考点的相对距离等位置关系。

数控机床的参考点有两个主要作用:一个是建立机床坐标系;另一个是消除由于漂移、变形等造成的误差。机床使用一段时间后,工作台会造成一些漂移,使加工有误差,回一次机床参考点,就可以使机床的工作台回到准确位置,消除重复定位误差。所以在机床加工前,经常要进行回机床参考点的操作。

机床坐标系是机床固有的坐标系,其坐标原点为机床原点,由厂家确定。机床参考点必须与机床原点有明确的距离值。这样开机执行回参考点操作后,随着机床参考点的建立,机床原点也就建立了,机床坐标系也随着建立。

通常在数控车床上,机床参考点和机床原点不重合;在数控铣床上,机床原点和机床参考点是重合的,如图 6.5 所示。

2. 工件坐标系和编程坐标系

编程时一般是选择工件上的某一点作为程序原点(程序坐标零点),并以这个原点作为坐标系的原点,建立一个新的坐标系,称为编程坐标系,加工程序是根据编程坐标系编写的。编程坐标系一旦建立便一直有效,直到被新的编程坐标系所取代。

而把加工程序应用到机床上,编程坐标系原点应该放在工件毛坯的什么位置,其在机床坐标系中的坐标值是多少,这些都必须让数控系统知道,这一操作需用"对刀"来完成。对刀后编程坐标系在机床上就表现为工件坐标系,工件坐标系的原点称为工件原点。

程序原点的选择要尽量满足编程简单、尺寸换算少、引起的加工误差小等条件。一般情况下,以坐标式尺寸标注的零件,程序原点应选在尺寸标注的基准点;对称零件或以同心圆为主的零件,程序原点应选在对称中心线或圆心上。Z 轴的程序原点通常选在工件的上表面。

3. 工件坐标系的设定

编程坐标系是在对图纸上零件编程计算时就建立的,程序数据便是基于该坐标系的坐

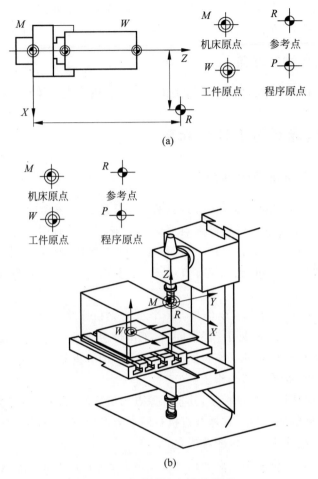

图 6.5 机床各坐标位置关系

(a) 数控车床坐标；(b) 数控铣床坐标

标值。工件坐标系则是当系统执行"G92 X…Z…"后才建立起来的坐标系,或用 G54～G59 预置的坐标系。加工开始时要设置工件坐标系,工件坐标系的建立和选择可用 G92 和 G54～G59 指令来完成。

对刀操作就是用来沟通机床坐标系、编程坐标系和工件坐标系三者之间的相互关系的, 由于坐标轴的正负方向都是统一的,因此实际上是确立坐标原点的位置。由对刀操作,找到 编程原点在机床坐标系中的坐标位置,然后通过执行 G92 或 G54～G59 的指令创建和编程 坐标系一致的工件坐标系。可以说,工件坐标系就是编程坐标系在机床上的具体体现。

编程(工件)坐标原点通常选在工件右端面、左端面或卡爪的前端面。当用 G90 编程方 式时,通常将工件原点设在工件左端轴心处,这样程序中的各坐标值基本都是正值,比较方 便;当用 G91 编程时,取在工件右端较为方便,因为加工都是从右端开始的。工件坐标系建 立以后,程序中所有绝对坐标值都是相对于工件原点的。

1) G92 指令的使用

数控程序中所有的坐标数据都是在编程坐标系中确立的,而编程坐标系并不和机床坐 标系重合,所以在工件装夹到机床上后,必须告诉机床,程序数据所依赖的坐标系统就是工件坐标系。通过对刀取得刀位点位置数据后,便可由程序中的 G92 设定。当执行到这一程序段后即在机床控制系统内建立了工件坐标系。其指令格式为

G92 X...Y...Z... ;

该指令是声明刀具起刀点(或换刀点)在工件坐标系中的坐标,通过声明这一参照点的坐标而创建工件坐标系。X、Y、Z 后的数值即为当前刀位点(如刀尖)在工件坐标系中的坐标,在实际加工以前通过对刀操作即可获得这一数据。换言之,对刀操作即是测定某一位置处刀具刀位点相对于工件原点的距离。一般地,在整个程序中有坐标移动的程序段前,应由此指令来建立工件坐标系(整个程序中全用 G91 方式编程时可不用 G92 指令)。

铣床建立工件坐标系如图 6.6 所示。

铣床建立工件坐标系的指令格式为

G92 X30 Y30 Z25;

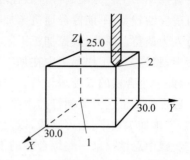

1—工件坐标系原点；2—对刀点(刀位点)。

图 6.6　铣床建立工件坐标系

注意:

(1) 在执行此指令之前必须先进行对刀,通过调整机床,将刀尖放在程序所要求的起刀点位置上;

(2) 此指令并不会产生机械移动,只是让系统内部用新的坐标值取代旧的坐标值,从而建立新的坐标系。

2) G54 指令的使用

数控机床建立工件坐标系一般用 G54 较多,特别在铣床。该指令要求先测定出欲预置的工件原点相对于机床原点的偏置值,并把该偏置值通过参数设定的方式预置在机床参数数据库中,因而该值无论断电与否都将一直被系统所记忆,直到重新设置为止。当工件原点预置好以后,便可用“G54 G00 X_ Z_;”指令让刀具移到该预置工件坐标系中的任意指定位置。不需要再通过试切对刀的方法去测定刀具起刀点相对于工件原点的坐标,也不需要再使用 G92 指令了。很多数控系统都提供 G54～G59 指令,完成共预置 6 个工件原点的功能。

3) G54～G59 与 G92 之间的区别

(1) 用 G92 时,后面一定要跟坐标地址字;而用 G54～G59 时,则不需要后跟坐标地址字,且可单独作一行书写。若其后紧跟有地址坐标字,则该地址坐标字是附属于前次移动所用的模态 G 指令的,如 G00,G01 等。在运行程序时若遇到 G54 指令,则自此以后的程序中所有用绝对编程方式定义的坐标值均是以 G54 指令的零点作为原点的。直到再遇到新的坐标系设定指令,如 G92、G55～G59 等后,新的坐标系设定将取代旧的。G54 建立的工件原点是相对于机床原点而言的,在程序运行前就已设定好,而在程序运行中是无法重置的,G92 建立的工件原点是相对于程序执行过程中当前刀具刀位点的。可通过编程来多次使用 G92 而重新建立新的工件坐标系。

(2) 用 G92 时,刀位点必须在对刀点上;而用 G54～G59 时,对程序起刀点或刀位点没有严格的位置要求。

6.3　数控加工工艺

数控加工工艺方案制订是数控加工编程的核心部分。数控机床的自动化程度较高,但其自适应性较差,不能像普通机床加工时那样,可以根据加工过程中出现的问题比较自由地进行人为调整。因此,数控加工工艺方案制订就显得尤为重要。编程员在进行数控编程的过程中,相当多的工作都集中在加工工艺分析和方案制订,以及数控编程参数设置这两个阶段,因此一个合格的数控编程员首先应该是一个熟练的数控加工工艺人员。

数控加工工艺方案制订的主要内容包括确定具体的加工方法,确定零件的定位和夹紧方案,安排加工顺序、走刀路线,以及安排热处理、检验及其辅助工序等诸方面。制订者应从生产实践中总结出来一些综合性的工艺原则,结合实际的生产条件提出若干个方案,进行分析对比,最终选择一种经济合理的最佳方案。合理的工艺方案要能保证零件的加工精度和表面质量的要求。

6.3.1　数控加工工艺方案制订的主要内容

(1) 零件加工工艺性分析　对零件的设计图和技术要求进行综合分析。

(2) 定位基准的选择　正确选择定位基准是保证零件加工精度的一个关键步骤。定位基准的选择包括粗基准和精基准的选择。

(3) 加工方法的选择　选择零件具体的加工方法和切削方式。

(4) 机床的选择　选择合适的机床既能满足零件加工的外廓尺寸,又能满足零件的加工要求。

(5) 工装的选择　在满足零件加工精度和技术要求的前提下,工装越简单越好,并尽量使用通用夹具。

(6) 加工区域规划　按其形状特征、功能特征及精度、表面粗糙度要求将加工对象划分成数个加工区域。对加工区域进行规划可以达到提高加工效率和加工质量的目的。

(7) 加工工艺路线规划　合理安排零件从粗加工到精加工的数控加工工艺路线,进行加工余量的分配。

(8) 刀具的选择　根据加工零件的特点和精度要求,选择合适的刀具以满足零件加工的要求。

(9) 切削参数的确定　确定合理的切削用量。切削用量包括切削深度、主轴转速(切削速度)、进给量。

(10) 数控编程方法的选择　根据零件的难易程度,采用手工或自动编程的方式,按照确定的加工规划内容进行数控加工程序编制。

6.3.2　影响数控加工工艺方案制订的主要因素

数控加工工艺制订的内容必须具体、详细。大量实践表明,数控加工中出现的差错和失误有很大一部分是因为工艺设计时考虑不到位造成的。因此在确定工艺方案时,必须注意到加工中的每一个细节,如零件的结构特点、表面形状、精度等级和技术要求、表面粗糙度要求、毛坯的状态、切削用量以及所需的工艺装备、刀具等,如图 6.7 所示。数控加工设计工艺方案应考虑的几个重要环节如下所述。

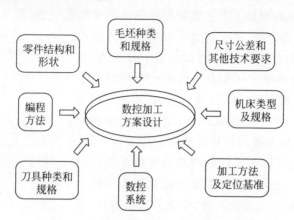

图 6.7　影响数控加工方案的主要因素

1) 加工方法的选择

加工方法的选择原则是保证加工表面的加工精度和表面粗糙度要求。尽管零件的结构形状是多种多样的,但它们都是由平面、外圆柱面、内圆柱面或曲面、成形面等基本表面所组成的。每一种表面都有多种加工方法,具体选择时应根据零件的加工精度、表面粗糙度、材料、结构形状、尺寸及生产类型等选用相应的加工方法和加工方案。例如回转体表面的加工方法主要是车削和磨削。当表面粗糙度要求较高时,还要进行光整加工。

2) 定位基准的选择

定位基准的选择应尽量与设计基准一致。基于零件的加工性考虑,选择的定位基准有时也可能与设计基准不一致,但无论如何,在加工过程中,选择的定位基准必须保证零件的定位准确、稳定,加工测量方便,装夹次数越少越好,以确保零件获得要求的加工精度。

3) 确定加工步骤

工序安排的一般原则是先加工基准面,后加工其他面;先粗加工,后精加工;粗精分开。具体操作还应考虑两个重要的影响因素:一是尽量减少装夹次数,既要提高效率,又保证精度;二是尽量让有位置公差要求的型面在一次装夹中完成加工,充分利用设备的精度来保证产品的精度。

4) 工艺保证措施

关键尺寸和技术要求的工艺保证措施对设计工艺方案非常重要。由于加工零件是由不同的型面组成的,一个普通型面通常包括三个方面的要求,即尺寸精度、形位公差和表面粗糙度,必须在关键质量要求上有可靠的技术保障,如避免工艺系统的受力变形、热变形、工件内应力及工艺系统振动导致加工波纹等因素影响到零件的加工质量。进行工艺方案设计时必须考虑以上因素的影响,采取相应的工艺方法和工艺措施,如精加工前先让工件冷却,进行必要的时效处理,精加工时选用较小的切削用量等方法来消除这些因素的影响。

6.3.3 零件数控加工工艺性分析

工艺性分析是对零件进行数控加工的前期准备工作,是编制数控程序中最重要而又较复杂的一个环节,也是数控加工工艺方案设计的核心工作之一(见图 6.8)。数控加工与普通机床加工有许多类似之处,不同之处主要是控制方式存在差异,这就使得数控加工工艺的内容必须十分具体,加工工艺的设计要十分严谨。一个合格的编程人员要非常熟悉数控机床及其控制系统的功能及特点,必须注意到加工中的每一个细节,这样才能避免由于工艺方案考虑不周而可能出现的重大机械事故和产品质量问题。

数控加工过程是从设计零件的图纸到零件成品合格交付使用的过程,在此过程中,首先要考虑到诸如零件加工工艺路线的安排、加工机床的选择、切削刀具的选择、零件加工中的定位夹紧等一系列因素的影响,再在这基础上才考虑数控程序的编制。因此,在编程前,必须要对零件设计图纸和技术要求进行详细的数控加工工艺分析,以最终确定哪些是零件加工过程中的关键要点,哪些是数控加工的难点,以及数控程序编制的难易程度。

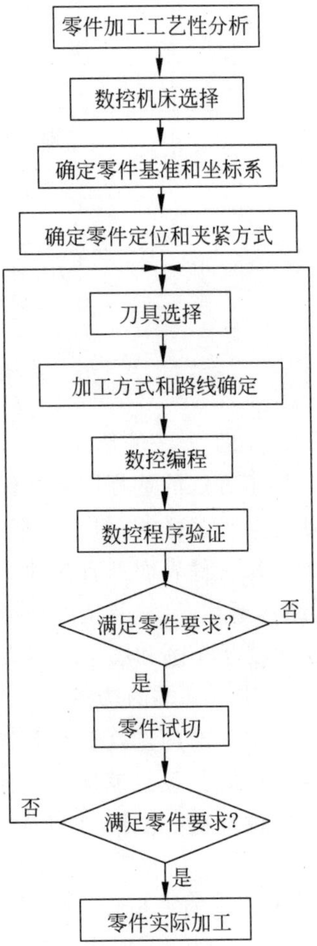

1. 制定数控加工工艺路线所需的原始资料

(1) 零件设计图纸、技术资料以及产品的装配图纸。

(2) 零件的生产批量。

(3) 零件数控加工所需的相关技术标准,如企业标准和工艺文件。

(4) 产品验收的质量标准。

(5) 现有的生产条件和资料。工艺装备及专用设备的制造能力、加工设备和工艺装备的规格及性能、工人的技术水平。

图 6.8 数控加工工艺流程图

2. 毛坯状态分析

大多数零件设计图纸只定义了零件加工后的形状和大小,而没有指定原始毛坯材料的数据。编程时,对毛料性能的了解是一个重要的开始,掌握这些原始信息,有利于数控程序规划。需具体了解的内容如下:

(1) 分析毛坯的种类、制造方法与零件使用要求的适应性;

(2) 分析毛坯的装夹适应性;

(3) 分析毛坯的变形、余量大小及均匀性。

3. 产品的装配图和零件图分析

分析和研究装配图的主要目的是熟悉产品的性能、用途和工作条件,明确零件在产品中的相互装配位置及作用,了解零件图上各项技术条件制定的依据,找出其中主要技术关键,为制订正确的加工方案确定依据。如果仅仅是对普通零件进行工艺分析,可以不进行装配图的分析。

4. 零件图的工艺性分析

对零件图的分析和研究主要是对零件进行工艺审查,如检查设计图纸的视图、尺寸标注、技术要求是否有错误、遗漏之处。尤其对结构工艺性较差的零件,如果发现问题应和设计人员进行沟通或提出修改意见,由设计人员决定是否进行必要的修改和完善。具体包括以下几点。

1) 零件图的完整性和正确性分析

零件的视图应符合国家标准的要求,位置准确,表达清楚;几何元素(点、线、面)之间的关系(如相切、相交、平行)应准确;尺寸标注应完整、清晰。

2) 零件技术要求分析

零件的技术要求主要包括尺寸精度、形状精度、位置精度、表面粗糙度及热处理和表面处理要求等,这些技术要求应当是能够保证零件使用性能前提下的极限值。进行零件技术要求分析,主要是分析这些技术要求的合理性以及实现的可能性,重点分析重要表面和部位的加工精度和技术要求,为制订合理的加工方案做好准备。同时通过分析以确定技术要求是否过于严格,因为过高的精度和过小的表面粗糙度要求会使工艺过程变得复杂,加工难度加大,增加不必要的成本。

3) 尺寸标注方法分析

对在数控机床上加工的零件,零件图上的尺寸在能够保证使用性能的前提下,应尽量采取集中标注或以同一基准标注(即标注坐标尺寸)的方式,这样既方便了数控程序编制,又有利于设计基准、工艺基准与编程原点的统一。

4) 零件材料分析

在满足零件功能的前提下,选择成本较低的材料。

5) 零件的结构工艺性分析

零件的结构工艺性是指所设计的零件在满足使用性能要求的前提下制造的可行性和经济性。良好的结构工艺性会使零件加工容易,节省工时和材料;而较差的结构工艺性会使加工困难,加大成本,浪费材料,甚至无法加工。通过对零件的结构特点、精度要求和复杂程度进行分析的过程,可以确定零件所需的加工方法和数控机床的类型和规格。

6.3.4　划分加工阶段

1. 加工阶段的划分

当零件的加工质量要求较高时,都应划分加工阶段进行加工,逐步达到所要求的加工质量。加工阶段一般划分为粗加工、半精加工和精加工三个阶段。如果零件的精度要求特别高,最后还需要安排专门的光整加工阶段。如果毛坯表面比较粗糙,余量也较大,必要时还需要安排荒车加工和初始基准加工。

1)粗加工阶段

粗加工阶段的主要任务是为了去除毛坯上大部分的余量,使毛坯在形状和尺寸上基本接近零件的成品状态。这个阶段最主要的问题是如何获得较高的生产效率。

2)半精加工阶段

半精加工阶段的主要任务是使零件的主要表面达到工艺规定的加工精度,并保留一定的精加工余量,为精加工做好准备。在这个阶段,可以将一些次要表面如钻孔、攻螺纹、铣键槽等加工完毕。

3)精加工阶段

精加工阶段的目的是保证加工零件达到设计图纸所规定的尺寸精度、形位精度和表面质量要求。零件精加工的余量都较小,此阶段主要考虑的问题是如何达到要求的加工精度和表面质量。

4)光整加工阶段

当零件的加工精度要求较高,如尺寸公差等级要求为 IT6 级以上,以及表面粗糙度要求较小($Ra \leqslant 0.2\ \mu m$)时,在精加工阶段之后就必须安排光整加工,以达到最终的设计要求。其主要任务是减小表面粗糙度或进一步提高尺寸精度,一般不用以纠正位置误差。

加工阶段划分是指整个工艺过程而言的,不能以某一工序的特征性质和某一表面的加工来判断。例如有些定位基准面,在半精加工阶段甚至在粗加工阶段中就需加工得很准确。有时为了避免出现尺寸链换算现象,在精加工阶段中,也可以安排某些次要表面的半精加工。

2. 划分加工阶段的原因

1)合理计算和分配加工余量等

许多零件需多个工序加工,每个工序的进刀量(吃刀量)和加工余量的分配对加工质量和效率是直接相关的,划分加工阶段后能明确地合理计算和分配进刀量和加工余量。

2)可保证零件的加工质量

因为零件在粗加工阶段中切除的余量较多,切削力大,切削温度高,所需的夹紧力也大,会使零件产生较大的弹性变形和热变形。同时,加工表面被切除一层金属后,应力要重新分布,也会使零件变形。如果不划分加工阶段,安排在前面的精加工工序的加工效果必然会被后续的粗加工工序所破坏。划分加工阶段的优点在于,粗加工后零件的变形和加工误差可以通过后续的半精加工和精加工消除和修复,因而有利于保证零件最终的加工质量。

3)可合理使用设备

粗加工阶段主要考虑的是如何提高加工效率,对零件的精度要求不高,因此可以选择功率较大、刚性较好、精度不高的数控机床或者是普通机床来进行加工。精加工的目的是达到零件的最终设计要求,也就是要保证零件的加工精度和表面质量,此时应当选择满足零件加工精度的数控机床。划分加工阶段后,就可以充分发挥各种机床的优势,做到设备的合理使用,也有利于维护高精数控设备的加工精度。

4) 可及时发现毛坯缺陷

粗加工切削余量大,若安排在先,可及时发现零件毛坯的各种缺陷,如气孔、砂眼和加工余量不足等,以便采取补救措施。对于无法挽救的毛坯及时报废也可以避免后续加工所导致的无谓浪费。

5) 便于热处理工序的安排

很多零件须在加工工序之间穿插必要的热处理工序,这就需要把加工过程划分为几个阶段,每个阶段都要安排相应的热处理工序来满足零件的加工或性能要求。例如主轴类零件对强度和表面硬度都有较高要求,在粗加工后需要安排去应力处理,在半精加工后安排淬火来提高表面硬度,在精加工后安排表面硬化处理和低温回火以提高表面硬度和零件的强度,最后进行光整加工以保证零件的配合精度要求。

6) 有利于保护加工表面

精加工、光整加工安排在最后,可避免精加工和光整加工后的表面由于零件周转过程中可能出现的碰撞、划伤现象。

当然,划分零件加工阶段并不是绝对的,在应用时要灵活掌握。例如,对于加工质量要求较低、刚性好的零件可以直接加工到最终尺寸;对于毛坯精度高、加工余量小的零件,也可以不划分加工阶段;单件生产通常也不划分加工阶段;对于刚性好的重型零件,由于装夹及运输很费事,最好通过一次装夹,完成尽可能多的加工内容。

6.3.5　数控加工工序规划

当确定了零件表面的加工方法和加工阶段后,就可以将同一加工阶段中各表面的加工组合成若干个工序。

1. 加工工序划分的方法

在数控机床上加工的零件,一般按工序集中的原则划分工序,划分的方法有以下几种。

1) 按所使用刀具划分

以同一把刀具所完成的工艺过程作为一道工序,这种划分方法适用于零件的待加工表面较多的情形。加工中心常采用这种方法完成。

2) 按零件装紧次数划分

以零件一次装夹能够完成的工艺过程作为一道工序,这种方法适合于加工内容不多的零件。在保证零件加工质量的前提下,一次装夹完成全部的加工内容。

3) 按粗精加工划分

将粗加工中完成的那一部分工艺过程作为一道工序,将精加工中完成的那一部分工艺过程作为另一道工序。这种划分方法适用于有强度和硬度要求,需要进行热处理;或零件精度要求较高,需要有效去除内应力;以及零件加工后变形较大,需要按粗、精加工阶段进行划分的零件加工。

4) 按加工部位划分

将完成相同型面的那一部分工艺过程作为一道工序。对于加工表面多而且比较复杂的零件,应合理安排数控加工、热处理和辅助工序的顺序,并解决好工序间的衔接问题。

2. 加工顺序的安排

零件是由多个表面构成的,这些表面有自己的精度要求,各表面之间也有相应的位置精度要求。为了达到零件的设计精度要求,加工顺序安排应遵循一定的原则。

1)先粗后精的原则

各表面的加工顺序按照粗加工、半精加工、精加工和光整加工的顺序进行,目的是逐步提高零件加工表面的精度和表面质量。

如果零件的全部表面均由数控机床加工,工序安排一般按粗加工、半精加工、精加工的顺序进行,即粗加工全部完成后再进行半精加工和精加工。粗加工时可快速去除大部分加工余量,再依次精加工各个表面,这样可提高生产效率,又可保证零件的加工精度和表面粗糙度。该方法适用于位置精度要求较高的加工表面。

但上述加工工序编排并不是绝对的,如对于一些尺寸精度要求较高的加工表面,考虑到零件的刚度、变形及尺寸精度等要求,也可以考虑这些加工表面分别按粗加工、半精加工、精加工的顺序完成。

对于精度要求较高的加工表面,在粗、精加工工序之间,最好安排时效处理工序,可以搁置一段时间,有必要时还应该把零件放在室外时效处理,使粗加工后的零件表面应力得到完全释放,减小零件表面的应力变形程度,这样有利于提高零件的加工精度。

2)基准面先加工原则

加工时,总是把用作精加工基准的表面先加工出来。因为如果定位基准的表面精确,装夹误差就小,所以任何零件在加工过程中,一般先对定位基准面进行粗加工和半精加工,必要时还要进行精加工。例如轴类零件总是先加工中心孔,再以中心孔面和定位孔为精基准加工孔系和其他表面。如果精基准面不止一个,则应该按照基准转换的顺序和逐步提高加工精度的原则来安排基准面的加工。

3)先主后次原则

零件主要工作表面、装配基准面应先加工,从而能及时发现毛坯中主要表面可能出现的缺陷。

4)先面后孔原则

对于箱体类、支架类、机体类等零件,平面轮廓尺寸较大,用平面定位比较稳定可靠,故应先加工平面,后加工孔。这样,不仅使后续的加工有一个稳定可靠的平面作为定位基准面,而且在平整的表面上进行孔加工比较容易一些,也有利于提高孔的加工精度。通常,可按零件的加工部位划分工序,一般先加工简单的几何形状,后加工复杂的几何形状;先加工精度较低的部位,后加工精度较高的部位;先加工平面,后加工孔。

5)先内后外原则

对于精密套筒,其外圆与孔的同轴度要求较高,一般采用先孔后外圆的原则,即先以外圆作为定位基准加工孔,再以精度较高的孔作为定位基准加工外圆,这样可以保证外圆和孔之间具有较高的同轴度要求,而且使用的夹具结构也很简单。

6)减少换刀次数的原则

在数控加工中,应尽可能按刀具进入加工位置的顺序安排加工顺序,这就要求在不影响加工精度的前提下,尽量减少换刀次数,减少空行程,节省辅助时间。零件装夹完后,尽可能使用同一把刀具完成较多的加工表面。当一把刀具完成可能加工的所有部位后,尽量为下道工序做些预加工,然后再换刀完成精加工或加工其他部位。对于一些不重要的部位,尽可能使用同一把刀具完成同一个工位的多道工序的加工。

7) 连续加工的原则

在加工半封闭或封闭的内外轮廓时,要尽量避免数控加工中的突然停顿的现象避免划痕或凹痕。由于零件、刀具、机床这一工艺系统在加工过程中处于短暂的动态平衡状态下,如果数控程序安排使得机床出现突然进给停顿的现象,由于在同一点停留时间变长,切削力此时也会明显减少,就会失去原工艺系统的稳定性,使刀具在停顿处留下比较明显的划痕或凹痕。因此,在轮廓加工中应避免进给停顿的现象,以保证零件的加工质量。

6.3.6　选择走刀路线

走刀路线是数控加工过程中刀具相对于被加工零件的运动轨迹和方向。确定走刀路线是数控工艺分析中一个非常重要的环节,直接关系到零件的加工精度和表面质量。确定走刀路线的一般原则是:

(1) 必须保证零件的加工精度和表面粗糙度;

(2) 方便数值计算,减少编程工作量;

(3) 应尽量缩短走刀路线,减少空行程时间,提高生产率;

(4) 尽量减少程序段数。

我们在选择走刀路线时还要充分注意以下几种情况。

1. 避免引入反向间隙误差

数控机床在反向运动时会出现反向间隙,如果在走刀路线中将反向间隙带入,就会影响刀具的定位精度,增加零件的定位误差。如图 6.9(a)中所示的 4 个孔,当孔的位置精度要求较高时,安排镗孔路线的问题就显得比较重要,安排不当就有可能把坐标轴的反向间隙带入,直接影响孔的位置精度。这里给出两个方案,方案 A 如图 6.9(a)所示,方案 B 如图 6.9(b)所示。

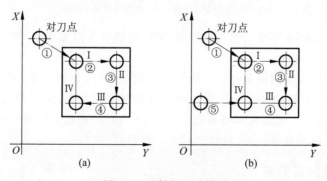

图 6.9　镗铣加工路线图

从图中不难看出,方案 A 中由于Ⅳ孔与Ⅰ、Ⅱ、Ⅲ孔的定位方向相反,X 向的反向间隙会使定位误差增加,从而影响Ⅳ孔的位置精度。

在方案 B 中,当加工完Ⅲ孔后并没有直接在Ⅳ孔处定位,而是多运动了一段距离,然后折回来在Ⅳ孔处定位。这样Ⅰ、Ⅱ、Ⅲ孔与Ⅳ孔的定位方向是一致的,就可以避免引入反向间隙的误差,从而提高了Ⅳ孔与各孔之间的孔距精度。

2. 切入切出路径

铣削轮廓面时一般使用立铣刀侧刃进行切削,当沿法向切入零件时,由于主轴系统和刀具的刚度变化,会在切入处留下刀痕,所以应尽量避免沿法向垂直切入零件。当铣削外表面轮廓形状时,应安排刀具沿零件轮廓曲线的切向逐渐切入零件,并且在其延长线上加入一段外延距离,以避免在零件轮廓切入处产生刻痕,以保证零件轮廓的光滑过渡。同样,在切出零件轮廓时也应从零件曲线的切向延长线上切出,如图 6.10(a)所示。

当铣削内表面轮廓形状时,也应该尽量遵循从切向切入的方法,但此时切入无法外延,最好安排从圆弧过渡到圆弧的加工路线。切出时也应多安排一段过渡圆弧再退刀,如图 6.10(b)所示。当实在无法沿零件曲线的切向切入、切出时,铣刀只有沿法线方向切入和切出。在这种情况下,切入切出点应选零件轮廓两几何要素的交点,而且进给过程中要避免出现停顿现象。

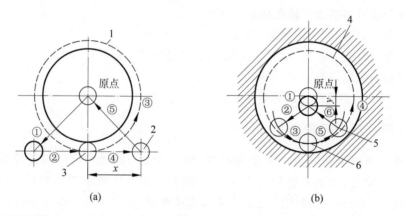

1—刀具运动轨迹;2—取消刀具补偿点;3—圆弧切入点;4—刀具运动轨迹;5—切出点;6—切入点。

图 6.10　铣削圆的加工路线

(a) 铣削外圆加工路径;(b) 铣削内圆加工路径

为消除由于系统刚度变化引起进退刀时的痕迹,通常采用多次走刀的方法,减小最后精铣时的余量,以减小切削力。

在接触加工程序轨迹前应该建立刀具半径补偿,而不能在切入零件时同时进行建立刀具补偿的工作,如图 6.11(a)所示,这样会产生过切现象。为此,应在切入零件前的切向延长线上另找一点,作为完成刀具半径补偿点,如图 6.11(b)所示。同理,加工完成后刀具应该从切向延长线上移动到零件外,再取消刀具半径补偿。

3. 采用顺铣加工方式

在铣削加工中,若铣刀的走刀方向与在切削点的切削速度方向相反,称为逆铣,其铣削厚度是由零开始增大,如图 6.12(a)所示;反之则称为顺铣,其铣削厚度由最大减到零,如图 6.12(b)所示。采用顺铣方式时,零件的表面质量和加工精度较高,刀具的使用寿命也是

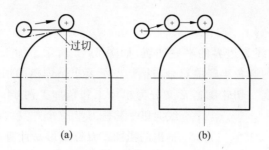

图 6.11　刀具半径补偿点

逆铣时的 2～3 倍，并且可以减少机床的"颤振"。由于数控机床的进给传动装置是滚珠丝杠副，传动间隙很小，所以使用数控机床进行铣削加工时应尽量采用顺铣加工方式。

　　若要铣削如图 6.13 所示内沟槽的两侧面，就应来回走刀两次，保证两侧面都是顺铣加工方式，以使两侧面具有相同的表面加工质量。

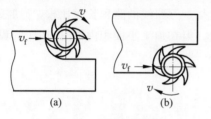

图 6.12　顺铣和逆铣

(a) 逆铣；(b) 顺铣

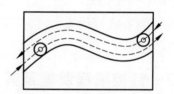

图 6.13　铣削内沟槽的侧面

4. 立体轮廓的加工

　　加工一个曲面时可能采取的三种走刀路线，如图 6.14 所示。即沿参数曲面的 u 向行切、沿 w 向行切和环切。对于直母线类表面，采用图 6.14(b) 所示的方案显然更有利，每次沿直线走刀，刀位点计算简单，程序段少，而且加工过程符合直纹面的形成规律，可以准确保证母线的直线度。图 6.14(a) 所示方案的优点是便于在加工后检验型面的准确度。因此实际生产中最好将以上两种方案结合起来。图 6.14(c) 所示的环切方案一般应用在内槽加工中，在型面加工中由于编程麻烦，一般不用。但在加工螺旋桨桨叶一类零件时，零件刚度小，采用从里到外的环切，有利于减少零件在加工过程中的变形。

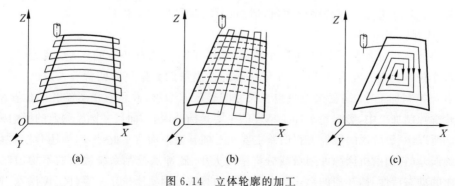

图 6.14　立体轮廓的加工

5. 内槽加工

内槽是指以封闭曲线为边界的平底凹坑,如图 6.15 所示。加工内槽只能使用平底铣刀,其中刀具边缘部分的圆角半径应符合内槽的图纸要求。内槽的切削通常分为两步,首先是切内腔,其次是切轮廓。切轮廓通常又分为粗加工和精加工两步。粗加工时从内槽轮廓线向里平移铣刀半径 R 并且留出精加工余量 Y。由此得出的粗加工刀位线形是计算内腔走刀路线的依据。

切削内腔时,生产中常采用环切和行切这两种方法。这两种走刀路线的共同点是都要切净内腔中的全部面积,不留死角,不伤轮廓,同时尽量减少重复走刀的搭接量。环切法的刀位点计算稍复杂,需要一次一次向里收缩轮廓线,算法的应用局限性稍大,例如当内槽中带有局部凸台时,对于环切法就难于设计通用的算法。从走刀路线的路程长短比较,行切法要略优于环切法。但在加工小面积内槽时,环切的程序量要比行切小一些。

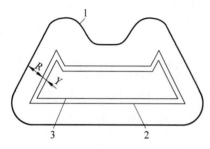

1—内槽轮廓;2—精加工刀位多边形;
3—粗加工刀位多边形。

图 6.15　内槽加工

6.3.7　数控编程误差及其控制

走刀路线是否制定合理对加工误差有较大的影响。数控机床加工特点之一是零件的加工误差不但在加工过程中形成,而且在加工前数控编程阶段就已经产生。数控编程阶段的误差是不可避免的,这是由程序控制的原理本身决定的,因为有些零件轮廓曲线,计算机只能近似生成,形成计算误差和原理误差。在数控编程阶段,图纸上的信息转换成控制系统可以接受的形式,这时会产生近似计算误差、插补误差和尺寸圆整误差。

1) 近似计算误差

这是用近似计算方法处理列表曲线、曲面轮廓时所产生的逼近误差。例如用样条或参数曲面等近似方程所表示的形状与原始零件之间有误差。因为这类误差较小,所以可以忽略不计。

2) 插补误差

这是用直线或圆弧段逼近零件轮廓曲线所产生的误差。减小插补误差的最简单方法是密化插补点;但是这会增加程序段数目,增加计算、编程等的工作量。

3) 尺寸圆整误差

这是将计算尺寸换算成机床的脉冲当量时,由于圆整化所产生的误差。数控机床能反映出的最小位移量是一个脉冲当量,小于一个脉冲当量的数据只能四舍五入,故此产生了误差。在点位控制加工中,编程误差只包含尺寸圆整误差一项,并且直接影响孔的位置精度。

在轮廓控制加工中,影响轮廓加工精度的主要是插补误差,而尺寸圆整误差的影响则居次要地位。所以,一般所说的数控编程误差主要是对插补误差而言。此外,因为还有控制系统与拖动系统误差(它们由机床脉冲当量或分辨率的大小、脉冲从控制系统输出的不均匀性、控制系统品质的动态特性、插补器的形式与实现插补的算法等因素所决定),零件定位误差,对刀误差,刀具磨损误差,零件变形误差等,所以,零件图纸上给出的公差,只有小部分允许分配给编程中所产生的误差。目前,一般取允许的编程误差等于零件公差的 0.1～0.2 倍。

6.4　数控加工刀具与切削用量的选择

6.4.1　数控加工刀具的选择

一般情况下,数控机床主轴的转速比普通机床主轴的转速高 1～2 倍,并能在大切削用量情况下实现长时间的无人自动加工。因此,数控机床的刀具比普通机床刀具的要求要严格得多,不仅要求具有较高的强度、刚度和寿命,而且要求尺寸稳定、安装调整方便。

1. 影响数控刀具选择的因素

在选择刀具的类型和规格时,主要考虑以下因素的影响。

(1) 生产性质　在这里生产性质指的是零件的批量大小,主要从加工成本上考虑对刀具选择的影响。例如,在大量生产时采用特殊刀具,可能是合算的,而在单件或小批量生产时,选择标准刀具更适合一些。

(2) 机床类型　完成该工序所用的数控机床对选择的刀具类型(钻头、车刀或铣刀)有影响。在能够保证机床、零件、夹具和刀具系统刚性好的条件下,允许采用高生产率的刀具,例如高速切削车刀和大进给量车刀。

(3) 数控加工工艺方案　不同的数控加工方案可以采用不同类型的刀具。例如,孔的加工可以用钻及扩孔钻,也可用钻和镗刀来进行加工。

(4) 零件的尺寸及外形　零件的尺寸及外形也影响刀具类型和规格的选择,例如,特型表面要采用特殊的刀具来加工。

(5) 加工表面粗糙度　加工表面粗糙度影响刀具的结构形状和切削用量,例如,毛坯粗铣加工时,可采用粗齿铣刀,精铣时最好用细齿铣刀。

(6) 加工精度　加工精度影响精加工刀具的类型和结构形状,例如,孔的最后加工依据孔的精度可用钻、扩孔钻、铰刀、镗刀或磨头来加工。

(7) 零件材料　零件材料将决定刀具材料和切削部分几何参数的选择,刀具材料还与零件的加工精度、材料硬度等有关。

2. 数控刀具的性能要求

由于数控机床具有加工精度高、加工效率高、加工工序集中和零件装夹次数少的特点,对所使用的数控刀具提出了更高的要求。从刀具性能上讲,数控刀具应高于普通机床所使用的刀具。

选择数控刀具时,首先应优先选用标准刀具,必要时才可选用各种高效率的复合刀具及特殊的专用刀具。在选择标准数控刀具时,应结合实际情况,尽可能选用各种先进刀具,如可转位刀具、整体硬质合金刀具等。

在选择数控机床加工刀具时,还应考虑以下几方面的问题。数控刀具的类型、规格和精度等级应能够满足加工要求,刀具材料应与零件材料相适应。

(1) 切削性能好　为适应刀具在粗加工或对难加工材料的零件加工时能采用较大的背吃刀量和进给量,刀具应具有能够承受高速切削和强力切削的性能。同时,同一批刀具在切削性能和刀具寿命方面一定要稳定,以便实现按刀具使用寿命换刀或由数控系统对刀具寿命进行管理。

(2) 精度高　为适应数控加工的高精度和自动换刀等要求,刀具必须具有较高的精度,如有的整体式立铣刀的径向尺寸精度高达 0.005 mm。

(3) 可靠性高　要保证数控加工中不会发生刀具意外损伤及潜在缺陷而影响到加工的顺利进行,要求刀具及与之组合的附件必须具有很好的可靠性及较强的适应性。

(4) 耐用度高　数控加工的刀具,不论在粗加工或精加工中,都应具有比普通机床加工所用刀具更高的耐用度,以尽量减少更换或修磨刀具及对刀的次数,从而提高数控机床的加工效率和保证加工质量。

(5) 断屑及排屑性能好　数控加工中,断屑和排屑不像普通机床加工那样能及时由人工处理,切屑易缠绕在刀具和零件上,会损坏刀具和划伤零件已加工表面,甚至会发生伤人和设备事故,影响加工质量和机床的安全运行,所以要求刀具具有较好的断屑和排屑性能。

3. 刀具的选择方法

刀具的选择是数控加工工艺中的重要内容之一,不仅影响机床的加工效率,而且直接影响零件的加工质量。由于数控机床的主轴转速及范围远远高于普通机床,而且主轴输出功率较大,因此与传统加工方法相比,对数控加工刀具提出了更高的要求,包括精度高、强度大、刚性好、耐用度高,而且要求尺寸稳定,安装调整方便。这就要求刀具的结构合理,几何参数标准化、系列化。合理选用数控刀具是提高加工效率的先决条件之一,具体选用时应考虑以下方面。

(1) 根据零件材料的切削性能选择刀具　如车或铣高强度钢、钛合金、不锈钢零件,建议选择耐磨性较好的可转位硬质合金刀具。

(2) 根据零件的加工阶段选择刀具　即粗加工阶段以去料为主,应选择刚性较好、精度不高的刀具;半精加工、精加工阶段以保证零件的加工精度和产品质量为主,应选择耐用度高、精度较高的刀具。如果粗、精加工选择相同的刀具,则最好粗加工时选用精加工淘汰下来的刀具,因为精加工淘汰的刀具其磨损情况大多为刃部轻微磨损,将涂层磨损修光,继续使用会影响精加工的加工质量,但对粗加工的影响较小。

(3) 根据加工区域的特点选择刀具和几何参数　在零件结构允许的情况下应选用大直径、长径比值小的刀具;切削薄壁、超薄壁零件的过中心铣刀端刃应有足够的向心角,以减少刀具和切削部位的切削力;加工铝、铜等较软材料零件时应选择前角稍大一些的立铣刀,齿数也不要超过 4 齿。

选取刀具时,要使刀具的尺寸与被加工零件的表面尺寸相适应。生产中,平面零件周边轮廓的加工,常采用立铣刀;铣削平面时,应选硬质合金刀片铣刀;加工凸台、凹槽时,选高速钢立铣刀;加工毛坯表面或粗加工孔时,可选取镶硬质合金刀片的玉米铣刀;对一些立体型面和变斜角轮廓外形的加工,常采用球头铣刀、环形铣刀、锥形铣刀和盘形铣刀。

进行自由曲面加工时,由于球头刀具的端部切削速度为零,因此,为保证加工精度,切削行距一般很小,故球头铣刀适用于空间曲面的精加工。而端铣刀无论是在表面加工质量上还是在加工效率上都远远优于球头铣刀,因此,在确保零件加工不过切的前提下,粗加工和半精加工曲面时,尽量选择端铣刀。另外,刀具的耐用度和精度与刀具价格关系极大,必须引起注意的是,在大多数情况下,选择好的刀具虽然增加了刀具成本,但由此带来的加工质量和加工效率的提高,可以使整个加工成本大大降低。

对于加工中心来说,所有刀具全都预先装在刀库里,通过数控程序的选刀和换刀指令进行相应的换刀操作。必须选用适合机床刀具系统规格的相应标准刀柄,以便数控加工用刀具能够迅速、准确地安装到机床主轴上或返回刀库。编程人员应能够了解机床所用刀柄的结构尺寸、调整方法以及调整范围等方面的信息,以保证在编程时确定刀具的径向和轴向尺寸,合理安排刀具的排列顺序。

6.4.2　切削用量的选择

1. 切削用量的选择原则

数控编程时,编程人员必须确定每道工序的切削用量,包括主轴转速、背吃刀量、进给速度等,并以数控系统规定的格式输入到程序中。合理地选择切削用量,对零件的表面质量、精度、加工效率影响很大。

切削用量的选择基本原则是:粗加工时以提高生产效率为主,同时兼顾经济性和加工成本的考虑,故粗加工时切削用量选择较大;半精加工和精加工时,主要是要保证零件的加工质量,故精加工时切削用量选择较小。值得注意的是,切削用量(主轴转速、切削深度及进给量)是一个有机的整体,只有三者相互适应,达到最合理的匹配值,才是最佳的切削用量。

确定切削用量时应根据加工性质、加工要求,零件材料及刀具的尺寸和材料性能等方面的具体要求,通过查阅切削手册并结合经验加以确定。确定切削用量时除了遵循一般的原则和方法外,还应考虑以下因素的影响。

(1) 刀具差异的影响　不同的刀具厂家生产的刀具质量差异较大,所以切削用量需根据实际用刀具和现场经验加以修正。

(2) 机床特性的影响　切削性能受数控机床的功率和机床的刚性限制,必须在机床说明书规定的范围内选择。避免因机床功率不够发生闷车现象,或刚性不足产生大的机床振动现象,影响零件的加工质量、精度和表面粗糙度。

(3) 数控机床生产率的影响　数控机床的工时费用较高,相对而言,刀具的损耗成本所占的比重较低,应尽量采用高的切削用量,通过适当降低刀具寿命来提高数控机床的生产率。

2. 切削用量的选择

切削用量应按照以下步骤和顺序进行选择。

1) 确定背吃刀量 a_p

背吃刀量 a_p(mm)的大小主要依据机床、夹具、刀具和零件组成的工艺系统的刚度来决定。粗加工时,除了留有必要的半精加工和精加工余量外,在工艺系统刚性允许的条件下,应以最少的次数完成粗加工。留给精加工的余量应大于零件的变形量和确保零件表面完整性。在数控加工中,为保证零件的加工精度和表面粗糙度,建议留少量的加工余量(0.2~0.5 mm),在最后的精加工中沿零件轮廓走一刀。粗加工时 a_p 取 5~8 mm,半精加工时取 3~5 mm,精加工时取 0.2~2 mm。

2) 进给量 f 或进给速度 v_f 的选择

进给量 f 是切削时工件每转一圈车刀沿进给方向的相对位移量,单位为 mm/r。$v_f = f \cdot n$。

进给量或进给速度在数控机床上是使用进给功能字 F 表示的,F 是数控机床切削用量中的一个重要参数,主要依据零件的加工精度和表面粗糙度要求,以及所使用的刀具和零件材料来确定。零件的加工精度要求越高,表面粗糙度值要求越低时,选择的进给量数值就越小。实际中,应综合考虑机床、刀具、夹具和被加工零件精度、材料的机械性能、曲率变化、结构刚性、工艺系统的刚性及断屑情况,选择合适的进给速度。

在轮廓加工中选择进给量 f 时,应注意在轮廓拐角处的"超程"问题,特别是在拐角较大而且进给量也较大时,应在接近拐角处适当降低速度,而在拐角过后再逐渐提速的方法来保证加工精度。

表 6.1 是硬质合金车刀粗车外圆及端面的进给量参考值,表 6.2 是按表面粗糙度选择进给量的参考值,供参考选用。

表 6.1 硬质合金车刀粗车外圆及端面的进给量

工件材料	刀杆尺寸 $B \times H$ /(mm×mm)	工件直径 d_w/mm	背吃刀量 a_p/mm				
			≤3	>3~5	>5~8	>8~12	>12
			进给量 f/(mm/r)				
碳素结构钢 合金结构钢 耐热钢	16×25	20	0.3~0.4				
		40	0.4~0.5	0.3~0.4			
		60	0.5~0.7	0.4~0.6	0.3~0.5		
		100	0.6~0.9	0.5~0.7	0.5~0.6	0.4~0.5	
		400	0.8~1.2	0.7~1.0	0.6~0.8	0.5~0.6	
	20×30 25×25	20	0.3~0.4				
		40	0.4~0.5	0.3~0.4			
		60	0.5~0.7	0.5~0.7	0.4~0.6		
		100	0.8~1.0	0.7~0.9	0.5~0.7	0.4~0.7	
		400	1.2~1.4	1.0~1.2	0.8~1.0	0.6~0.9	0.4~0.6
铸铁 铜合金	16×25	40	0.4~0.5				
		60	0.5~0.8	0.5~0.8	0.4~0.6		
		100	0.8~1.2	0.7~1.0	0.6~0.8	0.5~0.7	
		400	1.0~1.4	1.0~1.2	0.8~1.0	0.6~0.8	
	20×30 25×25	40	0.4~0.5				
		60	0.5~0.9	0.5~0.8	0.4~0.7		
		100	0.9~1.3	0.8~1.2	0.7~1.0	0.5~0.8	
		400	1.2~1.8	1.2~1.6	1.0~1.3	0.9~1.1	0.7~0.9

注:1. 加工断续表面及有冲击工件时,表中进给量应乘系数 $k=0.75 \sim 0.85$。

2. 在无外皮加工时,表中进给量应乘系数 $k=1.1$。

3. 在加工耐热钢及合金钢时,进给量不大于 1 mm/r。

4. 加工淬硬钢,进给量应减小。当钢的硬度为 44~56HRC 时,应乘系数 $k=0.8$;当钢的硬度为 56~62HRC 时,应乘系数 $k=0.5$。

表 6.2　按表面粗糙度选择进给量 f 的参考值

工件材料	表面粗糙度 $Ra/\mu m$	切削速度范围 $v_c/(m/min)$	刀尖圆弧半径 r/mm		
			0.5	1.0	2.0
			进给量 $f/(mm/r)$		
铸铁、青钢、铝合金	>5~10	不限	0.25~0.40	0.40~0.50	0.50~0.60
	>2.5~5.0		0.15~0.25	0.25~0.40	0.40~0.60
	>1.25~2.5		0.10~0.15	0.15~0.20	0.20~0.35
碳钢及合金钢	>5~10	<50	0.30~0.50	0.45~0.60	0.55~0.70
		>50	0.40~0.55	0.55~0.65	0.65~0.70
	>2.5~5.0	<50	0.18~0.25	0.25~0.30	0.30~0.40
		>50	0.25~0.30	0.30~0.40	0.30~0.50
	>1.25~2.5	<50	0.10	0.11~0.15	0.15~0.22
		50~100	0.11~0.16	0.16~0.25	0.25~0.35
		>100	0.16~0.20	0.20~0.25	0.25~0.35

注：r=0.5 mm,用于 12 mm×12 mm 及以下刀杆；r=1 mm,用于 30 mm×30 mm 以下刀杆；r=2 mm,用于 30 mm×45 mm 以下刀杆。

3）切削速度 v_c 的选择

切削速度 v_c 与刀具耐用度关系比较密切,随着 v_c 的加大,刀具耐用度将急剧下降,故 v_c 的选择主要取决于刀具耐用度。切削速度 v_c 对加工表面质量影响很大。

主轴转速 $n(r/min)$ 主要根据刀具允许的切削速度 $v_c(m/min)$ 确定：

$$n = 1000v_c/(\pi \cdot d)$$

式中，v_c 为切削速度,m/min；d 为零件或刀具的直径,mm。

切削速度还与加工部位的直径、零件的材料、加工性质等有密切关系。切削速度选取方法除了计算和查表外,还可根据实践经验确定。表 6.3 为硬质合金外圆车刀切削速度的参考值,供选用时参考。

表 6.3　硬质合金外圆车刀切削速度 v_c 的参考值

工 件 材 料	热处理状态	$a_p=0.3~0.2$ mm $f=0.08~0.30$ mm/r	$a_p=2~6$ mm $f=0.3~0.6$ mm/r	$a_p=6~10$ mm $f=0.6~1.0$ mm/r
		$v_c/(m/min)$		
低碳钢、易切钢	热轧	140~180	100~120	70~90
中碳钢	热轧	130~160	90~100	60~80
	调质	100~130	70~90	50~70
合金结构钢	热轧	100~130	70~90	50~70
	调质	80~110	50~70	40~60
工具钢	退火	90~120	60~80	50~70
灰铸铁	<190HBS	90~120	60~80	50~70
	190~225HBS	80~110	50~70	40~60
高锰钢(Mn13%)			10~20	
铜、铜合金		200~250	120~180	90~120
铝、铝合金		300~600	200~400	150~200
铸铝合金		100~180	80~150	60~100

说明：切削钢、灰铸铁时的刀具耐用度约为 60 min。

由切削速度 v_c 确定主轴转速 n 后,必须按照数控机床控制系统所规定的格式用功能字 S 写入数控程序中。在实际操作中,操作者可以根据实际加工情况,通过适当调整数控机床控制面板上的主轴转速倍率开关,来控制主轴转速的大小,以确定最佳的主轴转速。

随着数控机床在生产实际中的广泛应用,数控编程已经成为数控加工中的关键问题之一。在数控程序的编制过程中,要在人机交互状态下即时选择刀具和确定切削用量。因此,编程人员必须熟悉刀具的选择方法和切削用量的确定原则,从而保证零件的加工质量和加工效率,充分发挥数控机床的优点,提高企业的经济效益和生产水平。

6.5　数控机床上工件的装夹

6.5.1　零件装夹注意事项

在确定零件装夹方案时,要根据零件上已选定的定位基准确定零件的定位夹紧方式,并选择合适的夹具,此时,主要考虑以下几点。

1) 夹具的结构及其有关元件不得影响刀具的进给运动

零件的加工部位要敞开。要求夹持零件后夹具上的一些组件不能与刀具运动轨迹发生干涉。对有些箱体零件加工可以利用内部空间来安排夹紧机构,将其加工表面敞开。如果在卧式加工中心上对零件四周进行加工,很难安排夹具的定位和夹紧装置,则可以采取适当减少加工表面,预留出定位夹紧元件的空间。

2) 必须保证最小的夹紧变形

在机械加工中,如果切削力大,需要的加紧力也大,要防止零件夹压而影响加工精度。因此必须慎重选择夹具的支撑点和夹紧力作用点。应使夹紧力作用点通过或靠近支撑点,避免把夹紧力作用在零件的中空区域。

如果采用了相应措施仍不能控制零件受力变形对加工精度的影响,则只能将粗、精加工分开,或者粗、精加工采用不同的夹紧力。可以在粗加工时采用较大的夹紧力,精铣时放松零件,然后重新用较小夹紧力夹紧零件,从而减少精加工时零件的夹紧变形,保证精加工时的加工精度。

3) 要求夹具装卸零件方便,辅助时间尽量短

由于加工中心的加工效率高,装夹零件的辅助时间对加工效率影响较大,所以要求配套夹具装卸零件时间短,而且定位要可靠。数控加工夹具应尽可能使用气动、液压和电动等自动夹紧装置实现快速夹紧,以缩短辅助时间。

4) 考虑多件夹紧

对小型零件或加工时间较短零件,应考虑在工作台上多件夹紧,以提高加工效率。

5) 夹具结构力求简单

在加工中心上加工零件大多都采用工序集中的原则,零件的加工部位较多,而批量较小,夹具的标准化、通用化和自动化对加工效率的提高及加工费用的降低有很大影响。因此,对批量小的零件应优先选用组合夹具。对形状简单的单件小批生产的零件,可选用通用

夹具,如三角卡盘和平口钳等。只有批量大、周期性投产、加工精度要求较高的关键工序才设计专用夹具,以保证加工精度和提高生产效率。

6) 夹具应便于在机床工作台上装夹

数控机床矩形工作台面上一般都有基准 T 形槽,转台中心有定位圈,工作台面侧面有基准挡板等定位元件,可使夹具在机床上定位。夹具在机床上的固定方式一般用 T 形槽定位键或直接找正定位,用 T 形螺钉和压板夹紧。夹具上用于紧固的孔和槽的位置必须与工作台的 T 形槽和孔的位置相对应。

7) 编程原点设置在夹具上

对基准点不方便测定的零件,可以不用零件基准点为编程原点,而在夹具上设置找正面,以该找正面为编程原点,把编程原点设置在夹具上。

6.5.2 数控机床上零件装夹的方法

数控机床上零件装夹通常用四种方法:

(1) 使用平口钳装夹零件;

(2) 用压板、弯板、V 形块、T 形栓装夹零件;

(3) 零件通过托盘装夹在工作台;

(4) 用通用夹具、专用夹具等装夹零件。

加工过程中如需要多次装夹零件,应采用同一组精基准定位(即遵循基准重合原则)。否则,因基准转换,会引起较大的定位误差。

6.5.3 使用平口虎钳装夹零件

平口虎钳的固定钳口是装夹零件时的定位元件,通常采用找正固定钳口的位置使平口虎钳在机床上定位,即以固定钳口为基准确定虎钳在工作台上的位置。多数情况要求固定钳口无论是纵向使用或横向使用,必须与机床导轨运动方向平行,同时还要求固定钳口的工作面要与工作台面垂直。找正方法是:将百分表的表座固定在铣床的主轴或床身某一适当位置,使百分表测量头与固定钳口的工作表面相接触。此时,纵向或横向移动工作台,观察百分表的读数变化,即反映出虎钳固定钳口与纵向或横向进给运动的平行度。若沿垂直方向移动工作台,则可测出固定钳口与工作台台面垂直度。

平口虎钳的实物图如图 6.16 所示。

平口虎钳的钳口可以制成多种形式,更换不同形式的钳口,可扩大机床用平口虎钳的使用范围。

正确而合理地使用平口虎钳,不仅能保证装夹零件的定位精度,而且可以保持虎钳本身的精度,延长其使用寿命。使用平口钳时应注意以下几点。

图 6.16 平口虎钳

（1）随时清理切屑及油污,保持虎钳导轨面的润滑与清洁。

（2）维护好固定钳口并以其为基准,校正虎钳在工作台上的位置。

（3）为使夹紧可靠,尽量使零件与钳口工作面接触面积大些,夹持短于钳口宽度的零件应尽量用中间均等部位。

（4）装夹零件不宜高出钳口过多,必要时可在两钳口处加适当厚度的垫板。

（5）装夹较长零件时,可用两台或多台虎钳同时夹紧,以保证夹紧可靠,并防止切削时发生振动。

（6）要根据零件的材料和几何廓形确定适当的夹紧力,不可过小,也不能过大,也不允许任意加长虎钳手柄。

（7）在加工相互平行或相互垂直的零件表面时,可在零件与固定钳口之间,或零件与虎钳的水平导轨间垫适当厚度的纸片或薄铜片,以提高零件的定位精度。

（8）在铣削时,应尽量使水平铣削分力的方向指向固定钳口。

（9）应注意选择零件在虎钳上的安装位置,避免在夹紧时虎钳单边受力,必要时还要辅加支承垫铁。

（10）夹持表面光洁的零件时,应在零件与钳口间加垫片,以防止划伤零件表面。夹持粗糙毛坯表面时,也应在零件与钳口间加垫片,这样做既可以保护钳口,又能提高零件的装夹刚性。上述垫片可用铜或铝等软质材料制作。应指出的是,加垫片后不应影响零件的装夹精度。

（11）为提高万能(回转式)虎钳的刚性,增加切削稳定性,可将虎钳座取下,把钳身直接固定在工作台上。

（12）为保证零件夹紧后,其基准面仍能与固定钳口工作表面很好地贴合,可在活动钳口与零件间加一金属圆棒。使用金属圆棒时,应注意选择垫夹位置高度及与钳口的平行度。

6.5.4　使用压板和 T 形槽用螺钉固定零件

使用 T 形槽用螺钉和压板通过机床工作台的 T 形槽,可以把零件、夹具或其他机床附件固定在工作台上。使用 T 形槽用螺钉和压板固定零件时,应注意以下几点。

（1）压板螺钉应尽量靠近零件而不是靠近垫铁,以获得较大的压紧力。

（2）垫铁的高度应与零件的被压点高度相同,有时允许垫铁高度略高一些。用平压板时,垫铁高度不允许低于零件被压点的高度,以防止压板倾斜削弱夹紧力。

（3）使用压板固定零件时其压点应尽量靠近切削位置。使用压板的数目不得少于两个,而且压板要压在零件的实处,若零件下面悬空时,必须附加垫铁(垫片)或用千斤顶支承。

（4）根据零件的形状、刚性和加工特点确定夹紧力的大小,既要防止由于夹紧力过小造成零件松动,又要避免夹紧力过大使零件变形。一般精铣时的夹紧力小于粗铣夹紧力。

（5）如果压板夹紧力作用点在零件已加工表面上,应在压板与零件间加铜质或铝质垫片,以防止零件表面被压伤。

（6）在工作台面上夹紧毛坯时,为保护工作台面,应在零件与工作台面间加垫软金属垫片。如果在工作台面上夹紧较薄且有一定面积的已加工表面时,可在零件与工作台面间加垫纸片增加摩擦,这样做既可提高夹紧的可靠性,同时也保护了工作台面。

(7) 所使用的压板与 T 形槽用螺钉应进行必要的热处理,以提高其强度和刚性,防止工作时发生变形削弱夹紧力。

压板的实物图如图 6.17 所示。

图 6.17　压板

6.5.5　弯板的使用

弯板(或称角铁)主要用来固定长度和宽度较大,而且厚度较小的零件。使用弯板时应注意以下几点。

(1) 弯板在工作台上的固定位置必须正确,弯板的立面必须与工作台台面相垂直。多数情况下,还要求弯板立面与工作台的纵向进给方向或横向进给方向平行。

(2) 零件与弯板立面的安装接触面积应尽量加大。

(3) 夹紧零件时,应尽可能多地使用螺栓压板或弓形夹。

(4) 弯板在工作台上位置的校正方法与机用平口虎钳在工作台上位置的校正方法相似。

弯板的实物图如图 6.18 所示。

图 6.18　弯板

6.5.6　V形块的使用

1. 装夹轴类零件时选用 V 形块的方法

常见的 V 形块有夹角为 90°和 120°的两种槽形。无论使用哪一种槽形,在装夹轴类零件时均应使轴的定位表面与 V 形块的 V 形面相切,根据轴的定位直径选择 V 形块槽口宽 B 的尺寸。V 形槽的槽口宽 B 应满足:

$$B > d\cos(a/2)$$

式中,B 为 V 形槽的槽口;d 为零件的直径;a 为 V 形槽的 V 形角。

简化公式为:当 $a = 90°$时,$B > 0.707d$;当 $a = 120°$时,$B > 0.5d$。

选用较大的 V 形块有利于提高轴在 V 形块的定位精度。

V 形块的实物图如图 6.19 所示。

图 6.19　V 形块

2. 在机床工作台上找正 V 形块的位置

在机床工作台上正确安装 V 形块的位置,要求 V 形槽的方向与工作台纵向或横向进给方向平行。安装 V 形块时可用如下方法找其平行度:将百分表座及百分表固定在机床主轴或床身某一适当位置,使百分表测头与 V 形块的一个 V 形面接触,纵向或横向移动工作台即测出 V 形块与(工作台纵向或横向)移动方向的平行度,然后根据所测得的数值调整 V 形块的位置,直至满足要求为止。一般情况平行度允许值为 0.02/100。

3. 用 V 形块装夹轴类零件时注意事项

(1) 注意保持 V 形块两斜面的清洁,无鳞刺,无锈斑,使用前应清除污垢。

(2) 装卸零件时防止碰撞,以免影响 V 形块精度。

(3) 在 V 形块与机床工作台及零件定位表面间,不得有棉丝毛及切屑等杂物。

(4) 根据零件的定位直径,合理选择 V 形块。

(5) 校正好 V 形块在铣床工作台的位置(以平行度为准)。

(6) 尽量使轴的定位表面与 V 形斜面多接触。

（7）V 形块的位置应尽可能地靠近切削位置，以防止切削振动时 V 形块移动。

（8）使用两个 V 形块装夹较长的零件时，应注意调整好 V 形块与工作台进给方向的平行度及轴心线与工作台的平行度。

6.5.7　零件通过托盘装夹在工作台上

如果零件四周需要进行加工，因走刀路径的影响，很难安排装夹零件所需要的定位和夹紧装置，这时可用托盘装夹零件。

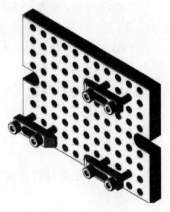

装夹步骤：零件通过螺钉紧固在托盘上；找正零件，使零件在工作台上定位；用压板和 T 形槽用螺钉把托盘夹紧在机床工作台上，或用平口钳夹紧托盘，这就避免了走刀时刀具与夹紧装置的干涉。

托盘的实物图如图 6.20 所示。

图 6.20　托盘

6.5.8　使用组合夹具、专用夹具等

传统组合或专用夹具一般具有零件的定位、夹紧、刀具的导向和对刀等四种功能，而数控机床上由程序控制刀具的运动，不需要利用夹具限制刀具的位置，即不需要夹具的对刀和导向功能，所以数控机床所用夹具只要求具有零件的定位和夹紧功能，其所用夹具的结构一般比较简单。

6.6　数控加工程序的组成及各指令的应用

6.6.1　程序的组成

一个完整的程序由程序号、程序内容和程序结束三部分组成。

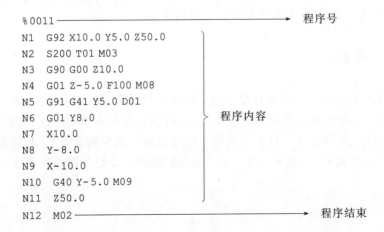

```
%0011 ─────────────────────────────→ 程序号
N1    G92 X10.0 Y5.0 Z50.0
N2    S200 T01 M03
N3    G90 G00 Z10.0
N4    G01 Z-5.0 F100 M08
N5    G91 G41 Y5.0 D01
N6    G01 Y8.0                          程序内容
N7    X10.0
N8    Y-8.0
N9    X-10.0
N10   G40 Y-5.0 M09
N11   Z50.0
N12   M02 ─────────────────────────→ 程序结束
```

（1）程序号：程序编号。其主要用以区别数控系统中存储的程序。不同的数控系统，程序号地址符也有所不同，一般常用％、O、P 等。编程时一定要按说明书所规定的符号去编写指令，否则系统不会执行。

（2）程序内容：是整个程序的核心。它由多个程序段组成，每个程序段由一个或多个指令构成，表示机床要执行的运动和动作。

（3）程序结束：以 M02 或 M30 作为整个程序的结束指令。

6.6.2　程序的格式

程序的格式指程序段中指令的排列顺序和书写规则，不同的数控系统往往有不同的程序段格式。

目前广泛采用地址符可变程序段格式（字地址程序段格式），各种指令字组合而成的一行成为程序段。

N03	G91 G01	X50 Y60	F200	S400	M03	M07
程序段号	G指令	尺寸指令	进给速度指令	主轴转速指令	主轴正转	切削液开

地址符可变程序段格式的特点：

（1）程序段中的每个指令均以字母（地址符）开始，其后再跟数字或无符号的数字；

（2）指令字在程序段中的顺序没有严格的规定，即可以任意顺序的书写；

（3）与上段相同的模态指令（包括 G、M、F、S 及尺寸指令等）可以省略不写；

（4）华中数控系统的程序段结束符不用分号";"，只用空格就行。

程序段号 N 用于识别不同的程序段，数控系统不是按顺序号的次序来执行程序，而是按照程序段编写时的排列顺序逐段执行。程序段号的一般使用方法：

（1）一般不用程序段号；

（2）不是程序段的必用字，对于整个程序，可以每个段都用，也可部分用，也可不用。建议以 N10 开始，以间隔 10 递增，以便在调试程序时插入新的程序段。

6.6.3　程序指令一览表

下面以华中世纪星数控系统为例介绍编制程序的一些标准和规范，该系统所用指令和 ISO 规定的指令基本一致。指令有两种形式：一种是非模态代码（它只在书写了该代码的程序段中有效）；另一种是模态代码（它一旦在一个程序中指定便一直保持有效）。数控程序段中主要指令字符的含义见表 6.4。在零件加工程序中，准备功能 G 指令和辅助功能 M 指令是最主要的指令。

表 6.4　指令字符一览表

机　能	地　址　符	意　　义
零件程序号	%或 O	程序编号：1～9999
程序段号	N	程序段编号：N1～N9999
准备功能	G	指令动作方式(直线、圆弧等)G00～G99
尺寸字	X,Y,Z A,B,C U,V,W	坐标轴的移动命令±99999.999
	R	圆弧的半径
	I,J,K	圆弧中心相对起点的坐标位置
进给速度	F	进给速度的指定　F0～F15000
主轴功能	S	主轴旋转速度的指定　S0～S9999
刀具功能	T	刀具编号的指定　T0～T99,T000～T9999
辅助功能	M	机床侧开/关控制的指定　M0～M99
补偿号	H,D	刀具补偿号的指定　00～99
暂停	P,X	暂停时间的指定　s
程序号的指定	P	子程序号的指定　P1～P9999
重复次数	L	子程序的重复次数：L2～L9999

注意：当输入程序时必须先输入文件名，而文件名必须用英文字母"O"开头，后面可跟上任意的数字和字母，便于记忆即可。而在编辑区内程序名可用"%"或"O"开头，后面必须跟上四位以内的数字，一般用"%"便于和文件名区别。

（1）M 指令主要用于控制机床的各种开关，其功能见表 6.5。

表 6.5　辅助功能 M 代码及其功能

代　码	模态代码	功能说明	代　码	模态代码	功能说明
M00	非模态	程序停止	M03	模态	主轴正转启动
M01	非模态	选择停止	M04	模态	主轴反转启动
M02	非模态	程序结束	M05	模态	主轴停止转动
M30	非模态	程序结束并返回程序起点	★M06	模态	换刀
M98	非模态	调用子程序	M07	模态	切削液打开
M99	非模态	子程序结束	★M09	模态	切削液停止

注：表中带"★"的表示该 M 代码为默认值。

（2）准备功能 G 指令由 G 后跟二位数值组成(见表 6.6 和表 6.7)，它用来规定刀具和工件的相对运动轨迹(即指令插补功能)、机床坐标系、坐标平面、刀具补偿、坐标偏置等，组成方式为 G00～G99。

使用中需注意：①常用的 G 代码的定义大多是固定；②不同的机床系统有着不同的定义；③编程使用前必须熟悉了解所用机床的使用说明书或编程手册。

表 6.6　数控车床准备功能代码表

G 代码	组号	功 能	参数(后续地址字)
★G00	01	快速定位	X,Z
G01		直线插补	
G02		顺圆插补	X,Z,I,K,R
G03		逆圆插补	
G04	00	暂停	P
G20	08	英寸输入	X,Z
★G21		毫米输入	
G28	00	返回刀参考点	
G29		由参考点返回	
G32	01	螺纹切削	X,Z,R,E,P,F
★G36	17	直径编程	
G37		半径编程	
G40	09	刀尖半径补偿取消	T
G41		左刀补	
G42		右刀补	
★G54	11	坐标系选择	
G55			
G56			
G57			
G58			
G59			
G65		宏指令简单调用	
G71	06	外径/内径车削复合循环	X,Z,U,W,C,P,
G72		端面车削复合循环	Q,R,E
G73		闭环车削循环	
G76		螺纹切削复合循环	
★G80		外径/内径车削固定循环	X,Z,I,K,C,P,
G81		端面车削固定循环	R,E
G82		螺纹切削固定循环	
★G90	14	绝对编程	
G91		相对编程	
G92	00	工件坐标系设定	X,Z
★G94	14	每分钟进给	
G95		每转进给	
G96	16	恒线速度切削	S
★G97			

表 6.7　数控铣床准备功能代码表

G 代码	组号	功　　能	后续地址字
★G00		快速定位	X,Y,Z,A,B,C,U,V,W
G01	01	直线插补	
G02		顺圆插补	X, Y, Z, U, V, W, I, J, K, R
G03		逆圆插补	
G04		暂停	P
G07	00	虚轴指定	X,Y,Z,A,B,U,V,W
G09		准停校验	
★G17		X(U),Y(V)平面选择	X,Y,U,V
G18	02	Z(W),X(U)平面选择	X,Z,U,W
G19		Y(V),Z(W)平面选择	Y,Z,V,W
G20		英寸输入	
★G21	08	毫米输入	
G22		脉冲当量	
G24	03	镜像开	X,Y,Z,A,B,C,U,V,W
★G25		镜像关	
G28	00	返回到参考点	X,Y,Z,A,B,C,U,V,W
G29		由参考点返回	
G33	01	螺纹切削	X, Y, Z,A,B, C, U, V, W,F, Q
★G40		刀具半径补偿取消	
G41	09	左刀补	D
G42		右刀补	
G43		刀具长度正向补偿	
G44	10	刀具长度负向补偿	H
★G49		刀具长度补偿取消	
★G50	04	缩放关	
G51		缩放开	X,Y,Z,P
G52	00	局部坐标系设定	X,Y,Z,A,B,C,U,V,W
G53		直接机床坐标系编程	
★G54		工件坐标系 1 选择	
G55		工件坐标系 2 选择	
G56		工件坐标系 3 选择	
G57	11	工件坐标系 4 选择	
G58		工件坐标系 5 选择	
G59		工件坐标系 6 选择	
G60	00	单方向定位	X,Y,Z,A,B,C,U,V,W
G61	12	精确停止校验方式	
★G64		连续方式	
G65	00	子程序调用	P, A~Z
G68	05	旋转变换	X,Y,Z,P
★G69		旋转取消	

G 代码	组号	功　能	后续地址字
G73		深孔钻削循环	
G74		逆攻螺纹循环	
G76		精镗循环	
★G80		固定循环取消	
G81		定心钻循环	
G82		钻孔循环	
G83	06	深孔钻循环	X,Y,Z,P,Q,R
G84		攻螺纹循环	
G85		镗孔循环	
G86		镗孔循环	
G87		反镗循环	
G88		镗孔循环	
G89		镗孔循环	
★G90	13	绝对值编程	
G91		相对值编程	
G92	11	工件坐标系设定	X,Y,Z,A,B,C,U,V,W
★G94	14	每分钟进给	
G95		每转进给	
G98	15	固定循环返回到起始点	
★G99		固定循环返回到 R	

注：表中带"★"号的表示该 G 代码为默认值；00 组中的 G 代码是非模态的，其他组的 G 代码是模态的。

(3) F 进给功能指令用于指定加工时刀具相对于工件的合成进给速度，表示格式为 F100。当工作在 G01、G02 或 G03 方式下，编程时 F 一直有效，直到被新的 F 值所取代；在 G00 方式下，进给速度是各轴的最高速度，与编程的 F 无关。借助操作面板上的倍率按键，F 值可在一定范围内进行倍率修调。

单位：每分钟进给(mm/min)或主轴每转进给(mm/r)。

注意：进给速度与拖板移动速度是有区别的。

(4) S 主轴转速指令用于指令主轴的转速，单位为 r/min，使用格式为 S1000。S 是模态指令，S 功能只在主轴速度可调节时有效。借助操作面板上的倍率按键，S 可在一定范围内进行倍率修调。

注意：有些数控机床的主轴转速受机床结构限制，不能无级变速或不能按 S 指令的数值变速，但执行程序没有问题。

(5) T 刀具功能指令主要是用来指定加工即时用的刀具号。对于车床，其后的数字还兼作指定刀具长度(含 X、Z 两个方向)补偿和刀尖半径补偿用。

用 T 代码后面的数值指令进行刀具选择。T 指令同时调入刀补寄存器中的刀补值(刀补长度和刀补半径)。使用格式为 T0102，其中，01 表示刀具号，02 表示其刀具偏置及补偿量等数据在第 2 号地址中。在加工中心上执行 T 指令，刀库转动选择所需的刀具，然后等待，直到 M06 指令作用时自动完成换刀。

T 指令为非模态指令,但被调用的刀补值一直有效,直到再次换刀调入新的刀补值。

6.6.4　数控机床常用指令的使用方法说明

数控机床(车、铣、加工中心)的部分常用指令如下所述。

1. 快速点定位指令(G00)

该指令使刀架以机床厂设定的最快速度按点位控制方式从刀架当前点快速移动至目标点。该指令没有运动轨迹的要求,也不需规定进给速度。

指令格式:G00 X____Z____,或 G00 U____W____

2. 直线插补指令(G01)

该指令用于使刀架以给定的进给速度从当前点直线或斜线移动至目标点,即可使刀架沿 X 轴方向或 Z 轴方向作直线运动,也可以两轴联动方式在 X、Z 轴内作任意斜率的直线运动。

指令格式:G01 X____Z____F____,或 G01 U____W____F____

如进给速度 F 值已在前段程序中给定且不需改变,本段程序也可不写出;若某一轴没有进给,则指令中可省略该轴指令。

3. 圆弧插补指令(G02、G03)

该指令用于刀架作圆弧运动以切出圆弧轮廓。G02 为刀架沿顺时针方向作圆弧插补,而 G03 则为沿逆时针方向的圆弧插补。

指令格式:G02 X____Z____I____K____F____,或 G02 X____Z____R____F____

G03 X____Z____I____K____F____,或 G03 X____Z____R____F____

4. 暂停指令(G04)

该指令可使刀具作短时间的停顿,以进行进给光整加工,主要用于车削环槽、不通孔和自动加工螺纹等场合。

指令格式:G04 P____,指令中 P 后的数值表示暂停时间。暂停时间的单位一般为 s 或 ms,要以机床参数说明书为准。

5. 自动回原点指令(G28)

该指令使刀具由当前位置自动返回机床原点或经某一中间位置再返回到机床原点。

指令格式:G28 X(U)____Z(W)____T00

指令中的坐标为中间点坐标,其中 X 坐标必须按直径给定。直接返回机床原点时,只需将当前位置设定为中间点即可。刀具复位指令 T00 必须写在 G28 指令的同一程序段或该程序段之前。刀具以快速方式返回机床原点。

6. 绝对编程方式(G90)和增量编程方式(G91)

绝对编程是指程序段中的坐标点值均是相对于坐标原点来计量的,常用 G90 来指定。增量(相对)编程是指程序段中的坐标点值均是相对于起点来计量的,常用 G91 来指定。

绝对编程:G90 G01 X100.0 Z80.0;

增量编程:G91 G01 X70.0 Z50.0;

注意:在某些机床中(如华中数控系统)用 X、Z 表示绝对编程,用 U、W 表示相对编程,允许在同一程序段中混合使用绝对和相对编程方法。如图 6.21 所示的直线 AB,可作如下编程。

绝对:G01 X80.0 Z80.0;

相对:G01 U50.0 W50.0;

混用:G01 X80.0 W50.0;

或　　G01 U70.0 Z80.0;

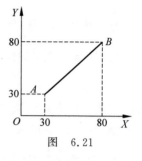

图　6.21

6.7　数控编程指令用法及加工举例

6.7.1　数控车床编程指令用法及加工举例

1. 车床 G92 指令

坐标系设定的预置寄存指令,它只有在采用绝对坐标编程时才有意义。

编程格式:G92 X ___a___ Y ___b___ Z ___c___

a、b、c 为当前刀位点在所设定工件坐标系中的坐标值。

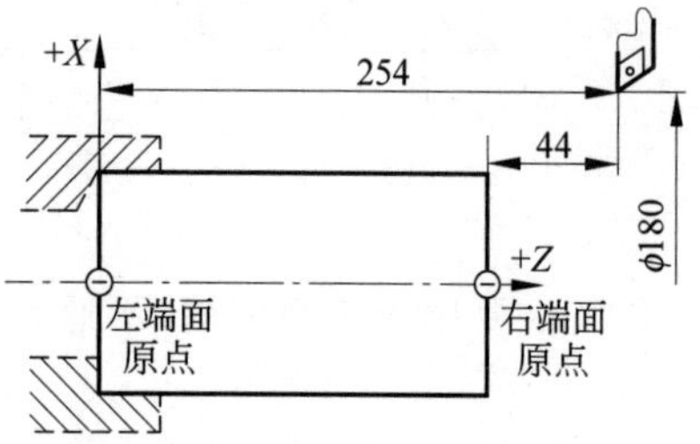

如图 6.22 所示,当以工件左端面为工件原点时,应按如下指令建立坐标系:

G92 X180 Z254

当以工件右端面为工件原点时,应按如下指令建立坐标系:

G92 X180 Z44

图 6.22　车床 G92 指令示例

2. G71 内(外)径粗车复合循环

格式:G71 U(Δd) R(r) P(ns) Q(nf) X(Δx) Z(Δz) F(f) S(s) T(t)

说明:该指令执行如图 6.23 所示轮廓路径的粗加工,并且刀具回到循环起点。精加工路径 $A \rightarrow A' \rightarrow B' \rightarrow B$ 的轨迹按后面的指令循序执行。

Δd:背吃刀量(每次切削量),指定时不加符号,方向由矢量 AA' 决定;

r:每次退刀量;

ns:精加工路径第一程序段的顺序号;

nf:精加工路径最后程序段的顺序号;

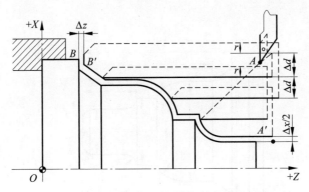

图 6.23　无凹槽内(外)径粗车复合循环 G71

Δx：X 方向精加工余量；

Δz：Z 方向精加工余量；

f、s、t：粗加工时 G71 中编程的 F、S、T 有效，而精加工时如果 G71 指令到 ns 程序段内设定了 F、S、T，将在精加工段内有效，如果没有设定则按照粗加工的 F、S、T 执行。

运用 G71 复合循环指令，只需指定精加工路线和粗加工的背吃刀量，系统会自动计算粗加工路线和进给次数。注意事项如下：

(1) G71 指令必须带有 P、Q 地址 ns、nf，且与精加工路径起、止顺序号对应，否则不能进行该循环加工。

(2) ns 的程序段必须有准备功能 01 组的 G00 或 G01 指令，否则产生报警，即从 A 到 A' 的动作必须是直线或点定位运动。

(3) 在顺序号为 ns 到顺序号为 nf 的程序段中，可以包含子程序。

(4) 在 MDI 方式下，不能运行复合循环指令。

G71 切削循环下，切削进给方向平行于 Z 轴，X(Δx)和 Z(Δz)的符号如图 6.24 所示。其中(＋)表示沿轴正方向移动，(一)表示沿轴负方向移动。

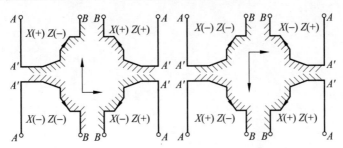

图 6.24　G71 指令中 X(Δx)和 Z(Δz)的符号

例 6.1　用外径粗车复合循环编制图 6.25 所示零件的加工程序。零件毛坯外径为 ϕ 44，长为 90 mm 的棒料。

解析：

工艺准备：确定工件坐标系原点工件右端面与轴线的交点，选用一把 45°外圆车刀进行加工。

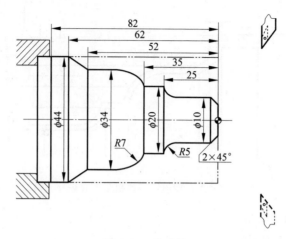

图 6.25 阶梯轴

程序如下。

```
%3331
T0101                              选择 1 号外圆车刀
N1 G00 X80 Z80                     快速到起刀点
N2 M03 S500                        主轴以 500 r/min 转速正转
N3 G01 X46 Z3 F100                 直线插补靠近工件
N4G71U1.5R1P5Q13X0.4Z0.1           外圆粗车循环(从 N5 到 N13 程序段)
N5 G00 X0                          以下为外形轮廓加工循环
N6 G01 X10 Z-2
N7 Z-20
N8 G02 U10 W-5 R5
N9 G01 W-10
N10 G03 U14 W-7 R7
N11 G01 Z-52
N12 U10 W-10
N13 W-20
N14 X50                            退刀
N15G00 X80 Z80                     快速返回起刀点
N16 M05                            主轴停止
N17 M30                            程序结束
```

例 6.2 用内径粗车复合循环编制如图 6.26 所示零件的加工程序：ϕ 16 孔已加工，要求循环起始点在 $A(6,5)$，背吃刀量为 1.5 mm(半径量)。退刀量为 1 mm，X 方向精加工余量 0.6 mm，Z 方向精加工余量为 0.1 mm，T01 为粗镗刀，T02 为精镗刀。

解析：

工艺准备：确定工件坐标系原点工件右端面与轴线的交点，选用一把内孔粗车刀(1 号刀)进行粗车加工，选用一把内孔精车刀(2 号刀)进行精加工。

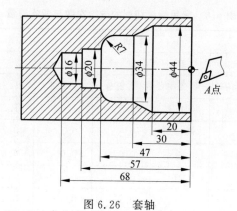

图 6.26 套轴

程序如下。

%3315	
N1 T0101	换 1 号刀,确定其坐标系
N2 M03 S400	主轴以 400 r/min 正转
N3 X6 Z5	到循环起点位置
N5 G71U1.5R1P11Q17X-0.6Z0.1F100	内径粗切循环加工
N6 G00 Z80	退出工件内孔
N7 X80	粗切后,到换刀点位置
N8 T0202	精加工起始行,换 2 号刀,确定其坐标系
N9 M03 S400	主轴以 400 r/min 正转
N10 G00 G41 X6 Z5	加入刀尖圆弧半径补偿
N11 G00 X44	精加工轮廓开始,到 φ44 内孔处
N12 G01 Z-20	精加工 φ44 内孔
N13 U-10 W-10	精加工内孔锥
N14 W-10	精加工 φ34 内孔
N15 G03 X20 W-7 R7	精加工 R7 圆弧
N16 G01 W-10	精加工 φ20 内孔
N17 X4	精加工轮廓结束,退出已加工表面
N18 G00 Z80	退出工件内孔
N19 G40 X80 M05	回程序起点或换刀点位置,取消刀尖圆弧半径补偿
N20 M30	主轴停、主程序结束并复位

3. 螺纹车削

1) 常用螺纹车削指令

常用螺纹车削指令有基本螺纹车削指令(G32)、螺纹车削固定循环指令(G82)、螺纹车削复合循环指令(G76)。

2) 螺纹加工常用切削循环方式

螺纹加工常用切削循环方式有两种:直进法(G32、G82)和斜进法(G76)。一般导程小于 3 mm 的螺纹加工时用直进法,导程大于 3 mm 的螺纹加工时用斜进法。

3) 常用螺纹切削的进给次数与背吃刀量

常用螺纹切削的进给次数与背吃刀量见表 6.8。

表 6.8 常用螺纹切削的进给次数与背吃刀量

米 制 螺 纹							
螺距/mm	1.0	1.5	2	2.5	3	3.5	4
牙深(半径量)/mm	0.649	0.974	1.299	1.624	1.949	2.273	2.598
切削次数及背吃刀量(直径量)/mm 1次	0.7	0.8	0.9	1.0	1.2	1.5	1.5
2次	0.4	0.6	0.6	0.7	0.7	0.7	0.8
3次	0.2	0.4	0.6	0.6	0.6	0.6	0.6
4次		0.16	0.4	0.4	0.4	0.6	0.6
5次			0.1	0.4	0.4	0.4	0.4
6次				0.15	0.4	0.4	0.4
7次					0.2	0.2	0.4
8次						0.15	0.3
9次							0.2

英 制 螺 纹							
牙/in	24	18	16	14	12	10	8
牙深(半径量)/mm	0.678	0.904	1.016	1.162	1.355	1.626	2.033
切削次数及背吃刀量(直径量)/mm 1次	0.8	0.8	0.8	0.8	0.9	1.0	1.2
2次	0.4	0.6	0.6	0.6	0.6	0.7	0.7
3次	0.16	0.3	0.5	0.5	0.6	0.6	0.6
4次		0.11	0.14	0.3	0.4	0.4	0.5
5次				0.13	0.21	0.4	0.5
6次						0.16	0.4
7次							0.17

4) 说明

(1) 螺纹切削应注意在两端设置足够的升速进刀段 δ_1 和降速退刀段 δ_2,以消除伺服滞后造成的螺距误差。

(2) 在螺纹切削过程中,进给速度修调功能和进给暂停功能无效,若此时进给暂停键按下,刀具将在螺纹段加工完后才停止运动。

(3) 在螺纹(锥螺纹)加工过程中不要使用恒线速控制功能。从粗加工到精加工,主轴转速必须保持一常数。否则,螺距将发生变化。

(4) 对锥螺纹的 F 指令值,当锥度斜角在 45°以下时,螺距以 Z 轴方向的值指令;45°～90°时,以 X 轴方向的值指令。

(5) 螺纹加工时主轴必须旋转。从粗加工到精加工,主轴的转速必须保持一常数。

(6) 在没有停止主轴的情况下,停止螺纹的切削将非常危险。

(7) 径向起点(螺纹大径)由外圆车削保证,按螺纹公差确定其尺寸范围。

(8) 径向终点(螺纹小径)一般分数次进给达到。

5）螺纹车削固定循环指令 G32

格式：G32 X... Z... F...

　　　G32 U... W... F...

其中：X、Z 为螺纹终点绝对坐标值。

　　　U、W 为螺纹终点相对螺纹起点坐标增量。

　　　F 为螺纹导程（螺距），mm/r。

6）螺纹车削固定循环指令 G82

（1）格式：G82 X... Z... I... F...

　　　　　G82 U... W... I... F...

其中：X、Z 为螺纹终点绝对坐标值。

　　　U、W 为螺纹终点相对循环起点坐标增量。

　　　I 为螺纹起点相对螺纹终点的半径差。

（2）编程算法，如图 6.27 所示，有：

$$G82 \ X \ X_b \ Z \ Z_b \ I(X_c/2 - X_b/2) \ Ff；$$
$$G82 \ U(X_b - X_a) \ W(Z_b - Z_a) \ I(X_c/2 - X_b/2) \ Ff$$

例 6.3　加工如图 6.28 所示的 **M30 1-6h** 螺纹，其牙深为 **0.974 mm**（半径值），三次背吃刀量（直径值）分别为 **0.7、0.4、0.2 mm**，升降速段为 **1.5、1 mm**。

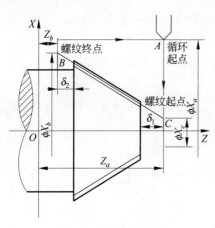

图 6.27　螺纹切削

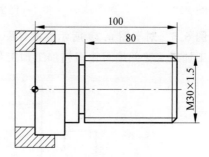

图 6.28　例 6.3 图

解析：

工艺准备：确定工件坐标系原点工件左端面与轴线的交点，选用一把 60° 外螺纹车刀进行螺纹加工。

程序如下。

```
%3019
N1 T0101                  选择一号螺纹刀
N2 M03 S460               主轴正转
N3 G00 X29.3 Z120         快速定位于起刀点
N4 X29.3 Z101.5
N5 G32 Z19 F1.5           单一螺纹切削循环第一刀(切 0.7 mm 深,螺距是 1.5 mm)
N6 G00 X40
```

```
N7 Z101.5
N8 X28.9
N9 G32 Z19 F1.5                     单一螺纹切削循环第二刀(切 0.4 mm 深,螺距是 1.5 mm)
N10 G00 X40
N11 Z101.5
N12 X28.7
N13 G32 Z19 F1.5                    单一螺纹切削循环第三刀(切 0.2 mm 深,螺距是 1.5 mm)
N14 G00 X40                         快速退刀
N15 X50 Z120                        快速返回起刀点
N16 M05                             主轴停止
N17 M30                             程序结束
```

例 6.4　用 G82 编程加工图 6.28 所示的圆柱螺纹。螺纹导程为 1.5 mm；螺纹升降段距离分别为 1.5 mm 和 1 mm。每次背吃刀量分别为 0.8 mm、0.6 mm、0.4 mm、0.16 mm。

解析：

工艺准备过程同上一例题。

程序如下。

```
%3328
N1 T0101                            选择一号螺纹车刀
N2 G00 X35 Z101.5                   快速到起刀点
N3 M03 S300                         主轴正转
N4 G82 X29.2 Z19 F1.5               螺纹切削循环第一刀(切 0.8 mm,螺距 1.5 mm)
N5 X28.6 Z19 F1.5                   螺纹切削循环第二刀(切 0.6 mm)
N6 X28.2 Z19 F1.5                   螺纹切削循环第三刀(切 0.4 mm)
N7 X28.04 Z19 F1.5                  螺纹切削循环第四刀(切 0.16 mm)
N8 M30                              程序结束
```

例 6.5　对于图 6.29 所示的零件图,假设粗加工已完毕,留 0.5 mm 精车余量,请分析精加工加工工艺并编写轮廓精加工加工程序。

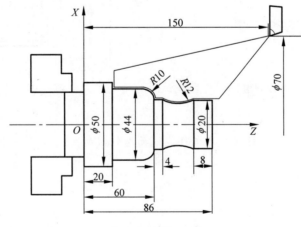

图 6.29　例 6.5 图

解析：

1) 零件图样要求

图 6.29 所示为轴类零件,毛坯为 ϕ50 mm 的棒料,材料 45 钢,端面已平,粗加工已完

毕,现只需精加工车削外圆尺寸至图中要求。

2)加工工艺路线制定

(1)定位与夹紧 此为短轴类零件,轴心线为定位基准,用三爪自定心卡盘夹持 ϕ50 mm 外圆,使工件伸出卡盘约 100 mm,一次装夹完成精加工。

(2)工步顺序 从右端至左端轴向进给切削。精车外圆到尺寸,最后切断。

(3)工艺参数 根据制定的加工工艺,确定加工工艺参数:机床转速为 630 r/min,精加工余量为 0.5 mm,精加工时进给速度为 0.15 mm/r。

(4)确定工件坐标系、对刀点和换刀点 根据零件的尺寸标注特点及基准统一的原则,选择零件左端面与轴心线的交点为工件原点,建立 XOZ 工件坐标系,如图 6.22 所示。采用手动试切对刀方法把该点作为对刀点。换刀点设置在工件坐标系下 $X150$、$Z70$ 处。

3)使用机床和数控系统的说明

机床型号为华中数控生产的 CK6132 型数控车床。该机床是用华中数控系统控制的两坐标数控车床,适用于加工几何形状复杂的盘类零件和轴类零件。

4)数控加工使用的刀具、工具和量具

(1)刀具选用 工件材料为 45 钢,用国产的高速钢刀如 AIA、进口的如 LBK、STK 等可方便地加工。根据外形加工要求,选用两把刀具,T01 为外圆车刀,T02 为切断刀、刀宽为 5 mm。注意的是外圆车刀的副偏角要大于 18°。

(2)刀具装夹 刀具安装在刀架上,调整安装高度,使切削刃与工件轴线等高。刀架的 1 号刀位安装外圆刀,2 号刀位安装切断刀。然后分别对这两把刀进行对刀,并把它们的刀偏值输入数控系统刀偏刀补表相应的刀具参数栏中。

(3)工具、夹具 主要包括卡盘扳手、六角头扳手、铜棒等。

(4)量具 主要包括游标卡尺、外径千分尺、表面粗糙度工艺样板等。

5)轮廓加工程序

O0001	零件程序号
T0101	选 1 号刀加工外圆
G92 X70.0 Z150.0	建立工件坐标系
S630 M03	让主轴以 630 r/min 正转
G90 G00 X20.0 Z88.0 M08	刀具快速移到毛坯的右端
G01 Z78.0 F100	工进车外圆 F100
G02 Z64.0 R12.0	车 R12 圆弧成型面
G01 Z60.0	车外圆 F100
G04 X2.0	转角处暂停
G01 X24.0	车端面
G03 X44.0 Z50.0 R10.0	车转角圆弧 R10
G01 Z20.0	车外圆 F100
X55.0	车端面并退出到工件外
T0202	选 2 号刀切断
G00 Z-5	快速定位
G01 X-5 F60	切断工件
G00 X70.0 Z150.0 M09	返回起刀点
M05	主轴停转
M30	程序结束

例 6.6 对于图 6.30 所示的螺纹加工零件图,请分析加工工艺并编写加工程序。

解析:

1) 零件图样要求

如图 6.30 所示工件,毛坯为 $\phi25$ mm × 65 mm 棒料,材料为 45 钢。

2) 加工工艺路线制定

(1) 定位与夹紧 此为短轴类零件,对短轴类零件,轴心线为定位基准,用三爪自定心卡盘夹持 $\phi25$ mm 外圆,一次装夹完成粗精加工。

(2) 工步顺序 从右端至左端轴向进给切削。

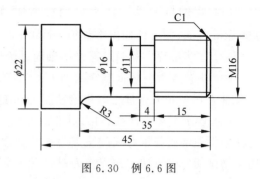

图 6.30 例 6.6 图

① 粗车外圆。采用阶梯切削路线,为编程时数值计算方便,圆弧部分可用同心圆车圆弧法,分三刀车完。

② 自右向左精车右端面及各外圆面。

车右端面→车削螺纹外圆→车 $\phi16$ mm 外圆→车 $R3$ mm 圆弧→车 $\phi22$ mm 外圆。

③ 切槽。

④ 车螺纹。

⑤ 切断。

(3) 工艺参数 根据制定的加工工艺,确定加工工艺参数。

① 粗加工时机床转速为 600 r/min,精加工时机床转速为 800 r/min。

② 精加工余量为 0.5 mm。

③ 粗加工时,进给速度为 100 mm/min;精加工时,进给速度为 50 mm/min。

(4) 确定工件坐标系、对刀点和换刀点 根据零件的尺寸标注特点及基准统一的原则,编程原点选择工件原点(工件右端面中心),建立 XOZ 工件坐标系。采用手动试切对刀方法把该点作为对刀点。换刀点设置在工件坐标系下 $X30$、$Z50$ 处。

3) 使用机床和数控系统的说明

以华中数控股份有限公司生产的 CJK6032 型数控机床为例进行操作介绍。该机床是两轴联动的经济型变频主轴卧式数控车床,可加工各种盘类、轴类零件,可自动完成内外圆柱面、圆弧面、螺纹等表面的加工,并能进行切槽、钻、扩、铰等加工。采用华中 HNC-21T 数控系统。

4) 数控加工使用的刀具、工具和量具

(1) 刀具 根据加工要求,选用 4 把刀具,T01 为粗加工刀,选主偏角 90°的外圆车刀;T02 为精加工刀,选尖头车刀;T03 为切槽刀,刀宽为 4 mm;T04 为 60°螺纹刀。工件材料为 45 钢,选择高速钢车刀或可转位车刀均可,推荐选择后者。

(2) 刀具装夹 刀具安装在刀架上,调整安装高度,使切削刃与工件轴线等高。刀架的 1 号刀位安装外圆粗车刀,2 号位安装外圆精车刀,3 号位安装切槽刀,4 号位安装螺纹刀。对这 4 把刀进行对刀操作,把它们的刀偏值输入到相应的刀具参数中。

(3) 工具、夹具 选用卡盘扳手、六角头扳手、铜棒。

(4) 量具 选用游标卡尺、外径千分尺、表面粗糙度工艺样板。

5) 编制加工程序与输入程序

该零件结构要素有圆柱面、退刀槽、倒圆、螺纹,表面有一定的粗糙度要求,故加工时应该分粗加工和精加工两个阶段;粗加工采用外圆粗切刀,精加工采用外圆精切刀,以保证工件的表面质量和尺寸精度。本例采用直径编程方式,用 HNC-21T 数控系统中的直径编程指令 G36。本例中各个轴段直径尺寸相差不大,结构要素相对简单,故安排外圆粗车 3 次,可以使用粗车外圆复合循环指令 G71;精车 1 次;螺纹的切削采用系统提供的螺纹切削循环 G82。

加工程序如下。

N10	T0101	选 1 号刀(准备粗车外圆)
N20	M03 S600	主轴正转 600r/min
N30	G00 X50 Z10	移动到换刀点
N40	M08	开冷却液
N50	Z0	
N60	G71 U2 R1 P70 Q120 X0.5 Z0.5 F100	外圆粗车复合循环 N70~N120
N70	G01 X0 F100	
N80	X16 C1	
N90	G01 Z-32	
N100	G02 X22 Z-35 R3	加工圆弧 R3
N110	G01 Z-45	
N120	X30	
N130	G00 X50 Z10	
N140	T0202 S800 M03	选 2 号刀精车外圆(准备精车外轮廓)
N150	G00 X16 Z2	快速定位
N160	G01 Z-32 F50	
N170	G02 X22 Z-35 R3	
N180	G01 Z-45	
N190	X30	
N200	G00 X50 Z10	
N210	T0303 S600	选 3 号刀(准备切退刀槽)
N220	G00 Z-19	快速定位
N230	G01 X11 F60	切槽
N240	G04 X2.0	暂停 2 s
N250	G01 X30	退刀
N260	G00 X50 Z10	返回换刀点
N270	T0404	选 4 号刀(准备切螺纹)
N280	G00 Z3 X15.2	
N290	G82 Z-17 F1.5	切削螺纹循环
N300	X14.6 Z-17	
N310	X14.2 Z-17	
N320	X14.04 Z-17	
N330	G00 X50	
N340	Z10	
N350	T0303 S800	选 3 号刀(准备切断)
N360	G00 Z-49	
N370	X25	
N380	G01 X-5 F50	切断工件
N390	G00 X50 Z10	
N400	M09	关冷却液
N410	M05 M30	主轴停止,程序结束

6.7.2 数控铣床编程指令用法及加工举例

1. 铣床工件坐标系设定 G92

格式：G92 X_ Y_ Z_

X、Y、Z 为当前刀位点在工件坐标系中的坐标。

G92 指令通过设定刀具起点相对于要建立的工件坐标原点的位置建立坐标系。此坐标系一旦建立起来，后续的绝对值指令坐标位置都是此工件坐标系中的坐标值。

如图 6.31 所示应该用下行程序建立铣床工件坐标系：

G92 X2 Y 2 Z 2

则将工件原点设定到距刀具起始点距离为 $X=-2$，$Y=-2$，$Z=-2$ 的位置上。

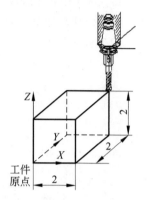

图 6.31 G92 指令示例

2. 刀具半径补偿指令 G40，G41，G42

格式：$\begin{Bmatrix} G40 \\ G41 \\ G42 \end{Bmatrix} \begin{Bmatrix} G00 \\ G01 \end{Bmatrix} X\_ \ Y\_ \ Z\_ \ D\_$

1）说明

G40：取消刀具半径补偿

G41：左刀补（在刀具前进方向左侧补偿）

G42：右刀补（在刀具前进方向右侧补偿）

D：刀补表中刀补号码为（D00～D99），代表了刀补表中对应的半径补偿值；♯100～♯199 全局变量定义的半径补偿量。

注意：刀补位置的左右应是顺着编程轨迹前进的方向进行判断的，如图 6.32 所示。

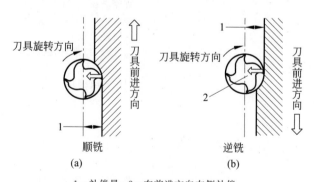

1—补偿量；2—在前进方向右侧补偿。

图 6.32 刀具补偿方向

（a）左刀补；（b）右刀补

2）刀具半径补偿的过程

刀具半径补偿有如下 3 个过程，如图 6.33 所示。

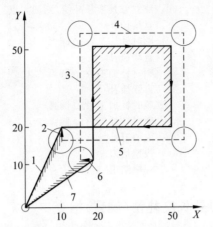

1—刀补取消；2—刀补矢量；3—刀心轨迹；4—刀补进行中；5—编程轨迹；6—法向刀补矢量；7—刀补引入。

图 6.33　刀具半径补偿的过程

(1) 刀补的建立：在刀具从起点接近工件时，刀心轨迹从与编程轨迹重合过渡到与编程轨迹偏离一个偏置量的过程。

(2) 刀补进行：刀具中心始终与编程轨迹相距一个偏置量直到刀补取消。

(3) 刀补取消：刀具离开工件，刀心轨迹要过渡到与编程轨迹重合的过程。

注意：刀补的建立和取消必须在 G00 或 G01 指令中进行。

例 6.7　**如图 6.34 所示，用直径 8 mm 的刀具，加工距离工件上表面 3 mm 深凹模。**

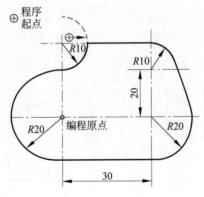

图 6.34　半径补偿示例图

解析：

工艺准备：确定工件坐标系原点，如图 6.34 所示。选用一把直径 8 mm 的立铣刀进行加工，必须考虑刀具的半径补偿，走刀轨迹如图 6.34 所示，则采用左刀补进行加工。

程序如下。

```
%0001
N1 G92 X0 Y0 Z50        建立坐标系
N2 M03 S800             主轴正转
G00 X0 Y30 Z5           快速定位
N3 G01 Z-3 F60          垂直下刀
```

```
N4 G01 G41 X10 Y30 D01        建立刀具半径补偿,到起刀点
N5 X30                        直线插补
N6 G02 X38.66 Y25 R10         顺时针加工 R10 圆弧
N7 G01 X47.32 Y10             直线插补
N8 G02 X30 Y-20 R20           顺时针加工 R20 圆弧
N9 G01 X0                     直线插补
N10 G02 X0 Y20 R20            顺时针加工 R20 圆弧
N11 G03 X10 Y30 R10           逆时针加工 R10 圆弧
N12 G00 G40 X-20 Y40          取消刀补
N13 G00 Z50                   快速抬刀
N14 M05 M30                   程序结束
```

3. G43、G44、G49 刀具长度补偿(偏置)指令

格式：G43(G44) G00(G01) Z____ H____；

说明：

(1) H 为补偿号,H 后边指定的地址中存有刀具长度值。进行长度补偿时,刀具要有 Z 轴移动。

(2) G43 为正向补偿,与程序给定移动量的代数值做加法；G44 为负向补偿,与程序给定移动量的代数值做减法。

执行 G43(刀具长时,离开刀工件补偿)时,有

$$Z_{实际值} = Z_{指令值} + H_{xx}$$

执行 G44(刀具短时,趋近工件补偿)时,有

$$Z_{实际值} = Z_{指令值} - H_{xx}$$

其作用效果如图 6.35 所示。

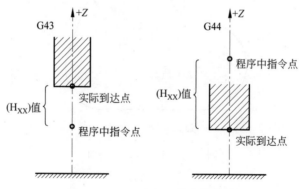

图 6.35 G43 和 G44 的执行效果

例 6.8 编写如图 6.36 所示的刀具长度补偿程序(实际刀尖点位于工件表面为 39 mm)。

解析：

工艺准备：确定工件坐标系原点如图 6.36 所示,选用一把麻花钻进行加工。

程序如下。

```
N1    G92 X0 Y0 Z39          建立工件坐标系
N2    G91 G00 X120 Y80       采用相对坐标编程
N3    M03 S600               主轴正转
```

N4	G43 Z-32 H01	刀具长度补偿
N5	G01 Z-21 F60	加工第一个孔
N6	G00 Z21	快速抬刀
N7	X30 Y-50	快速定位
N8	G01 Z-41	加工第二个孔
N9	G00 Z41	快速抬刀
N10	X50 Y30	快速定位
N11	G01 Z-25	加工第三个孔
N12	G00 G49 Z57	快速抬刀并取消刀具长度补偿
N13	X-200 Y-60	返回起刀点
N14	M30	程序结束

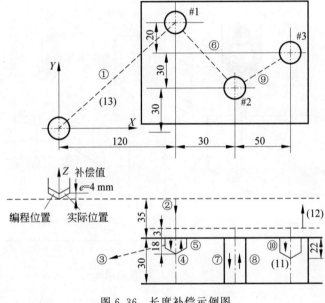

图 6.36　长度补偿示例图

4. 工件坐标系选择 G54～G59

工件坐标系选择 G54～G59 如图 6.37 所示。

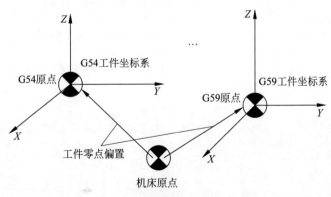

图 6.37　工件坐标系选择 G54～G59

说明：

(1) G54～G59 是系统预置的六个坐标系,可根据需要选用。

(2) 该指令执行后,所有坐标值指定的坐标尺寸都是选定的工件加工坐标系中的位置。1～6 号工件加工坐标系是通过 CRT/MDI 方式设置的。

(3) G54～G59 预置建立的工件坐标原点在机床坐标系中的坐标值可用 MDI 方式输入,系统自动记忆。

(4) 使用该组指令前,必须先回参考点。

(5) G54～G59 为模态指令,可相互注销。

例 6.9 如图 6.38 所示,铣刀从 *A-B-C-D* 行走的程序及说明如下。

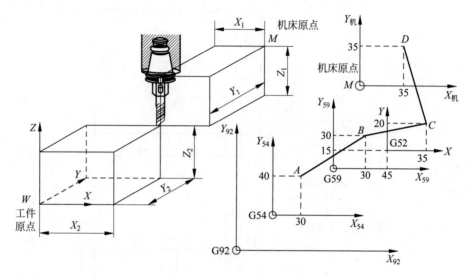

图 6.38　*A-B-C-D* 行走路线

解析：

工艺准备：

程序如下：

```
N01 G54 G00 G90 X30.0 Y40.0        快速移到 G54 中的 A 点
N02 G59                            将 G59 置为当前工件坐标系
N03 G00 X30.0 Y30.0                移到 G59 中的 B 点
N04 G52 X45.0 Y15.0                在当前工件坐标系 G59 中建立局部坐标系 G52
N05 G00 G90 X35.0 Y20.0            移到 G52 中的 C 点
N06 G53 X35.0 Y35.0                移到 G53(机械坐标系)中的 D 点
……
```

5. 简化编程指令

镜像功能 G24、G25

格式：G24 X　Y　Z　A

　　　M98 P

　　　G25 X　Y　Z　A

说明：

G24：建立镜像，由指令坐标轴后的坐标值指定镜像位置（对称轴、线、点）；

　G25：取消镜像；

X、Y、Z、A：镜像位置。

例 6.10　请用镜像指令编写如图 6.39 所示的轨迹程序。

解析：

工艺准备：确定工件坐标系原点如图 6.39 所示，选用一把直径 10 mm 立铣刀进行加工。

程序如下。

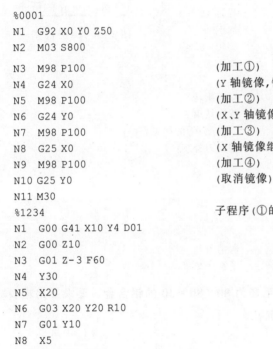

图 6.39　例 6.10 图

```
%0001
N1   G92 X0 Y0 Z50
N2   M03 S800
N3   M98 P100                    (加工①)
N4   G24 X0                      (Y 轴镜像,镜像位置为 X=0)
N5   M98 P100                    (加工②)
N6   G24 Y0                      (X、Y 轴镜像,镜像位置为 0、0)
N7   M98 P100                    (加工③)
N8   G25 X0                      (X 轴镜像继续有效,取消 Y 轴镜像)
N9   M98 P100                    (加工④)
N10  G25 Y0                      (取消镜像)
N11  M30
%1234                            子程序(①的加工程序)
N1   G00 G41 X10 Y4 D01
N2   G00 Z10
N3   G01 Z-3 F60
N4   Y30
N5   X20
N6   G03 X20 Y20 R10
N7   G01 Y10
N8   X5
N9   G00 Z10
N10  G40 X0 Y0
N11  M99
```

6. 旋转变换 G68,G69

格式：G17 G68 X　　Y　　P

　　　G18 G68 X　　Z　　P

　　　G19 G68 Y　　Z　　P

　　　M98 P

　　　G69

说明：

G68：建立旋转；

G69：取消旋转；

X、Y、Z：旋转中心的坐标值；P：旋转角度，单位是(°)，0<P<360°。

注意：在有刀具补偿的情况下，先旋转后刀补(刀具半径补偿，长度补偿)；在有缩放功能的情况下，先缩放后旋转。

例 6.11　请用镜像指令编写如图 6.40 所示的轨迹程序。

解析：

工艺准备：确定工件坐标系原点如图 6.40 所示，选用一把直径 10 mm 立铣刀进行加工。

程序如下。

```
%0001
N1  G92 X0  Y0  Z50
N2  M03 S600
N3  G01 Z-3 F60
N4  M98 P100                  加工①
N5  G68 X0  Y0  P45           旋转 45°
N6  M98 P100                  加工②
N7  G68 X0  Y0  P90           旋转 90°
N8  M98 P100                  加工③
N9  G00 Z50
N10 G69                       取消旋转
N11 M05 M30                   程序结束
%2345                         子程序(①的加工程序)
N1  G41  G01  X20  Y-5  D01 F60   建立刀补
N2  Y0
N3  G02  X40 R10
N4  X30  R5
N5  G03  X20 R5
N6  G00  Y-6
N7  G40  X0  Y0               取消刀补
N8  M99                       子程序结束
```

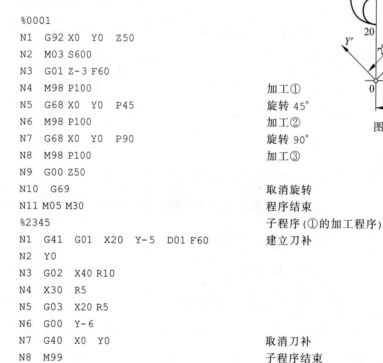

图 6.40　例 6.11 图

例 6.12　加工如图 6.41 所示零件。毛坯为 80×80×30 的铝合金。要求采用粗、精加工 70×70 外轮廓，ϕ40 内圆槽和 4×ϕ8 沉孔。

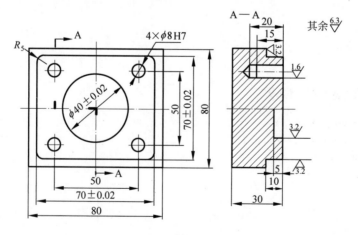

图 6.41　例 6.12 图

解析:

1) 零件图纸工艺分析

由图可知,该零件主要加工表面有外框、内圆槽及沉孔等,关键在于内槽加工,加工该表面时要特别注意刀具进给,避免过切。因该零件既有外型又有内腔,所以加工时应先粗后精,充分考虑到内腔加工后尺寸的变形,以保证尺寸精度。

2) 制定加工工艺

(1) 选择加工方法

外圆框平面:粗铣—精铣。即分粗、精两步加工,铣刀下刀点选在左下方,粗加工完毕后留 1 mm 精加工余量。

孔:中心孔—底孔—铰孔(机铰)。即先用小钻头钻出 4 个 $\phi 8$ 的中心孔,然后用大一些的钻头钻底孔,最后用铰刀把孔铰到 $\phi 8 H7$ 要求。

(2) 拟定加工路线

加工工序见表 6.9。

表 6.9 数控加工工序卡

工步号	工步内容	刀具号	刀具规格	主轴转速/(r/min)	进给速度/(mm/min)
1	打中心孔	T01	$\phi 3$ 中心钻	849($v=8$)	85($f=0.05$)
2	外方框粗加工	T02	$\phi 16$ 立铣刀	597($v=30$)	119($f=0.1$)
3	内圆槽粗加工	T02	$\phi 16$ 立铣刀	597($v=30$)	119($f=0.1$)
4	外方框精加工	T03	$\phi 10$ 立铣刀	955($v=30$)	76($f=0.02$)
5	内圆槽精加工	T03	$\phi 10$ 立铣刀	955($v=30$)	76($f=0.02$)
6	钻孔	T04	$\phi 7.8$ 钻头	612($v=15$)	85($f=0.05$)
7	铰孔	T05	$\phi 8 H7$ 铰刀	199($v=5$)	24($f=0.02$)

(3) 选择加工设备

选择在 $XHK716$ 立式加工中心上加工。

(4) 确定装夹方案和选择夹具

该工件不大,可采用通用夹具虎钳作为夹紧装置。

用虎钳夹紧该工件时要注意以下几点:

① 工件装夹时要放在钳口的中间部;

② 安装虎钳时要对固定钳口找正;

③ 工件被加工部分要高出钳口,避免刀具与钳口发生干涉;

④ 装夹工件时,防止工件上浮。

(5) 刀具选择

刀具的选择见表 6.10。

(6) 确定进给路线

铣外轮廓时,刀具沿零件轮廓切向切入,切向切入可以是直线切向切入,也可以是圆弧切向切入;在铣削凹槽一类的封闭轮廓时,其切入和切出不允许有外延,铣刀要沿零件轮廓的法线切入和切出。

表 6.10　数控加工刀具卡

工步号	刀具号	刀具名称	刀柄型号	刀具 直径/mm	长度补偿 H	半径补偿 D/mm	备注
1	T01	中心钻	ST40-Z12-45	φ3	H01＝实测值		
2、3	T02	立铣刀	BT30-XP12-50	φ16	H02	D02＝8.2	D07＝13
4、5	T03	立铣刀	BT30-XP12-50	φ10	H03	D03＝5	
6	T04	钻头	BT40-Z12-45	φ7.8	H04		
7	T05	铰刀	ST40-ER32-60	φ8H7	H05		

（7）选择切削用量

工艺处理中必须正确确定切削用量,即背吃刀量、主轴转速及进给速度。切削用量的具体数值,应根据数控机床使用说明书的规定,被加工工件材料的类型(如铸铁、钢材、铝材等),加工工序(如车、铣、钻等精加工、半精加工、精加工等)以及其他工艺要求,并结合实际经验来确定。

（8）加工基准和工件坐标系设定

加工基准选择 φ40 内圆槽中心线,工件坐标系原点选择 φ40 内圆槽中心线与工件毛坯上表面的交点。

主程序:

O1111	主程序名
T01 M06	选 φ3 中心钻 (钻四个孔的中心孔)
G90 G54 G00 X0 Y0 S849 M03	确定工件坐标系,主轴正转
G43 Z50 H01	建立刀具长度补偿
G81 X0 Y0 R5 Z-3 F85	打中心孔固定循环
X25 Y25	钻零件图右上方孔
X-25	钻零件图左上方孔
Y-25	钻零件图左下方孔
X25	钻零件图右下方孔
G80	取消固定循环
T02 M06	选 φ16 端铣刀 (准备粗加工外方框)
M03 S600	主轴正转,600 r/min
G43 H02 Z50	建立刀具长度补偿
G00 Y-65 M08	快速定位,开冷却液
Z2	下刀至工件坐标系原点上方 2 mm
G01 Z-9.8 F40	慢速进给至 Z-9.8
D02 M98 P0010 F120	右刀补;调用子程序 1
G00 Z10	抬刀
X0 Y0	运刀至工件坐标系原点上方 10 mm
Z2	下刀至工件坐标系原点上方 2 mm
G01 Z-4.8	慢速进给至 Z-4.8
D07M98 P0030 F120	内圆槽粗加工(调用子程序 2)
G00 Z50 M09	抬刀至 Z50;关冷却液
T03 M06	选 φ10 端铣刀 (准备精加工外方框)
M03 S955	主轴正转,955 r/min
G43 Z100 H03	刀具长度补偿
G00 Y-65 M08	运刀至 Z100 Y-65 处;开冷却液

Z2	下刀至工件坐标系原点上方 2 mm
G01 Z-10 F64 M08	运刀至工件坐标系原点下方 10 mm,进给速度为 64;开冷却液
D03 M98 P0010 F76	调用子程序 1
G00 Z50	抬刀
X0Y0	运刀至工件坐标系原点上方
Z2	下刀至工件坐标系原点上方 2 mm
G01 Z-5 F64	慢速进给至 Z-5
M98 P0040 F76	内圆槽精加工 (调用子程序 3)
G00Z100 M09	抬刀;关冷却液
T04 M06	ϕ7.8 钻头
G43 Z50 H04	建立刀具长度补偿
M03 S612	主轴正转,612 r/min
M08	开冷却液
G83 X25 Y25 R5 Z-22 Q3 F61	钻孔
X-25	
Y-25	
X25	
G80 M09	取消固定循环,关冷却液
T05 M06	选 ϕ8H7 铰刀 (准备铰孔至 ϕ8)
M03 S199	主轴正转,199 r/min
G43 Z100 H05	长度补偿
M08	开冷却液
G81 X25 Y25 R5 Z-15 F24	铰孔
X-25	
Y-25	
X25	
G80 M09	取消固定循环,关冷却液
G00 Z100	抬刀
M05	主轴停
M02	结束程序

子程序 1:

O0010	外方框子程序
G41G01 X30 F100	
G03 X0 Y-35 R30	圆弧进刀 (圆弧起点坐标 X30 Y-65,圆心坐标 X0 Y-35,圆弧终点坐标 X0 Y-35,也就是加工四分之一圆弧进刀,即沿切线进刀,工件几何中心为坐标原点)
G01 X-30	
G02 X-35 Y-30 R5	
G01 Y30	
G02 X-30 Y35 R5	
G01 X30	
G02 X35 Y30 R5	加粗部分就是加工凸台外轮廓的程序
G01Y-30	
G02 X30 Y-35 R5	
G01 X0	
G03 X-30 Y-65 R30	(同上,圆弧退刀)
G40 G01 X0	
M99	

子程序 2：

O0030	内圆槽粗加工子程序
G41 G01 X-5 Y15 F100 D02	建立刀补 (内圆槽的加工)
G03 X-20 Y0 R15	逆时针圆弧进刀
G03 X-20 Y0 I20 J0	逆时针加工直径 40 孔
G03 X-5 Y-15 R15	逆时针圆弧退刀
G40 G01 X0 Y0	取消刀补
M99	返回主程序

子程序 3：

O0040	内圆槽精加工子程序
G41 G01 X8 Y0 F100 D03	建立刀补
G03 X-8 R8	逆时针加工圆弧
X8 R8	
G01 X14	直线进刀
G03 X-14 R14	逆时针加工圆弧
X14 R14	
G01 X20	直线进刀
G03 X-20 R20	逆时针加工圆弧
X20 R20	
G40 G01 X0 Y0	取消刀补
M99	

 习题

6-1 数控加工工艺与普通机床加工工艺相比有哪些特点？

6-2 数控编程开始前，进行工艺分析的目的是什么？

6-3 如何确定数控加工中的切削用量？

6-4 数控机床上使用的刀具有何特点？

6-5 如何选择数控机床的夹具？

6-6 手工编程和自动编程各适用于哪些零件的加工？

6-7 考虑刀具半径补偿，编制如图 6.42 所示零件的加工程序，并注明每个程序段的含义。要求建立如图 6.42 所示的工件坐标系，按箭头所示的路径进行加工。设加工开始时刀具距离工件上表面 50 mm，切削深度为 10 mm。

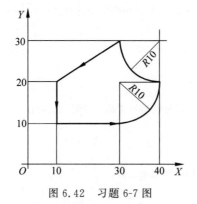

图 6.42　习题 6-7 图

自测题

第 7 章

CAXA 自动编程

▶ **本章重点内容**

　　CAD/CAM 自动编程的基本步骤，CAD/CAM 软件的种类；国产的 CAXA 自动编程软件的特点及主要功能；CAXA 的线架造型和三维建模方法；自动生成程序的参数设置及举例说明。

▶ **学习目标**

　　了解自动编程的优越性，熟练运用 CAXA 自动编程软件。

7.1　自动编程概述

　　自动编程是借助 CAD/CAM 软件自动生成待加工工件的加工程序的过程。自动编程对于复杂零件的加工非常方便，复杂零件手工编程往往写不出加工程序，这时只能通过软件利用计算机强大的运算和控制功能来完成。其过程如图 7.1 所示。

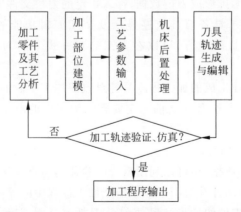

图 7.1　基于 CAD/CAM 数控编程基本步骤

　　1) 加工零件及其工艺分析

　　加工零件及其工艺分析是数控编程的基础。和手工编程、APT 语言编程一样，基于 CAD/CAM 的数控编程也首先要进行这项工作。在目前计算机辅助工艺过程设计(CAPP)

技术尚不完善的情况下,该项工作还需人工完成。随着 CAPP 技术及机械制造集成技术(CIMS)的发展与完善,这项工作必然为计算机所代替。加工零件及其工艺分析的主要任务有:①零件几何尺寸、公差及精度要求的核准;②确定加工方法、工夹量具及刀具;③确定编程原点及编程坐标系;④确定走刀路线及工艺参数。

2) 加工部位建模

加工部位建模是利用 CAD/CAM 集成数控编程软件的图形绘制、编辑修改、曲线曲面及实体造型等功能,将零件被加工部位的几何形状准确绘制在计算机屏幕上,同时在计算机内部以一定的数据结构对该图形加以记录。加工部位建模实质上是人将零件加工部位的相关信息提供给计算机的一种手段,它是自动编程系统进行自动编程的依据和基础。随着建模技术及机械集成技术的发展,将来的数控编程软件将可以直接从 CAD 模块获得相关信息,而无须对加工部位再进行建模。

3) 工艺参数的输入

利用编程软件的相关菜单与对话框等,将第一步分析的一些与工艺有关的参数输入到系统中。所需输入的工艺参数有:毛坯信息(尺寸、材料等);刀具类型、尺寸与材料;切削用量(主轴转速、进给速度、背吃刀量及加工余量);其他信息(安全平面、线性逼近误差、刀具轨迹间的残留高度、进退刀方式、走刀方式、冷却方式等)。当然,对于某一加工方式而言,可能只要求其中的部分工艺参数。

4) 机床后置处理

由于各个数控系统有所差别,比如,FANUC 与华中数控的 G 指令有的定义不同,因此基于 CAD/CAM 的数控自动编程需要进行机床后置处理,以便将刀位数据转换为适合于具体数控机床系统数控加工程序。对于每个软件每种数控系统的机床,机床后置处理有所不同。

5) 刀具轨迹生成及编辑

完成上述操作后,编程系统将根据这些参数进行分析判断,自动完成有关基点、节点的计算,并对这些数据进行编排形成刀位数据,存入指定的刀位文件中。

刀具轨迹生成后,对于具备刀具轨迹显示及交互编辑功能的系统,可以将刀具轨迹显示出来,如果有不太合适的地方,可以在人工交互方式下对刀具轨迹进行适当的编辑与修改。

一般情况下,编程软件生成的加工程序是针对数控加工中心的,而大多情况下技术人员操作的是普通数控机床,因此,加工之前一定要删除程序中的自动换刀指令;否则,程序检验不能通过。

6) 加工轨迹的验证与仿真

对于生成的加工轨迹数据,还可以利用系统的验证与仿真模块检查其正确性与合理性。所谓刀具轨迹验证是指利用计算机图形显示器把加工过程中的零件模型、刀具轨迹、刀具外形一起显示出来,以模拟零件的加工过程,检查刀具轨迹是否正确、加工过程是否发生过切,所选择的刀具、走刀路线、进退刀方式是否合理,刀具与约束面是否发生干涉与碰撞。而仿真是指在计算机屏幕上,采用真实感图形显示技术,把加工过程中的零件模型、机床模型、夹具模型及刀具模型动态显示出来,模拟零件的实际加工过程。仿真过程的真实感较强,基本上具有试切加工的验证效果(对于由于刀具受力变形、刀具强度及韧性不够等问题仍然无法达到试切验证的目标）。

7）程序输出

对于经后置处理而生成的数控加工程序,可以利用打印机打印出清单,供人工阅读,也可以用软盘或电子盘存储起来,再传到数控系统中。对于有标准通信接口的机床控制系统,比如有局域网的计算机数控系统,数控机床可以与编程计算机直接联机,由计算机将加工程序通过网络直接送给机床控制系统。

7.2　CAXA 制造工程师基本功能

7.2.1　简介

CAXA 是我国制造业信息化 CAD/CAM/PLM 领域具有自主知识产权软件的优秀代表和知名品牌。由于该软件的性价比好,而且学习使用比较方便,因此被中小型企业所接受。目前该软件是国内微机平台上装机量最多、应用最广泛的软件之一。

CAXA 制造工程师是在 Windows 环境下运行的 CAD/CAM 集成数控加工编程软件,有时也称为 CAXA-ME(manufacturing engineering,ME),该软件集成了数据接口、几何造型、加工轨迹生成、加工过程仿真检验、数控加工代码生成、加工工艺单生成等一整套面向复杂零件和模具的数控编程功能。此外,为了推动我国数控技能人才的培训、加速制造业企业技术升级,国家劳动和社会保障部、科技部、国防科工委等 6 部委和全国总工会于 2006 年联合举办了首届“全国数控技能大赛”,“CAXA 制造工程师”软件被选作参赛 CAM 软件之一。CAXA 制造工程师已广泛应用于注塑模、锻模、汽车覆盖件拉伸模、压铸模等复杂模具的生产以及汽车、电子、兵器、航空航天等行业的精密零件加工。

7.2.2　主要功能

1）方便的特征实体造型

CAXA 制造工程师 2006 采用精确的特征实体造型技术,可将设计信息用特征术语来描述,简便而准确,常用的特征包括：孔、槽、型腔、凸台、圆柱体、圆锥体、球体、管子等。CAXA 制造工程师可以方便地建立和管理这些特征信息,使整个设计过程直观、简单。

2）强大的 NURBS 自由曲面造型

CAXA 制造工程师 2006 继承和发展了以前版本的曲面造型功能。从线框到曲面,提供了丰富的建模手段。可通过列表数据、数学模型、字体文件及各种测量数据生成样条曲线；通过扫描、放样、拉伸、导动、等距、边界网格等多种形式生成复杂曲面；并可对曲面进行任意裁剪、过渡、拉伸、缝合、拼接、相交、变形等,最终建立任意复杂的模型,并通过曲面模型生成的真实感图,可直观显示设计结果。

3）灵活的曲面实体复合造型

基于实体的“精确特征造型”技术,使曲面融合进实体中,形成统一的曲面实体复合造型模式。利用这一模式,可实现曲面裁剪实体、曲面生成实体、曲面约束实体等混合操作,是用户设计产品和模具的有力工具。

4）2～3轴的数控加工功能

2轴或2.5轴加工方式：可直接利用零件的轮廓曲线生成加工轨迹指令，而无须建立其三维模型；提供轮廓加工和区域加工功能，加工区域内允许有任意形状和数量的岛；可分别指定加工轮廓和岛的拔模斜度，自动进行分层加工。

3轴加工方式：多样化的加工方式可以安排从粗加工、半精加工到精加工的加工工艺路线。

5）支持高速加工

支持高速切削工艺，提高产品加工精度，减少代码数量，使加工质量和效率大大提高。

6）参数化轨迹编程和轨迹批处理

CAXA制造工程师的"轨迹再生成"功能可实现参数化轨迹编辑。用户只需要选中已有的数控加工轨迹，修改原定义的加工参数表，即可重新生成加工轨迹。

CAXA制造工程师可以先定义加工轨迹参数，而不是立即生成轨迹。工艺设计人员可先将大批加工轨迹参数事先定义而在某一集中时间批量生成。这样，合理地优化了工作时间。

7）加工工艺控制

CAXA制造工程师提供了丰富的工艺控制参数，可以方便地控制加工过程，使编程人员的经验得到充分的利用。

8）加工轨迹仿真

CAXA制造工程师提供了轨迹仿真手段以检验数控代码的正确性。可以通过实体真实感仿真如实地模拟加工过程，展示加工零件的任意截面，显示加工轨迹。

9）通用后置处理

CAXA制造工程师提供的后置处理器，无须生成中间文件就可以直接输出G代码控制指令。系统不仅可以提供常见的数控系统的后置格式，用户还可以定义专用数控系统的后置处理格式。

7.2.3　用户界面简介

运行CAXA制造工程师后就能看到如图7.2所示的用户界面。CAXA制造工程师的用户界面由不同的区域组成。

1）标题栏

没有绘图时，显示CAXA-ME程序名称，打开编辑文件时，显示文件的路径和名称。

2）工具条

此区域将CAXA-ME常用的命令以图标的方式显示在绘图区的上方，每一个图标代表一条命令，用户可用鼠标直接单击图标，以激活该命令。

3）主菜单

主菜单区域提供了CAXA-ME所有的命令。CAXA-ME的命令结构为树枝状结构，例如：当用鼠标选择"造型"命令后，将会出现"造型"命令的子菜单，再选择"曲线生成"命令，又会出现绘制曲线的下一级子菜单。

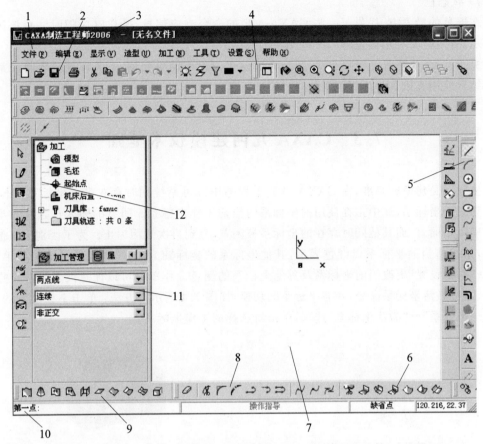

1—主菜单；2—标准工具条；3—标题栏；4—显示工具条；5—曲线工具条；6—几何变换工具条；
7—绘图区；8—线面编辑；9—曲面工具条；10—状态栏；11—立即菜单；12—轨迹树。

图 7.2　CAXA 制造工程师用户界面

4）绘图区

绘图区域为最常使用的区域，是显示设计图形的区域。用户从外部导入的图形或用 CAXA-ME 绘制的图形都会在此区域内显示。绘图区位于屏幕的中心，并占据了屏幕的大部分面积，为显示全图提供充分的视区。绘图区的中央设置了一个三维直角坐标系，该坐标系为 CAXA 自动创建，称为世界坐标系，其坐标原点为(0.0000, 0.0000, 0.0000)，是用户操作过程中的基准。用户创建的坐标系，称为用户坐标系，用户坐标系可以被删除，世界坐标系不能被删掉。

5）轨迹树

轨迹树记录历史操作和相互关系。

6）立即菜单

立即菜单描述了某项命令执行的各种情况或使用提示。根据当前的作图要求，正确地选择某一选项，即刻得到准确的响应。图 7.2 中的立即菜单为绘制直线时的立即菜单。

7) 状态栏

在屏幕的最下方,提供了一些 CAXA-ME 的命令响应信息,操作时应随时注意该区域的提示,有时需要利用键盘输入一些相关的数据。

关于 CAXA 制造工程师 2006 用户界面这里只给出简单介绍,有关详细内容将在后续章节结合应用实例进行详细讲解。

7.3　CAXA 几何建模技术基础

坐标系是建模的基准,在 CAXA 制造工程师中许可系统同时存在多个坐标系,图 7.3 所示为三维坐标系,其中正在使用的坐标系叫当前工作坐标系。所有的输入都是针对当前工作坐标系而言,而其他同时存在的坐标系被闲置,直到再次激活为止。为了区别于其他坐标系,系统将当前坐标系以红色表示,其他坐标系的坐标轴为白色,可以通过下拉菜单"设置"→"系统设置"更改当前坐标系及其他坐标系的颜色。作图时可以任意设定当前工作坐标系,通过激活坐标系命令,在各坐标系间切换,如图 7.4 所示。方法:单击下拉菜单的"工具"→"坐标系"→"激活坐标系"选项,单击所选择的工作坐标系。

图 7.3　坐标系

图 7.4　多个坐标系

1. 创建坐标系

创建坐标系有 5 种方法,分别是单点、三点、两相交直线、圆或圆弧和曲线相切法。

(1) 单点方式:指输入一坐标原点来确定新的坐标系,此时坐标系的 X、Y、Z 方向不发生改变,只是坐标系的原点位置发生变化。

① 单击"工具"→"坐标系"→"创建坐标系",如图 7.5 所示。

② 在左侧立即菜单中选择"单点",如图 7.6 所示。

图 7.5　坐标系的创建

图 7.6　坐标系的创建方法

③ 给出坐标原点。

④ 弹出输入条,输入坐标系名称,按 Enter 键确定,如图 7.7 所示。生成后的坐标系如图 7.8 所示。

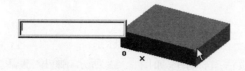

图 7.7　输入坐标系名称　　　　　　　图 7.8　生成后的坐标系

（2）三点方式：给出坐标原点、X 轴正方向上一点和 Y 轴正方向上一点生成新坐标系。

① 单击"创建坐标系"，在左侧立即菜单上选择"三点"。

② 给出坐标原点、X 轴正方向上一点和 Y 轴正方向上一点，确定 XOY 平面，如图 7.9 所示。

③ 弹出输入条，输入坐标系名称，按 Enter 键确定。

（3）两相交直线方式：拾取一条直线作为 X 轴，给出正方向，再拾取另外一条直线作为 Y 轴，给出正方向，生成新的坐标系。

① 单击"创建坐标系"。在左侧立即菜单中选择"两相交直线"，如图 7.10 所示。

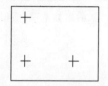
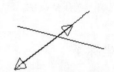

图 7.9　三点创建坐标系　　　　　　图 7.10　相交直线法创建坐标系

② 拾取第一条直线作为 X 轴，选择方向（见图 7.10）。

③ 拾取第二条直线作为 Y 轴，选择方向。

④ 弹出输入条，输入坐标系名称，按 Enter 键确定。

（4）圆或圆弧方式：指定圆或圆弧的圆心为坐标原点，以圆的端点方向或指定圆弧端点方向为 X 轴正方向，生成新坐标系。

① 单击"创建坐标系"，在立即菜单中选择"圆或圆弧"。

② 拾取圆或圆弧，选择 X 轴位置（圆弧起点或终点位置），如图 7.11 所示。

③ 弹出输入条，输入坐标系名称，按 Enter 键确定。

（5）曲线相切方式：指定曲线上一点为坐标原点，以该点的切线为 X 轴，该点的法线为 Y 轴，生成新的坐标系。

① 单击"创建坐标系"，在立即菜单中选择"曲线切法线"。

② 拾取曲线。

③ 拾取曲线上一点为坐标原点，如图 7.12 所示。

④ 弹出输入条，输入坐标系名称，按 Enter 键确定。

图 7.11　圆与圆弧方式创建坐标系　　　图 7.12　曲线切线方式创建坐标系

2. 激活坐标系

如果在系统中有多个坐标系,需要激活某一坐标系作为当前坐标系。

单击下拉菜单的"工具"→"坐标系"→"激活坐标系",如图7.13所示,弹出"激活坐标系"对话框。选择坐标系列表中的某一坐标系,单击"激活"按钮,如图7.14所示,该坐标系变为红色表示已经被激活。或者单击"手动激活"按钮,然后选择坐标系进行激活,激活结束后单击"激活结束"按钮退出对话框。

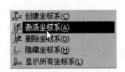

图 7.13 激活坐标系   图 7.14 "激活坐标系"对话框

3. 删除坐标系

单击下拉菜单的"工具"→"坐标系"→"删除坐标系",选择要删除的坐标系,单击删除按钮即可。世界坐标系和当前坐标系不能被删除。

4. 隐藏坐标系

单击下拉菜单的"工具"→"坐标系"→"隐藏坐标系",拾取目标坐标系后完成隐藏坐标系操作。可以一次同时隐藏多个坐标系。

5. 显示所有坐标系

单击下拉菜单的"工具"→"坐标系"→"显示所有坐标系",则所有坐标系都显示出来。

坐标系的操作不是独立存在的操作,它的使用通常在建模过程之中,在需要对坐标系进行操作时使用。对于坐标系操作的实例,在本书建模实例中再详细介绍。

7.4 CAXA 的拾取操作

1. 点拾取

说明:在画图的过程中,经常要在图形的重要点(如直线的端点、中点;圆的圆心和圆的切线等)上开始画图,此时用点拾取功能很快捷。具体操作:需要拾取重要点时,在绘图区任意位置按空格键就出现点拾取快捷菜单(见图7.15)。

实例：画条过已知圆心的直线。

步骤：

① 选取"曲线工具"工具条的直线工具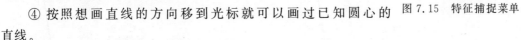，在左侧的立即菜单中选择两点直线、连续、正交方式、点方式。如图 7.2 所示。

② 在绘图区按空格键，在点拾取快捷菜单选取圆心。此时圆心前方有选中标示，如图 7.16 所示。

③ 把光标移到已知圆线上，单击选中圆(此时圆变成红色)。此时已把直线的起点设为圆心了。

④ 按照想画直线的方向移到光标就可以画过已知圆心的直线。

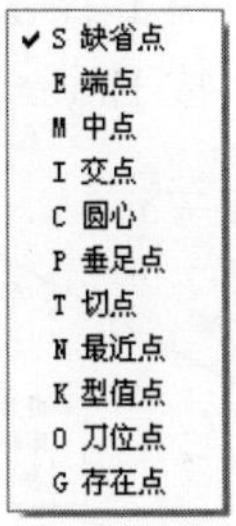

注意：其他类似要画过已知直线"中点"的线等都用此类似的操作。

```
✓ S 缺省点
  E 端点
  M 中点
  I 交点
  C 圆心
  P 垂足点
  T 切点
  N 最近点
  K 型值点
  O 刀位点
  G 存在点
```

图 7.15　特征捕捉菜单

2. 线拾取

说明：在画图的过程中，经常要对互相连接的线条进行操作(如有时要对图形的轮廓进行编辑)时，此时用线拾取功能很方便。具体操作：需要拾取线时，在绘图区任意位置按空格键就出现线拾取快捷菜单(见图 7.17 和图 7.18)。

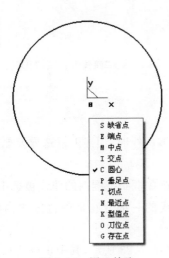

图 7.16　圆心拾取

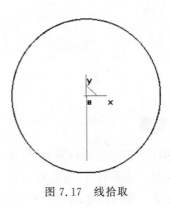

图 7.17　线拾取

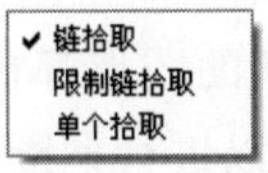

图 7.18　线拾取快捷菜单

链拾取：需要用户指定起始元素及链的搜索方向，系统从起始元素出发，沿搜索方向自动寻找所有端点相连接的元素。链拾取一般应用于元素数目较多的拾取。

限制链拾取：需要用户指定起始元素及链的搜索方向，然后再确定轮廓的限制元素，系统自动拾取起始元素和限制元素之间，所有端点相连接的元素。

单个拾取：需要用户指定起始元素及链的搜索方向，然后按搜索方向逐个拾取轮廓元素。

实例：把已知的线段组合成一条线。

步骤(见图 7.19～图 7.22)：

① 选取"线面编辑"工具。

② 按空格键，选中"链拾取"。

③ 单击直线 1。

④ 单击右边的箭头。

⑤ 按 Enter 键确定。

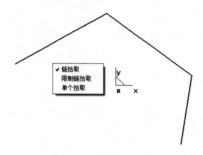

图 7.19 "线拾取"菜单

图 7.20 "链拾取"中选定直线

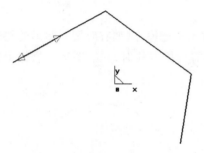

图 7.21 选"链拾取"方向

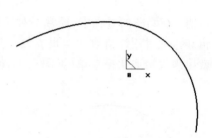

图 7.22 "曲线组合"后的线

3. 框选

对多个图形部分进行编辑时,如有时要删除多条分散的线时,用矩形框选取要删除的部分比较快捷。在框选中,有正框选和反框选之分。

正框选:如果框选是从左到右(正拾选),则只有全部在框圈范围内的曲线被选中。

反框选:如果框圈是从右向左(反拾选)则只要曲线的一部分在框圈范围之内就被选中,即只要接触到的图形都被选中。

在其他的可以进行框圈的操作中,也做上述规定,如图 7.23 所示,其中正框选只选中了中间的直线;而反框选则选中了两条。

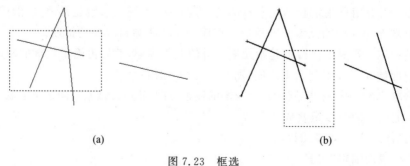

(a)   (b)

图 7.23 框选

(a) 正框选;(b) 反框选

7.5　线架造型

7.5.1　线架造型简介

所谓"线架造型"就是直接使用点、直线、圆、圆弧等曲线来表达零件形状的造型方法，点、线的绘制是实体造型和曲面造型的基础。CAXA 制造工程师软件为"草图"或"线架"的绘制提供了十多种方法：直线、圆弧、圆、椭圆、样条、点、文字、公式曲线、多边形、二次曲线、等距线、曲线投影、相关线等。利用这些方法可以方便快捷地绘制各种复杂的图形。

在使用中可以选择绘制工具条中相应的功能图标或单击下拉菜单中的"应用"→"曲线生成"→选取点、线的绘制功能来完成。在本章中以单击功能图标的方法进行讲述，如果要进行草图的绘制，只要激活"草图绘制"功能即可，并注意"基准面"的选择和"草图绘制"模式的进入与退出。

在 CAXA 制造工程师中的"曲线工具"工具条包含了上述所有绘制点、线的功能，如图 7.24 所示。

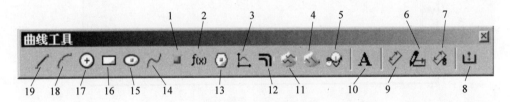

1—点；2—公式曲线；3—二次曲线；4—相关线；5—样条转圆弧；6—尺寸编辑；7—尺寸驱动；8—检查草图环是否闭合；9—尺寸标注；10—文字；11—曲线投影；12—等距线；13—正多边形；14—样条线；15—椭圆；16—矩形；17—整圆；18—圆弧；19—直线。

图 7.24　曲线工具条

7.5.2　实例操作

例 7.1　利用草图绘制的方法绘制如图 7.25 所示的平面图形。

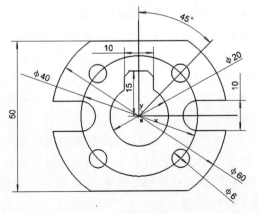

图 7.25　平面草绘图形

为了练习对图形进行尺寸标注,选择在草图下完成平面图形的绘制。

【操作步骤】

步骤1:在系统界面内用光标选择 XY 平面为草图平面,在绘图区域会出现一个100×100的红色方框表示现在所选择的平面为草图平面,再右击弹出快捷菜单选择创建草图,进入草图绘制方式,如图7.26所示。或者直接单击草图功能键 ,进入草图绘制方式。

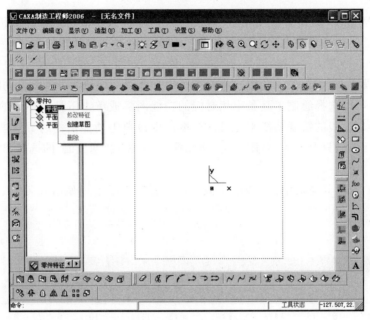

图 7.26　进入草绘平面

步骤2:绘制 $\phi20,\phi40,\phi60$ 的圆。

在曲线工具条中选择"整圆"工具 ,在立即菜单中设置成圆心-半径方式。

此时在屏幕的左下方,系统提示行中会显示输入圆的圆心,用鼠标单击选择坐标系的原点。由于系统采用的是智能捕捉方式,所以可以捕捉到坐标系的原点。接下来系统提示输入圆的半径,用键盘输入10后按Enter键,则完成了 $\phi20$ 圆的绘制;此时整圆命令并没有结束,再用键盘输入20,按Enter键结束,可以完成 $\phi40$ 圆的绘制;再用键盘输入30,按Enter键结束。完成后的图形如图7.27所示。

注意:在CAXA制造工程师中提供了三种绘制圆的方法,分别是圆心-半径、三点和两点-半径方式。三种方式的切换可以通过位于屏幕左侧的立即菜单实现,如图7.28所示。其中圆心-半径绘圆,是按指定的圆心和半径生成一个整圆,生成的整圆所在的平面平行于当前面;三点绘圆是指由给定圆上的三个点生成整圆,其中"第一点"为整圆的起点,"第二点"为整圆的终点,"第三点"为整圆上的一点;两点-半径绘圆是按给定两点和半径生成整圆,生成的整圆所在的平面平行于当前面。

步骤3:选取曲线工具条的"直线"工具 ,在左侧的立即菜单中选择两点直线、连续、正交方式、长度方式,设置长度为50(见图7.29),用鼠标拾取坐标系的原点作为直线第一点,将鼠标沿 X 的正方向移动,用鼠标左键任意单击 X 的正方向的一点(见图7.30),确定生成直线的方向,完成中心线的绘制。

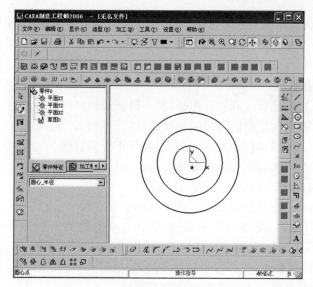

图 7.27　绘制圆

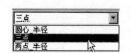

图 7.28　绘制圆的立即菜单

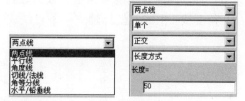

图 7.29　绘制直线的立即菜单

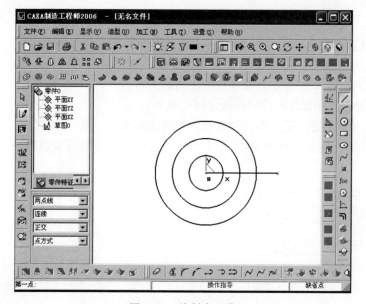

图 7.30　绘制中心线

注意：直线是图形构成的基本要素。直线绘制功能提供了两点线、平行线、角度线、相切/法线、角等分线和水平/铅垂 6 种方式。在绘图工具条中选择"直线"命令图标，就可激活该功能,切换立即菜单中的方式,就可用选择的方式绘制直线,如图 7.29 所示。

(1) 两点线就是在屏幕上按给定两点画一条直线或按给定的连续条件画连续的直线段,如图 7.31 所示。

【相关参数】

连续:指每段直线段相互连接,前一段直线段的终点为下一直线段的起点。

单个:指每次绘制的直线段相互独立,互不相关。

非正交:可以画任意方向的直线,包括正交的直线。

正交:指所画直线与坐标轴垂直。

点方式:指定两点来画出正交直线。

长度方式:指按给定长度和点来画出正交直线。

(2) 平行线:按给定距离或通过给定点绘制与一线段平行且长度相等的线段,如图 7.32 所示。

【相关参数】

过点:指通过一点作已知直线的平行线。

距离:指按照固定的距离作已知直线的平行线。

条数:可以同时作出的多条平行线的数目。

(3) 角度线:生成与坐标轴或一条直线成一定夹角的直线,如图 7.33 所示。

图 7.31　绘两点直线

图 7.32　生成平行直线

图 7.33　生成角度直线

【相关参数】

与 X 轴夹角:所作直线与 X 轴正方向之间的夹角。

与 Y 轴夹角:所作直线与 Y 轴正方向之间的夹角。

与直线夹角:所作直线与已知直线之间的夹角。

(4) 切线/法线:过给定点作已知曲线的切线或法线。

(5) 角等分线:根据立即菜单(见图 7.34)设定的等分份数用直线段将一个角等分,如图 7.35 所示。

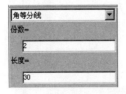

图 7.34　角等分线立即菜单

图 7.35　角等分线

(6) 水平/铅垂:生成平行或垂直于当前坐标轴的直线。

步骤 4:在线面编辑工具条(见图 7.36)中选择"曲线拉伸"工具，此时系统提示拾取曲线,拾取中心线的左端点位置,在立即菜单中选择伸缩，拉动中心线沿 X

轴负方向移动最大圆外边,单击左键完成,如图 7.37 所示。

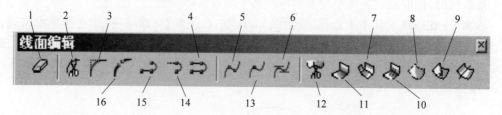

1—删除；2—曲线裁剪；3—曲线过渡；4—曲线优化；5—编辑型值点；6—编辑端点切矢；
7—曲面拼接；8—曲面延伸；9—曲面优化；10—曲面缝合；11—曲面过渡；12—曲面裁剪；
13—编辑控制顶点；14—曲线拉伸；15—曲线组合；16—曲线打断。

图 7.36　线面编辑工具条

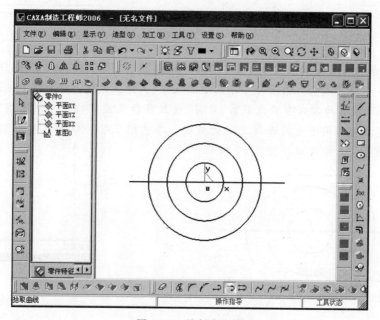

图 7.37　绘制中心线

注意：曲线拉伸将指定曲线拉伸到指定点。单击图标 ⤴,即可激活该功能。立即菜单为：[伸缩] [非伸缩]。曲线拉伸后原线不存在。

伸缩：将直线(或曲线)在该线上拉伸或缩短到指定点,线的长度改变,形状不改变。拾取线时,拾取点靠近哪个端点即"拉"到哪个端点,另一端点位置不变,如图 7.38 所示。

拉伸前　　拉伸后　　　　拉伸前　　拉伸后
(a)　　　　　　　　　　(b)

图 7.38　曲线拉伸
(a)"非伸缩"；(b)"伸缩"

非伸缩：将直线(或曲线)端点拉并移到指定点，另一端点位置不变，线长度及形状会改变。拾取线时，拾取点靠近哪个端点即"拉"哪个端点。

步骤5：在曲线工具条中选择"等距线"工具 ，在左侧"立即菜单"中选择单根曲线、等距、距离为25、精度为0.1，如图7.39所示。单击中心线作为目标曲线，此时系统提示，选择等距方向，单击上方箭头；再单击中心线，单击下方箭头就能生成所需两条等距线，如图7.40右图所示。

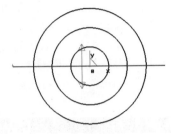

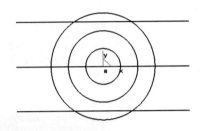

图7.39　绘制等距线立即菜单　　　　　　　　图7.40　绘制两等距线

步骤6：选取线面编辑工具条(见图7.36)中的"曲线裁剪" 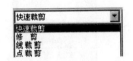，在左侧的立即菜单中设置快速裁剪——正常裁剪。拾取图中不需要的线条，去掉多余的部分线条，如图7.41所示。

注意：曲线裁剪的方式有快速裁剪、修剪、线裁剪和点裁剪四种。快速裁剪、修剪和线裁剪中的投影裁剪适用于空间曲线之间的裁剪。单击图7.36中"曲线裁剪"功能图标 ，即可激活该功能。立即菜单如图7.42所示。

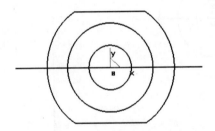

图7.41　裁剪多余直线　　　　　　　　图7.42　曲线裁剪立即菜单

(1) 快速裁剪：快速裁剪的方式有正常裁剪和投影裁剪两种。单击相交线(或投影相交线)的哪一段，哪一段就被裁剪掉，立即菜单如图7.43所示。

(2) 修剪：修剪是用拾取一条曲线或多条曲线作为剪刀线，对一系列被裁剪曲线进行裁剪，立即菜单如图7.44所示。在使用修剪命令时可以拾取多条曲线作为剪刀线，剪刀线同时也可以作为被裁剪线。修剪功能中不能采用延伸的做法，只有在实际交点处进行裁剪。投影裁剪适用于空间曲线之间的裁剪。

图7.43　快速裁剪立即菜单　　　　　　　　图7.44　修剪立即菜单

(3) 线裁剪：线裁剪是以一条曲线作为剪刀线，对其他曲线进行裁剪，立即菜单如图7.45所示。

（4）点裁剪：点裁剪是利用点作为剪刀，对曲线进行裁剪，立即菜单为 点裁剪 ▼ 。拾取被裁剪线的保留段→拾取剪刀点（可按空格选取特征点）→选被裁剪线→右击结束。

步骤 7：在曲线工具条中选择"整圆"工具 ⊕ ，在立即菜单中选择圆心-半径方式。圆心为中间线与直径 40 圆的交点，半径为 5 生成圆 1，如图 7.46 所示。

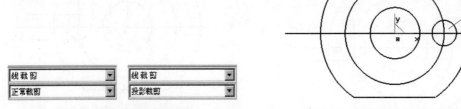

| 线裁剪 ▼ |
| 正常裁剪 ▼ |

| 线裁剪 ▼ |
| 投影裁剪 ▼ |

图 7.45　线裁剪立即菜单　　　　　　　图 7.46　采用圆心半径方式绘圆 1

步骤 8：选取曲线工具条的"直线"工具 ／ ，绘制两点、单个、正交线，如图 7.47 所示。单击选取半径为 5 圆的圆心，再往 Y 正方向移动光标到圆 1 外方，单击鼠标，生成竖直线如图 7.48 所示。

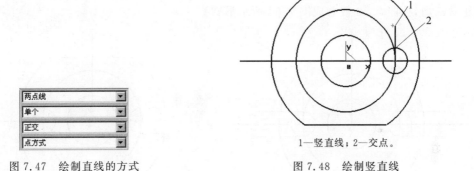

| 两点线 ▼ |
| 单个 ▼ |
| 正交 ▼ |
| 点方式 ▼ |

图 7.47　绘制直线的方式

1—竖直线；2—交点。

图 7.48　绘制竖直线

步骤 9：单击竖直直线与圆 1 的交点，向右移动鼠标到最大圆外方，左击，生成如图 7.49 所示直线 1。

步骤 10：单击几何变换工具条（见图 7.50）中的 ⚌ ，依次选择直线 2 的左端点、右端点。再单击直线 1，按 Enter 键，结果如图 7.51 所示。

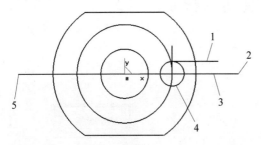

1—直线 1；2—右端点；3—直线 2；4—圆 1；5—左端点。

图 7.49　绘制直线 1

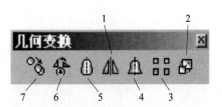

1—平面镜像；2—缩放；3—阵列；4—镜像；
5—旋转；6—平面旋转；7—移动。

图 7.50　几何变换工具条

步骤 11：选取曲线工具条的"直线"工具 ，在左侧的立即菜单中选择两点直线、连续、正交方式、长度方式，设置长度为 35，单击同心圆圆心，再往 Y 正方向移动光标，单击鼠标，生成直线 3，如图 7.52 所示。

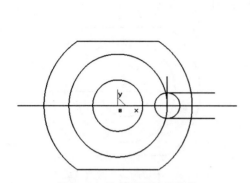

图 7.51　绘制平面镜像直线

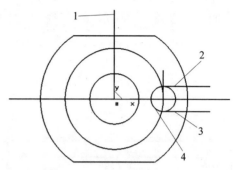

1—直线 3；2—直线 1；3—直线 4；4—圆 3。

图 7.52　绘制直线 3

步骤 12：单击 ，依次选择直线 3 的上端点、同心圆圆心。再选直线 1、直线 4 和圆 3，按 Enter 键，如图 7.53 所示。

步骤 13：选取"线面编辑"工具条中的"曲线裁剪" ，在左侧的立即菜单中设置快速裁剪、正常裁剪，把图 7.53 裁剪成图 7.54 所示形式。

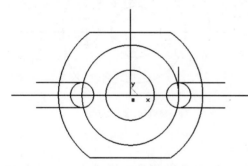

图 7.53　平面镜像

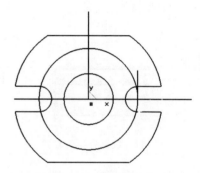

图 7.54　裁剪多余线

步骤 14：单击线面编辑工具条的 ，选中中间的直线，按 Enter 键得到图 7.55。

步骤 15：单击几何变换工具条中的 ，把立即菜单设置成如图 7.56 所示，单击图 7.57 中圆心位置，再选中直线 3，按 Enter 键，得到图 7.57。

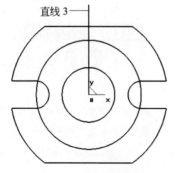

图 7.55　删除多余线

图 7.56　平面旋转菜单

步骤 16：在曲线工具条中选择"整圆"工具 ，在立即菜单中选择圆心-半径方式，单击图 7.58 所示圆心指示位置，再键盘输入 3，按 Enter 键，生成如图 7.58 所示圆 2。

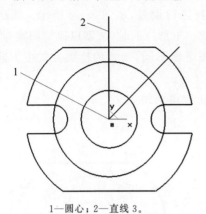

1—圆心；2—直线 3。

图 7.57　平面旋转生成线

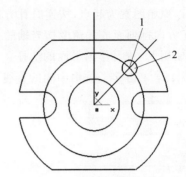

1—圆心；2—圆 2。

图 7.58　采用圆心半径方式画圆 2

步骤 17：选取几何变换工具条中的"阵列"工具 ，在左侧的立即菜单（见图 7.59）中选择圆形、均布、份数为 4，系统提示拾取元素，单击圆 2 作为要阵列的对象，按 Enter 键，再用鼠标拾取坐标系的原点，按 Enter 键，完成阵列如图 7.60 所示。

图 7.59　圆形阵列立即菜单

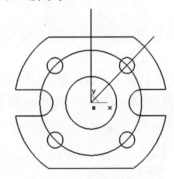

图 7.60　圆形阵列

注意：阵列是通过一次操作同时生成若干个相同的图形，可以提高作图速度。阵列有圆形阵列和矩形阵列两种方式。单击阵列图标 ，即可激活该功能，立即菜单如图 7.61 所示。

（1）圆形阵列

① 夹角方式　单击阵列图标，在立即菜单中选择圆形、夹角、输入相邻图案之间的夹角，设置完成后右击鼠标；输入第一个图案与最后一个图案之间形成的夹角，完成设置后右击鼠标；

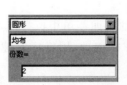

图 7.61　阵列立即菜单

② 均布方式　单击阵列图标，在立即菜单中选择圆形、均布、输入图案的份数，右击鼠标完成设置；按空格键进行选项的选择；拾取要阵列的元素，右击鼠标；拾取（或输入）图案的中心点。

（2）矩形阵列

单击阵列图标，在立即菜单中选取"矩形"、输入行数、右击鼠标，输入行距、右击鼠标，输入列数、右击鼠标,输入列距、右击鼠标,输入角度、右击鼠标;按空格键,进行选项的选择,拾取要阵列的元素,右击鼠标。

　　在其中"按空格键进行选项的选择"是要对选择进行设置,如图 7.62 所示。圆形阵列时,图案以原始图案为起点,按逆时针方向旋转而成。矩形阵列时,图案以原始图案为起点,沿轴的正方向排列而成。角度指与轴的夹角。作图平面不同,图案的排列方式也不同。另外,注意使用 F9 进行作图平面的选择。

　　步骤 18:单击 ⬚，选中中间的直线 3,按 Enter 键得到图 7.63。

图 7.62　拾取设置

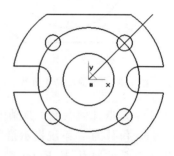

图 7.63　删除直线 3

　　步骤 19:选取曲线工具条的"直线"工具 ⬚，在左侧的立即菜单中选择两点直线、连续、正交方式、长度方式,设置长度为 15(见图 7.64),用鼠标拾取坐标系的原点作为直线第一点,将鼠标沿 Y 的正方向移动,用鼠标左键任意单击 Y 的正方向的一点(见图 7.65),确定生成直线的方向,完成如图 7.65 所示直线 5 的绘制。

图 7.64　直线立即菜单

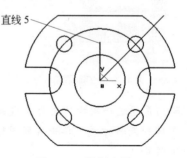

图 7.65　绘制直线 5

　　步骤 20:在左侧的立即菜单中选择两点直线、连续、正交方式、长度方式,设置长度为 10,将鼠标沿 X 的负方向移动,用鼠标左键任意单击 X 的负方向的一点,得到直线 6,如图 7.66 所示。

　　步骤 21:单击几何变换工具条中的图标 ⬚，在立即菜单中选择两点、移动、正交;单击选中直线 6,按 Enter 键;再把鼠标移到直线 6 上,此时默认出现直线的中点,单击该中点,再单击直线 5 的上端点,完成结果如图 7.67 所示。

　　注意:移动是对拾取到的曲线相对原址进行移动或复制。鼠标单击移动图标 ⬚，即可激活移动功能,立即菜单如图 7.68 所示。

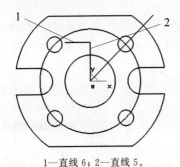

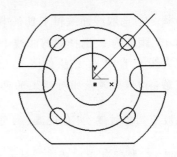

1—直线 6；2—直线 5。

图 7.66　绘制直线 6

图 7.67　平移直线

（1）两点　单击移动图标，在立即菜单中选择两点、拷贝（或移动）、正交（或非正交）；拾取元素（或被移动的线），右击结束选择；选取或输入基点，选取或输入目标点，按 Enter 键结束。

（2）偏移量　单击移动图标，在立即菜单中选择偏移量、拷贝（或移动）、输入 X 方向移动的距离、右击（或按 Enter 键）；输入 Y 方向移动的距离、右击（或按 Enter 键）；输入 Z 方向的移动距离、右击（或按 Enter 键）；拾取被移动的元素（或按空格键进行选项选择），右击结束。

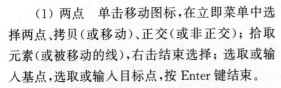

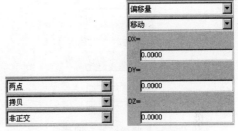

图 7.68　移动立即菜单

作图时，常常需要将曲线移动或复制到其他地方。在线架（非"草图绘制"）模式下，不能利用辅助基准平面的办法，作某方向上的相同（或相似的）曲线。而用等距线的方法有时又受到限制，曲线投影只能在草图绘制时使用。因此移动功能在作图中的使用频率较高。

步骤 22：选取曲线工具条的"直线"工具 ，在左侧的立即菜单中选择两点直线、连续、正交方式、长度方式，设置长度为 10，用鼠标拾取坐标系的直线 6 的左端点作为直线第一点，将鼠标沿 Y 的负方向移动，用鼠标左键任意单击 Y 的负方向的一点（见图 7.69），确定生成直线的方向，按 Enter 键，生成直线 7。

再用类似的操作，到右端点画相同的直线 8。

步骤 23：选取线面编辑工具条中的"曲线裁剪" ，在左侧的立即菜单中设置快速裁剪、正常裁剪，把图 7.69 裁剪成图 7.70。

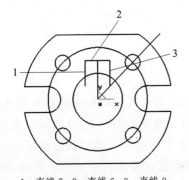

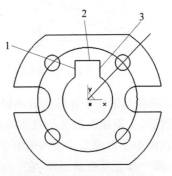

1—直线 7；2—直线 6；3—直线 8。

图 7.69　绘制直线 7 和 8

1—直线 7；2—直线 6；3—直线 8。

图 7.70　裁剪多余线

步骤24：选取线面编辑工具条中的"曲线过渡" 图，在左侧立即菜单中选取倒角过渡、角度为45、距离为2、选择裁剪曲线1、裁剪曲线2，如图7.71所示。再单击直线6、直线7；再单击直线6、直线8；结果如图7.72所示。

注意：曲线过渡是指对指定的两条曲线进行圆弧过渡、尖角过渡或对两条直线倒角。

曲线过渡有圆弧过渡、尖角过渡、倒角三种过渡方式，立即菜单为 圆弧过渡 。单击曲线过渡 图，即可激活该功能。对尖角、倒角及圆角过渡中需要裁剪时，拾取的段均是需要保留的段。

图 7.71 曲线过渡立即菜单

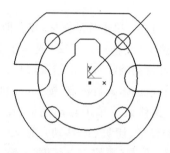

图 7.72 生成倒角

（1）圆弧过渡用于在两根曲线之间进行给定半径的圆弧光滑过渡。可以利用立即菜单控制是否对两条曲线进行裁剪，该裁剪是用生成的圆弧对曲线进行裁剪。系统约定只生成劣弧（圆心角小于180°的圆弧）。圆弧在两曲线的哪个侧面生成，取决于两根曲线上的拾取位置，即两根曲线上的拾取位置决定了圆弧过渡的位置。

（2）倒角过渡用于在给定的两直线之间进行过渡，过渡之后在两直线之间倒一条给定角度和长度的直线，立即菜单如图7.73所示。依据所选择的是裁剪还是不裁剪，倒角过渡后，两直线可以被倒角线裁剪，也可不被倒角线裁剪。角度为倒角线与第一条曲线之间的夹角（或−180°）。拾取线的顺序不同，倒角的情况也不一样。距离是倒角斜线的长度，如图7.74所示，若输入的倒角距离为5，则倒角的斜线长度为5。

图 7.73 倒角过渡立即菜单

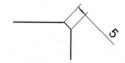

图 7.74 倒角过渡

（3）尖角过渡用于在给定的两根曲线之间进行过渡，过渡后在两曲线的交点处呈尖角。尖角过渡后，一根曲线被另一根曲线裁剪（见图7.75），立即菜单如图7.76所示。尖角过渡与快速裁剪中正常裁剪在绘图中的功能相似，只是裁剪方法有别。快速裁剪是鼠标点取哪一部分，哪一部分就被裁剪掉，它一次裁剪一条线。尖角过渡是鼠标点取哪一部分，哪一部分就被保留，它可以一次将两条线同时裁剪。

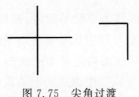

图 7.75　尖角过渡

图 7.76　尖角过渡立即菜单

步骤 25：选取曲线工具条的"直线"工具 ，在左侧的立即菜单中选择两点直线、连续、正交方式、长度方式，设置长度为 35，用鼠标拾取中心圆心作为直线第一点，将鼠标沿 Y 的正方向移动，用鼠标左键任意单击 Y 的正方向的一点，确定生成直线的方向，按 Enter 键生成直线 9，如图 7.77 所示。

步骤 26：完成尺寸标注。单击尺寸标注图标 （见图 7.78），选取要标注的尺寸内容，将尺寸放置在合适的位置。完成后的图形如图 7.25 所示。

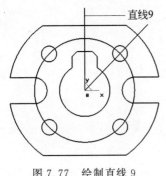

直线9

图 7.77　绘制直线 9

1—尺寸驱动；2—检查草图环是否闭合；3—尺寸编辑；4—尺寸标注。

图 7.78　尺寸工具

7.6　实体特征造型

实体特征造型是 CAD/CAM 软件的发展趋势，特征设计是制造工程师的重要组成部分。制造工程师采用精确的实体特征造型技术，完全抛弃了传统的体素合并和交并差的繁琐方式，将设计信息用特征术语来描绘，使整个设计过程直观、简单、准确。

通常的特征包括孔、槽、型腔、点、凸台、圆柱体、块、锥体、球体、管子等，制造工程师可以方便地建立和管理这些特征信息。

7.6.1　草图绘制

草图绘制是特征生成的关键步骤，是特征生成所依赖的曲线组合。绘制草图的过程可以分为确定草图基准平面、选择草图状态、草图绘制、草图参数化修改、草图环检查五步。

1) 确定基准平面

草图中曲线必须依赖于一个基准面，开始一个新草图前也就必须选择一个基准面。基准面可以是特征树中已经有的坐标平面（如 XY,XZ,YZ 坐标平面），也可以是实体中生成的某个平面，还可以是构造出来的平面。

（1）选择基准平面　　选择现有的坐标平面或实体表面作为草绘平面，用鼠标选择特征树中要选择的平面，或在实体表面直接单击要选择的平面就可以完成基准草绘平面的选择。

（2）构造基准平面　　制造工程师为用户提供了方便、灵活的构造基准平面的方式，包括"等距平面确定基准平面""过直线与平面成夹角确定基准平面""生成曲面上某点的切平面""过点且垂直于曲线确定基准平面""过点且平行平面确定基准平面""过点和直线确定基准平面""三点确定基准平面""根据当前坐标系构造基准平面"等8种构造基准平面的方式。在特征工具条中选择"构造基准平面"工具 ，就能弹出如图7.79所示的构造基准面对话框。在对话框中选择所需的构造方法，依照"构造方法"下的提示作相应操作，单击"确定"按钮，这个基准面就作好了。在特征树中，可见新增加了刚刚作好的这个基准平面。如图7.80所示，就是以图所示的构造方法选择在 Z 轴的正方向上与 XY 平面相距 45 mm 的基准平面。

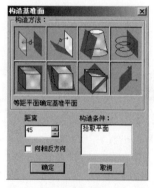

图7.79　构造基准面对话框

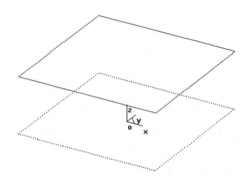

图7.80　等距平面确定基准平面

2）选择草图状态

选择一个基准平面后，在状态工具条下选择"绘制草图" ，在特征树中添加了一个草图数枝，表示已经处于草图状态，开始了一个新草图。

3）草图绘制

进入草图状态后，利用曲线生成命令绘制所需要的草图，并利用曲线编辑工具对曲线进行编辑。草图的绘制方法有两种：第一，可以先绘制图形的大致形状，然后通过草图参数化功能对图形进行修改，最终得到所期望的图形；第二，也可以直接按照标准尺寸精确作图。

4）草图参数化修改

在草图环境下，可以任意绘制曲线，然后对绘制的草图标注尺寸；然后根据需要更改尺寸值。二维草图就会随着给定的尺寸值而变化，达到最终希望的精确形状。此种方式就是草图的参数化功能，也就是尺寸驱动功能。

草图参数化修改的过程：先在曲线工具条中选择尺寸标注工具 ，对图形进行标注，如图7.81所示；再选择尺寸驱动工具 ，进行尺寸驱动，如图7.82所示。

5）草图环检查

草图环检查用来检查草图环是否封闭。当草图环封闭时，系统提示"草图不存在开口环"。当草图环不封闭时，系统提示"草图在标记处为开口或重合"，如图7.83所示。

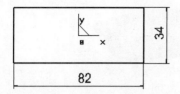

图 7.81　标注后的图形

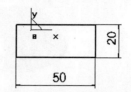

图 7.82　尺寸驱动后的图形

在完成草图绘制之后，在曲线工具条中选择检查草图环是否封闭工具，此时系统自动检测草图是否存在开口或重合，并在开口或重合地方出现红色标记。

当草图编辑完成后，单击绘制草图图标，按钮弹起表示退出草图状态。只有退出草图状态之后才可以生成特征。

图 7.83　草图环检查

7.6.2　轮廓特征

在制造工程师中，提供了 4 种基本轮廓特征工具，分别表示拉伸增料和拉伸除料、旋转增料和旋转除料、放样增料和放样除料、导动增料和导动除料。

1）拉伸增料和拉伸除料

（1）拉伸增料

将一个轮廓曲线根据指定的距离作拉伸操作，用以生成一个增加材料的特征。

当草图完成后，单击特征工具条中的拉伸增料工具，弹出拉伸增料对话框，如图 7.84 所示。

在拉伸类型中有 3 种拉伸方式，分别是"固定深度""双向拉伸"和"拉伸到面"，如图 7.85 所示。拉伸增料操作中有以下参数。

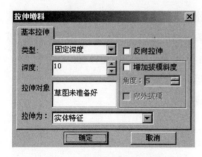

图 7.84　"拉伸增料"对话框

图 7.85　拉伸方式

① 深度　指拉伸的尺寸，可以直接输入所需要的数值，也可以单击按钮来调节。

② 拉伸对象　指对需要拉伸的草图的选择。

③ 反向拉伸　指与默认方向向反的方向拉伸。

④ 增加拔模斜度　指使拉伸的实体带有锥度，如图 7.86 所示。

图 7.86　拔模斜度

(a) 拔模斜度；(b) 向外拔模

⑤ 角度　指拔模时母线与中心线的夹角。

⑥ 向外拔模　与默认方向相反的拔模方向。

⑦ 双向拉伸　指以草图为中心，向相反的两个方向进行拉伸，深度值以草图为中心平分。

⑧ 拉伸到面　指拉伸位置以曲面为结束点进行拉伸，需要选择要拉伸的草图和拉伸到的曲面。

⑨ 薄壁特征　可以设置拉伸的薄壁类型和壁厚等参数如图 7.87 所示，以生成薄壁特征，如图 7.88 所示。

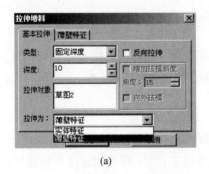
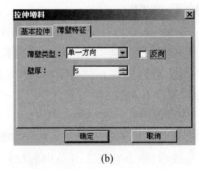

(a)　　　　　　　　　　　　　　　(b)

图 7.87　薄壁特征

(a) 薄壁特征与实体特征的切换；(b) 薄壁特征的方向选择

（2）拉伸除料

将一个轮廓曲线根据指定的距离作拉伸操作，用以生成一个减去材料的特征。拉伸除料的功能与拉伸增料相似，区别就在于增料是作一个增实体，而除料是在已有的实体上去除材料。其使用方法可参照拉伸增料或后面的例子。

图 7.88　生成的薄壁特征

2）旋转增料和旋转除料

（1）旋转增料

通过围绕一条空间直线旋转一个或多个封闭轮廓，增加生成一个特征。

当草图完成后，单击特征工具条中的旋转增料工具 ，弹出旋转增料对话框，如图 7.89 所示。在旋转类型中包括"单向旋转""对称旋转"和"双向旋转"，如图 7.90 所示。具体参数选择如下所述。

① 单向旋转　指按照给定的角度数值进行单向旋转，如图 7.91 所示。

② 角度　指旋转的尺寸值，可以直接输入所需要数值，也可以单击按钮来调节。

③ 反向旋转　指与默认方向相反的方向进行旋转。

图 7.89　旋转对话框

图 7.90　旋转方式的选择

图 7.91　单向旋转

④ 拾取　指对需要旋转的草图和轴线进行选取。

⑤ 对称旋转　指以草图为中心,向相反的两个方向进行旋转,角度值以草图为中心平分,如图 7.92 所示。

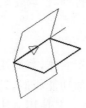

图 7.92　对称旋转

⑥ 双向旋转　指以草图为起点,向两个方向进行旋转,角度值分别输入,如图 7.93 所示。

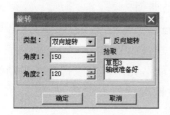
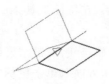

图 7.93　双向旋转

轴线是空间曲线,需要退出草图状态之后绘制。

(2) 旋转除料

通过围绕一条空间直线旋转一个或多个封闭轮廓,移除生成一个特征。

旋转除料与旋转增料的功能类似,只是旋转除料是在已有的材料上旋转除去需要的形状,而增料是作一个增实体。其使用方法可以参照旋转增料或后面的例题。

3) 放样增料和放样除料

(1) 放样增料

根据多个截面线轮廓生成一个实体,如图 7.94 所示。截面线应为草图轮廓。

在不同的草图状态下绘制两个或两个以上的截面线。完成后,单击特征工具条中的放样增料工具 ,弹出放样对话框如图 7.95 所示,选择绘制好的草图作为截面,观察放样线的生成方式,调整符合要求的放样顺序,单击"确定"按钮完成"放样增料"操作。放样对话框中的参数如下所述。

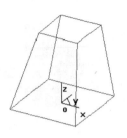
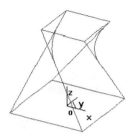

图 7.94 放样增料

图 7.95 "放样"对话框

① 轮廓　指需要放样的草图。

② 上和下　指调节拾取草图的顺序。

轮廓按照操作中的拾取顺序排列,拾取轮廓时,要注意状态栏指示,拾取不同的边、不同的位置,会产生不同的放样结果。

（2）放样除料

根据多个截面线轮廓去除一个实体,截面线应为草图轮廓。

放样除料的功能和放样增料的功能相似,只是放样除料是在已有的材料上放样除去需要的形状,而增料是作一个增实体。其使用方法可以参照放样增料或后面的例子。

4）导动增料和导动除料

（1）导动增料

将某一截面曲线或轮廓线沿着另外一条轨迹线运动生成一个特征实体。截面线应为封闭的草图轮廓,截面线沿着轨迹曲线的运动形成了导动曲面。

绘制完截面草图和导动曲线后,在特征工具条中选择导动增料工具 ，弹出导动对话框,如图 7.96 所示。

按照对话框中的提示"先拾取轨迹线,右键结束拾取",先用鼠标左键选择导动线的起始线段,根据状态栏提示"确定链搜索方向",单击鼠标左键确认拾取完成,如图 7.97 所示,单击右键结束轨迹线的拾取。

此时对话框显示轨迹线已经拾取完成,拾取截面相应的草图,在"选项控制"中选择适当的导动方式(固接导动),如图 7.96 所示。单击"确定"按钮完成实体造型,如图 7.98 所示。导动增料的参数如下所述。

图 7.96 选择导动方式

图 7.97 确定链搜索方向

图 7.98 导动完成

轮廓截面线：指需要导动的草图，截面线应为封闭的草图轮廓。

轨迹线：指草图导动所沿的路径。

选项控制中包括"平行导动"和"固接导动"两种方式。

平行导动：指截面线沿导动线趋势始终平行它自身的平动而生成的特征实体，如图 7.99 所示。

固接导动：指在导动过程中，截面线和导动线保持固接关系，即让截面线平面与导动线的切矢方向保持相对的角度不变，而且截面线在自身相对坐标系中的位置关系保持不变，截面线沿导动线变化的趋势导动生成特征实体，如图 7.100 所示。

图 7.99　平行导动图

图 7.100　固接导动

（2）导动除料

将某一截面曲线或轮廓线沿着另外一条轨迹线运动除去一个特征实体。截面线应为封闭的草图轮廓，截面线沿着轨迹曲线的运动形成了导动曲面。

导动除料的功能和导动增料的功能相似，只是导动除料是在已有的材料上导动除去需要的形状，而增料是作一个增实体。其使用方法可以参照导动增料或后面的例子。

另外还可采用曲面加厚和曲面减料。

① 曲面加厚：对指定的曲面按照给定的厚度和方向生成实体。可对单独曲面进行加厚操作，也可对封闭的曲面进行内部填充生成实体。

② 曲面减料：对指定的曲面按照给定的厚度和方向进行去除的特征修改。可对单独曲面进行加厚除料操作，也可对封闭的曲面进行内部填充去除的特征修改。

7.7　连杆件的造型与加工

本节以如图 7.101 和图 7.102 所示的连杆为例，说明在 CAXA 制造工程师中连杆件的造型和加工。

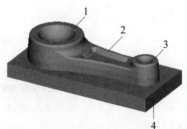

1—大凸台；2—基本拉伸体；3—小凸台；4—底部托板。

图 7.101　连杆造型

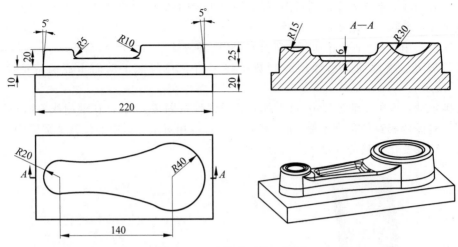

图 7.102　连杆造型的三视图

7.7.1　连杆件的实体造型

根据连杆的造型及其三视图可以分析出连杆主要包括底部的托板、基本拉伸体、两个凸台、凸台上的凹坑和基本拉伸体上表面的凹坑。底部的托板、基本拉伸体和两个凸台通过拉伸草图来得到。凸台上的凹坑使用旋转除料来生成。基本拉伸体上表面的凹坑先使用等距实体边界线得到草图轮廓,然后使用带有拔模斜度的拉伸减料来生成。

1. 作基本拉伸体的草图

(1) 单击零件特征结构树的"平面 XOY",选择 XOY 面为绘图基准面。

(2) 单击"绘制草图"按钮，进入草图绘制状态。

(3) 绘制整圆:单击曲线工具条上的"整圆"按钮，在立即菜单中选择作圆方式为"圆心_半径",按 Enter 键,在弹出的对话框中先后输入圆心(70,0,0),半径 $R=20$ 并确认,然后单击鼠标右键结束该圆的绘制。同样方法输入圆心($-70,0,0$),半径 $R=40$ 绘制另一圆,并连续单击鼠标右键两次退出圆的绘制。结果如图 7.103 所示。

(4) 绘制相切圆弧:单击曲线工具条上的"圆弧"按钮，在特征树下的立即菜单中选择作圆弧方式为"两点_半径",然后按空格键,在弹出的点工具菜单中选择"切点"命令,拾取两圆上方的任意位置,按 Enter 键,输入半径 $R=250$,确认完成第一条相切线。接着拾取两圆下方的任意位置,同样输入半径 $R=250$。结果如图 7.104 所示。

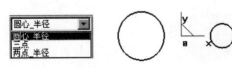

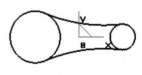

图 7.103　采用圆心半径方式画圆　　　　图 7.104　采用两点半径方式画圆弧

（5）裁剪多余的线段：单击线面编辑工具条上的"曲线裁剪"按钮 ，在默认立即菜单选项下，拾取需要裁剪的圆弧上的线段，结果如图 7.105 所示。

（6）退出草图状态：单击"绘制草图"按钮 ，退出草图绘制状态。按 F8 键观察草图轴测图，如图 7.106 所示。

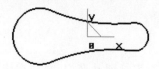
图 7.105　裁剪多余线

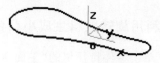
图 7.106　生成轴测图

2. 利用拉伸增料生成基本拉伸体

（1）单击特征工具条上的"拉伸增料"按钮 ，在对话框中输入深度＝10，选中"增加拔模斜度"复选框，输入拔模角度＝5°，并确定。结果如图 7.107 所示。

图 7.107　拉伸增料

（2）拉伸小凸台：单击基本拉伸体的上表面，选择该上表面为绘图基准面，然后单击"绘制草图"按钮 ，进入草图绘制状态。单击"整圆"按钮 ，按空格键选择"圆心"命令，单击上表面小圆的边，拾取到小圆的圆心，再次按空格键选择"端点"命令，单击上表面小圆的边，拾取到小圆的端点，单击右键完成草图的绘制。

（3）单击"绘制草图"按钮 ，退出草图状态。然后单击"拉伸增料"按钮 ，在对话框中输入深度＝10，选中"增加拔模斜度"复选框，输入拔模角度＝5°，并确定。结果如图 7.108 所示。

图 7.108　生成小凸台

（4）拉伸大凸台：绘制小凸台草图相同步骤，拾取上表面大圆的圆心和端点，完成大凸台草图的绘制。

（5）与拉伸小凸台相同步骤，输入深度＝15，拔模角度＝5°，生成大凸台，结果如图 7.109 所示。

图 7.109　生成大凸台

3. 利用旋转减料生成小凸台凹坑

（1）单击零件特征树的"平面 XOZ"，选择平面 *XOZ* 为绘图基准面，然后单击"绘制草图"按钮 ，进入草图绘制状态。

（2）作直线 1：单击"直线"按钮 ，按空格键选择"端点"命令，拾取小凸台上表面圆的端点为直线的第 1 点，按空格键选择"中点"命令，拾取小凸台上表面圆的中点为直线的第 2 点。

（3）单击曲线工具条的"等距线"按钮 ，在立即菜单中输入距离 10，拾取直线 1，选择等距方向为向上，将其向上等距 10，得到直线 2，如图 7.110 所示。

（4）绘制用于旋转减料的圆：单击"整圆"按钮 ，按空格键选择"中点"命令，单击直线 2，拾取其中点为圆心，按 Enter 键输入半径 15，单击鼠标右键结束圆的绘制，如图 7.111 所示。

图 7.110　绘制等距线

图 7.111　采用圆心半径方式画圆

（5）删除和裁剪多余的线段：拾取直线 1，单击鼠标右键在弹出的菜单中选择"删除"命令，将直线 1 删除。单击"曲线裁剪"按钮 ，裁剪掉直线 2 的两端和圆的上半部分，如图 7.112 所示。

（6）绘制用于旋转轴的空间直线：单击"绘制草图"按钮 ，退出草图状态。单击"直线"按钮 ，按空格键选择"端点"命令，拾取半圆直径的两端，绘制与半圆直径完全重合的空间直线，结果如图 7.113 所示。

图 7.112　裁剪后的效果

图 7.113　绘制空间直线

（7）单击特征工具条的"旋转除料" 按钮，拾取半圆草图和作为旋转轴的空间直线，并确定，然后删除空间直线，结果如图 7.114 所示。

图 7.114　小凸台旋转除料

4. 利用旋转除料生成大凸台凹坑

（1）与绘制小凸台上旋转除料草图和旋转轴空间直线完全相同的方法,绘制大凸台上旋转除料的半圆和空间直线。具体参数：直线等距的距离为 20,圆的半径 $R=30$。结果如图 7.115 所示。

（2）单击"旋转除料" 按钮,拾取大凸台上半圆草图和作为旋转轴的空间直线,并确定,然后删除空间直线,结果如图 7.116 所示。

图 7.115　绘制大凸台旋转除料半圆和空间直线　　　　　图 7.116　大凸台旋转除料

5. 利用拉伸减料生成基本体上表面的凹坑

（1）单击基本拉伸体的上表面,选择拉伸体上表面为绘图基准面,然后单击"绘制草图"按钮 ,进入草图状态。

（2）单击曲线工具条的"相关线"按钮 ,选择立即菜单中的"实体边界",拾取如图 7.117 所示的 4 条边界线。

（3）生成等距线。单击"等距线"按钮 ,以等距距离 10 和 6 分别作刚生成的边界线的等距线,如图 7.118 所示。

图 7.117　实体边界　　　　　　　　图 7.118　生成等距线

（4）曲线过渡。单击线面编辑工具条的"曲线过渡"按钮 ,在立即菜单处输入半径 6,对等距生成的曲线作过渡,结果如图 7.119 所示。

（5）删除多余的线段。单击线面编辑工具条的"删除"按钮 ,拾取 4 条边界线,然后单击鼠标右键将各边界线删除,结果如图 7.120 所示。

图7.119　曲线过渡

图7.120　删除多余线

(6) 拉伸除料生成凹坑。单击"绘制草图"按钮，退出草图状态。单击特征工具栏的"拉伸除料"按钮，在对话框中设置深度为6，角度为30，结果如图7.121所示。

图7.121　拉伸除料生成凹坑

6. 过渡零件上表面的棱边

(1) 单击特征工具栏的"过渡"按钮，在对话框中输入半径为10，拾取大凸台和基本拉伸体的交线，并确定，结果如图7.122所示。

图7.122　实体过渡

(2) 单击"过渡"按钮，在对话框中输入半径为5，拾取小凸台和基本拉伸体的交线，并确定。

(3) 单击"过渡"按钮，在对话框中输入半径为3，拾取上表面的所有棱边并确定，结果如图7.123所示。

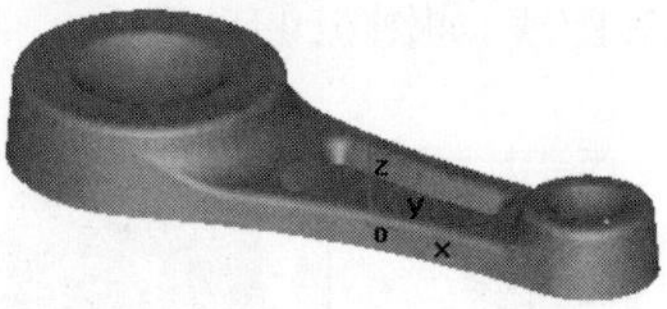

7. 利用拉伸增料延伸基本体

(1) 单击基本拉伸体的下表面，选择该拉伸体下表面为绘图基准面，然后单击"绘制草图"按钮，进入草图状态。

图7.123　实体过渡

(2) 单击曲线工具条上的"曲线投影"按钮，拾取拉伸体下表面的所有边将其投影得到草图，如图7.124所示。

(3) 单击"绘制草图"按钮，退出草图状态。单击"拉伸增料"按钮，在对话框中输入深度10，取消选中"增加拔模斜度"复选框，并确定。结果如图7.125所示。

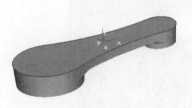

图 7.124　曲线投影

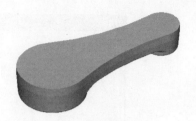

图 7.125　拉伸增料底板

8. 利用拉伸增料生成连杆电极的托板

（1）单击基本拉伸体的下表面和"绘制草图"按钮 ，进入以拉伸体下表面为基准面的草图状态。

（2）按 F5 键切换显示平面为 XY 面，然后单击曲线生成工具栏上的"矩形"按钮 ，绘制如图 7.126 所示大小的矩形。

（3）单击"绘制草图"按钮 ，退出草图状态。单击"拉伸增料"按钮 ，在对话框中输入深度 10，取消选中"增加拔模斜度"复选框，并确定。按 F8 键其轴侧图如图 7.127 所示。

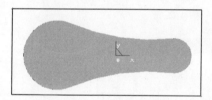

图 7.126　绘制托板形状

图 7.127　生成托板

7.7.2　加工前的准备工作

1. 设定加工刀具

（1）选择屏幕左侧的"加工管理"结构树，双击结构树中的刀具库（见图 7.2），弹出刀具库管理对话框。单击"增加铣刀"按钮，在对话框中输入铣刀名称。

一般都是以铣刀的直径和刀角半径来表示，刀具名称尽量和工厂中用刀的习惯一致。刀具名称一般表示形式为"D10，r3"，D 代表刀具直径，r 代表刀角半径。

（2）设定增加铣刀的参数。在刀具库管理对话框（见图 7.128）中输入正确的数值，刀具定义即可完成。其中的刀刃长度与仿真有关而与实际加工无关，在实际加工中要正确选择吃刀量和吃刀深度，以免刀具损坏。

2. 后置设置

用户可以增加当前使用的机床，给出机床名，定义适合自己机床的后置格式。系统默认的格式为 FANUC 系统的格式。

（1）选择屏幕左侧的"加工管理"结构树，双击结构树中的"机床后置"，弹出"机床后

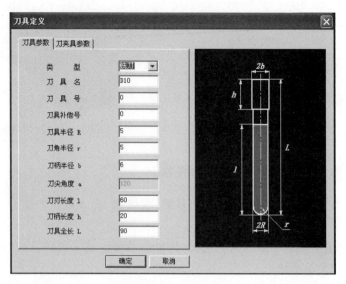

图 7.128　刀具定义

置"对话框。

（2）增加机床设置。选择当前机床类型，如图 7.129 所示。

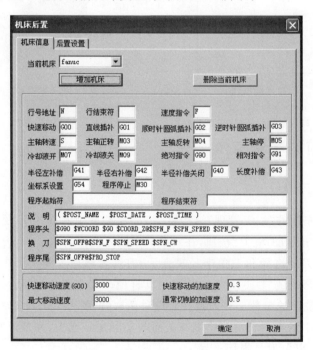

图 7.129　机床后置-机床信息

（3）后置处理设置。选择"后置设置"标签，根据当前的机床，设置各参数，如图 7.130 所示。在选择"当前机床"中目前没有华中数控机床，一般华中数控机床选择 FUNAC，不过指令的设置都要采用华中数控系统的，程序的说明、程序头、抬刀和程序尾要用专门设置，具体如下。

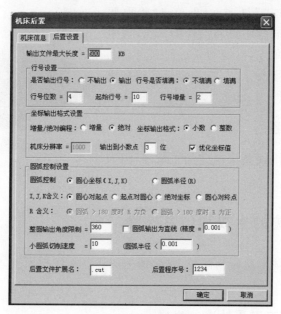

图 7.130　后置设置

说明 $POST_NAME ($POST_DATE , $POST_TIME)
程序头 $G90 $WCOORD @T $TOOL_NO $LCMP_LEN H $COMP_NO M06 @ $G0 $COORD_Z@ $SPN_F
$SPN_SPEED $SPN_CW $COOL_ON
换刀 $SPN_OFF $COOL_OFF @T $TOOL_NO $LCMP_LEN H $COMP_NO M06 @ $SPN_F $SPN_SPEED $
SPN_CW $COOL_ON
程序尾 $SPN_OFF $COOL_OFF @ $PRO_STOP

3. 定义毛坯

（1）选择屏幕左侧的"加工管理"结构树，双击结构树中的"毛坯"，弹出定义毛坯对话框，如图 7.131 所示。

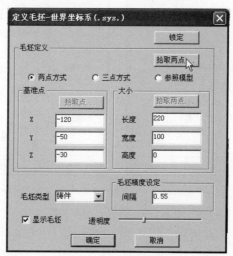

图 7.131　定义毛坯

（2）选取"两点方式"复选框，再单击"拾取两点"按钮，系统提示拾取第一点和拾取第二点，选中连杆底平面的两个对角点，右键确认返回到定义毛坯对话框。将高度值修改为55，按确定键。现有模型自动生成毛坯，如图7.132所示。

图7.132　生成毛坯

4. 设定加工范围

此例可以不用作出线条来确定加工范围，因为毛坯尺寸余量不大。

7.7.3　刀具轨迹的生成和仿真检验

连杆件电极的整体形状较为陡峭，整体加工选择等高线粗加工，精加工采用等高线精加工。

1. 等高线粗加工刀具轨迹的生成

（1）设置"粗加工参数"。单击"加工"→"粗加工"→"等高线粗加工"，在弹出的"等高线粗加工"中设置"粗加工参数"，如图7.133(a)所示。设置粗加工"铣刀参数"，如图7.133(b)所示。

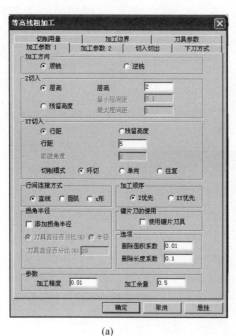

(a)

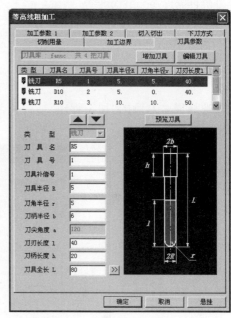

(b)

图7.133　粗加工参数设置

(a) 加工参数1设置；(b) 铣刀参数设置

（2）设置粗加工"切削用量"参数，如图 7.134 所示。

（3）确认"起始点"、"下刀方式"、"切入切出"系统默认值。按"确定"退出参数设置。

（4）按系统提示拾取加工对象和加工边界。选中整个实体表面作为加工对象，系统将拾取到的所有实体表面变红，然后按鼠标右键确认拾取；再按右键确认毛坯的边界就是需要加工的边界。

（5）生成粗加工刀路轨迹。系统提示："正在计算轨迹请稍候"，然后系统就会自动生成粗加工轨迹。结果如图 7.135 所示。

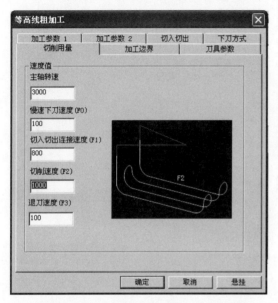

图 7.134　等高线粗加工切削用量参数设置

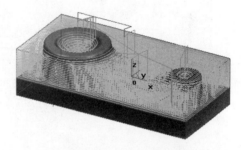

图 7.135　粗加工轨迹

（6）隐藏生成的粗加工轨迹。拾取轨迹，单击鼠标右键在弹出菜单中选择"隐藏"命令，隐藏生成的粗加工轨迹，以便于下步操作。

2. 等高线精加工刀具轨迹的生成

（1）设置精加工的等高线加工参数。选择"加工"→"精加工"→"等高线精加工"命令，在弹出的加工参数表中设置精加工的参数，如图 7.136 所示，注意加工余量为"0"，路径生成方式选等高线加工后加工平坦面。

（2）切入切出、下刀方式、加工边界和刀具参数的设置与粗加工的相同。

（3）根据左下角状态栏提示拾取加工对象。拾取整个零件表面，按右键确定。再按右键确认毛坯的边界就是需要加工的边界。系统开始计算刀具轨迹，如图 7.137 所示。

注意：精加工的加工余量＝0。

3. 刀具轨迹的仿真、检验与修改

（1）单击"可见"按钮，显示所有已生成的粗/精加工轨迹并将它们选中。

（2）单击"加工"→"轨迹仿真"，选择屏幕左侧的"加工管理"结构树，依次选取"等高线粗加工"和"扫描线精加工"，右键确认。系统自动启动 CAXA 轨迹仿真器，单击仿真图

标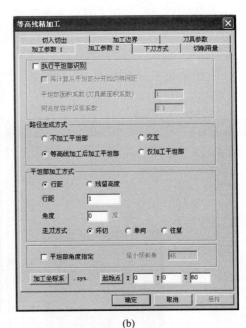,弹出仿真加工对话框,如图 7.138 所示;调整 [10 ▾] 下拉菜单中的值为 10,按 ▶ 按钮来运行仿真,如图 7.139 所示。

图 7.136　等高线精加工

(a) 加工参数 1;(b) 加工参数 2

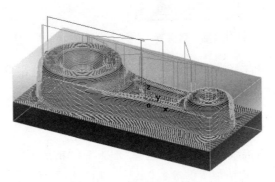

图 7.137　粗、精加工轨迹

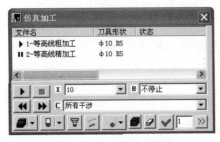

图 7.138　仿真加工控制菜单

图 7.139　仿真加工

（3）在仿真过程中，可以按住鼠标中键来拖动旋转被仿真件，可以滚动鼠标中键来缩放被仿真件。

（4）调整 C GOO干涉+夹具干涉 下拉菜单中的值，可以帮助检查干涉情况，如有干涉会自动报警。

（5）仿真完成后，单击☑按钮，可以将仿真后的模型与原有零件做对比。做对比时，屏幕右下角会出现一个 ▮ +4 0.0 -4 ，其中绿色表示和原有零件一致，颜色越蓝，表示余量越多，颜色越红，表示过切越厉害。

（6）仿真检验无误后，可保存粗/精加工轨迹。

4. 生成 G 代码

（1）单击"加工"→"后置处理"→"生成 G 代码"，在弹出的"选择后置文件"对话框中给定要生成的 NC 代码文件名（连杆.cut）及其存储路径，单击"确定"按钮退出，如图 7.140 所示。

图 7.140　G 代码保存路径

（2）分别拾取粗加工轨迹与精加工轨迹，按右键确定，生成加工 G 代码，如图 7.141 所示。

图 7.141　G 代码文本

第8章

数控机床结构

▲本章重点内容

数控机床床身的组成与作用，数控机床导轨的类型及各自的特点，数控机床进给系统的组成，滚珠丝杠螺母副的作用，丝杠的支承方式。

▲学习目标

了解数控机床床身影响加工精度的重点部位，根据学习的知识能在操作过程中尽量保证机床的加工精度；能根据学习的知识调整机床机械部分引起的误差。

数控机床由床身、导轨、主轴部件、进给系统、回转工作台、尾座、冷却系统、润滑系统、排屑器等部分组成。

8.1 床 身

机床的床身是整个机床的基础支承件，是机床的主体，一般用来放置导轨、主轴部件等重要部件。

数控车床的床身结构有多种形式，主要有水平床身、倾斜床身、水平床身斜导轨等。中小规格的数控车床采用倾斜床身和水平床身斜导轨较多。倾斜床身多采用30°、45°、60°、75°和90°角，常用的有45°、60°和75°角。大型数控车床和小型精密数控车床采用水平床身较多。

数控铣床一般为立式床身，卧式数控铣床偏少。

下面以图8.1所示立式床身数控铣床为例介绍数控机床结构。

床身主要由底座和立柱组成，它们都是铸造件，如图8.2(a)所示。机床立柱铸件主要是对主

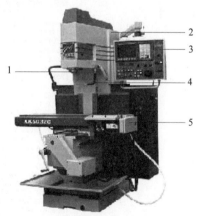

1—主轴；2—床身；3—CNC；
4—冷却液喷嘴；5—工作台。

图8.1 立式数控铣床外观样例

轴箱起支撑作用,满足主轴的 Z 向运动,要求机床立柱铸件要有较好的刚度和热稳定性。机床立柱铸件为 A 形结构设计,理想状态下要求机床在加工过程中机床立柱不产生偏移摆动,保证了机床的加工精度。如图 8.2(b)所示为 X、Y、Z 轴总成在数控铣床上的安装位置。

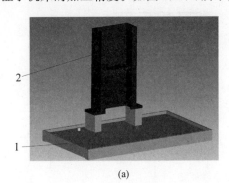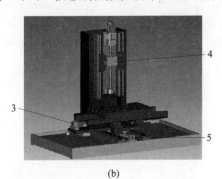

(a)　　　　　　　　　　　(b)

1—底座;2—立柱;3—X 轴;4—Z 轴;5—Y 轴。

图 8.2　立式数控铣床床身及 X、Y、Z 轴总成在数控铣床上的安装位置

8.2　导　　轨

导轨是数控机床的一个重要部件,起导向和支承作用,即支承运动部件(如刀架、工作台等)并保证运动部件在外力作用下能准确沿着规定方向运动。导轨的精度及其性能对机床加工精度及承载能力等有着重要的影响。鉴于导轨的作用,导轨应满足以下几方面的基本要求:

(1) 较高的导向精度。导向精度是指机床的运动部件沿导轨移动时与有关基面之间的相互位置的准确性。

(2) 良好的精度保持性。精度保持性是指导轨在长期使用中保持导向精度的能力。影响精度保持性的主要因素是日常运用中导轨的磨损、导轨的结构及支承件(如床身、立柱)材料的稳定性。

(3) 良好的摩擦特性。运动部件在导轨上进行低速运动或微量位移时,运动应平稳,无爬行现象。

此外,导轨还要结构简单,便于加工、装配、调整和维修。

按能实现的运动轨迹形式不同,导轨可分为直线导轨和回转导轨。

按其接触面间的摩擦性质的不同,导轨可分为普通滑动导轨、滚动导轨和静压导轨三大类。

滑动导轨(见图 8.3)的导轨面由若干个平面组成,导轨面之间直接接触。滑动导轨结构简单,刚度好,摩擦阻力大,连续运行磨损快,制造中导轨面刮研工序的要求很高。目前市面上很多要求不高的机床采用贴膜代替导轨面刮研工序,这样成本大大降低。滑动导轨

图 8.3　滑动导轨外观

的静摩擦因数与动摩擦因数差别大,因此低速运动时可能产生爬行现象。如图8.4所示为滑动导轨不同的接触面。

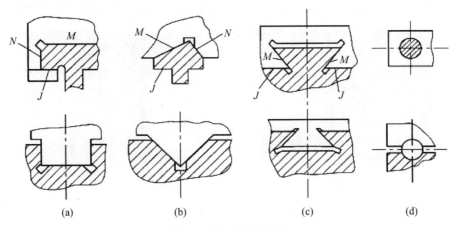

图8.4　滑动导轨接触面

(a) 矩形导轨;(b) 三角形导轨;(c) 燕尾槽导轨;(d) 圆柱形导轨

滚动导轨(见图8.5)是在导轨工作面之间安排滚动件,如滚轮、滚珠等,使两导轨面之间形成滚动摩擦,摩擦系数小。动、静摩擦系数相差很小,运动轻便灵活,所需功率小,精度好,无爬行。

静压导轨将具有一定压力的润滑油,经节流器输入到导轨面上的油腔,即可形成承载油膜,使导轨面之间处于纯液体摩擦状态,如图8.6所示。其优点:导轨运动速度的变化对油膜厚度的影响很小;载荷的变化对油膜厚度的影响很小;摩擦系数仅为0.005左右,油膜抗振性好。其缺点:导轨自身结构比较复杂;需要增加一套供油系统;对润滑油的清洁程度要求很高。主要应用:精密机床的进给运动和低速运动导轨。

图8.5　滚动导轨

图8.6　静压导轨

8.3　主轴部件

数控机床主轴部件是机床实现旋转运动的执行件,一般采用直流或交流无级调速电动机通过皮带传动带动主轴旋转,以实现主轴的自动无级调速及恒切速度控制。数控机床主轴部件结构如图8.7所示。

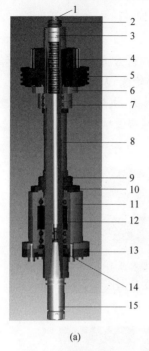
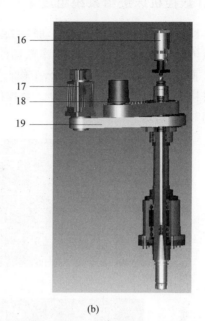

(a)　　　　　　　　　　　　(b)

1—拉杆；2—拉杆螺母；3—弹簧挡块；4—蝶形弹簧；5—皮带轮；6—皮带轮挡块；7—轴承；
8—主轴套；9—紧固螺母；10—后挡油圈；11—轴承座；12—内衬套；13—法兰盘；14—前挡油圈；
15—刀柄；16—打刀装置；17—主轴电动机；18—编码器；19—皮带。

图 8.7　数控机床主轴部件结构
（a）数控机床主轴结构图；（b）主轴部件位置关系图

8.4　进 给 系 统

1. 数控机床进给系统的要求

为了保证数控机床进给系统的定位精度和静态、动态性能，需要着重考虑以下几方面的要求。

（1）高的传动刚度。进给传动系统的刚度主要取决于丝杠螺母副（直线运动）或蜗轮蜗杆副（回转运动）及其支承部件的刚度。刚度不足与摩擦阻力一起会导致工作台产生爬行现象以及造成反向死区，影响传动准确性。缩短传动链，合理选择丝杠尺寸以及对丝杠螺母副及支承部件等预紧是提高传动刚度的有效措施。

（2）低的摩擦。进给传动系统要求运动平稳，定位准确，快速响应特性好，因此，必须减小运动部件的摩擦阻力和动、静摩擦因数之差。这主要与导轨有关外。

（3）小的惯量。进给系统由于经常需进行启动、停止、变速或反向，若机械传动装置惯量大，会增大负载量并使系统动态性能变差。因此在满足强度与刚度的前提下，应尽可能减小运动部件的重量以及各传动元件的直径和重量，以减小惯量。

（4）消除传动间隙。机械间隙是降低进给系统传动精度、刚度和造成进给系统反向死区的主要原因之一，因此对传动链的各个环节，如联轴器、齿轮副、丝杠螺母副、蜗杆蜗轮副及其支承部件等均应采用消除间隙的措施。

2. 数控机床进给系统组成

数控机床进给系统是指将电动机的旋转运动传递给工作台或刀架以实现进给运动的整个机械传动链,主要包括电动机、滚珠丝杠螺母副(或蜗杆蜗轮副)及其支承部件等。

X 向进给系统如图 8.8 所示,工作台在机械传动机构上边,由机械传动机构带动,机械传动机构由 X 向伺服电动机驱动。数控机床 X、Y 向进给系统总成如图 8.9 所示。Z 轴总成如图 8.10 所示。

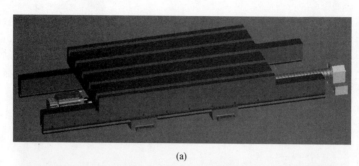

(a)

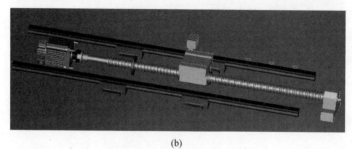

(b)

图 8.8　X 向进给系统

(a) X 向进给系统整体外观;(b) X 向进给系统的机械传动机构

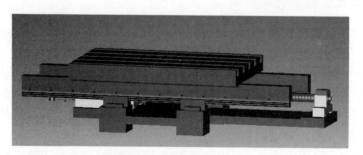

图 8.9　数控机床 X、Y 向进给系统总成

1) 滚珠丝杠螺母副结构

滚珠丝杠螺母副是在丝杠和螺母之间放入滚珠,丝杠与螺母间成为滚动摩擦的传动副。其作用是把电动机的转动转变为往复直线移动。图 8.11 所示为滚珠丝杠螺母副的结构示意图。丝杠和螺母上均制有圆弧形面的螺旋槽,将它们装在一起便形成了螺旋滚道,滚珠在其间既有自转又有循环滚动。图 8.12 所示为丝杠连接总成图。伺服电动机转动时,工作台连接座会往复直线移动。

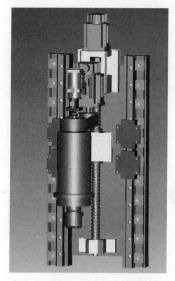

图 8.10　Z 轴总成

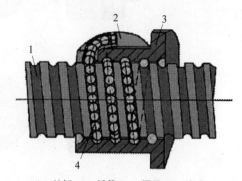

1—丝杆；2—插管；3—螺母；4—滚珠。

图 8.11　滚珠丝杠螺母副结构示意图

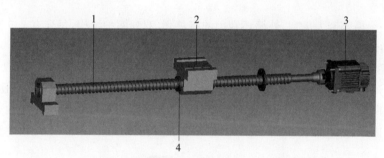

1—丝杠；2—工作台连接座；3—伺服电动机；4—滚珠丝杠螺母副。

图 8.12　丝杠连接总成图

由于滚珠丝杠螺母副优点显著,所以被广泛应用在数控机床上。

但是滚珠丝杠螺母副也有如下缺点:

(1) 结构复杂,丝杠和螺母等元件的加工精度和表面质量要求高,故制造成本高。

(2) 不能自锁,特别是垂直安装的滚珠丝杠,会因部件的自重而自动下降。当向下驱动部件时,由于部件的自重和惯性,传动切断时也不能立即停止运动,必须增加制动装置。

2) 滚珠丝杠螺母副的分类

滚珠丝杠螺母副按滚珠循环方式可分为滚珠外循环结构和滚珠内循环结构两种。

(1) 外循环

滚珠外循环结构滚珠丝杠螺母副的滚珠在循环过程结束后通过螺母外表面上的螺旋槽或插管返回到丝杠螺母间再重新进入循环。图 8.13(a)所示为常用的一种滚珠外循环结构形式,螺母外圆上装的螺旋形插管的两端分别插入到滚珠螺母工作始末两端孔中,以引导滚珠通过插管,形成滚珠的多圈循环链,这种形式结构简单,承载能力较强,但径向尺寸较大。图 8.13(b)所示为螺旋槽式,它是在螺母外圆上铣出螺旋槽,再在槽的两端钻出通孔并与螺纹滚道相切,形成返回通道,这种形式的结构比插管式的结构径向尺寸小,但制造较为复杂。

滚珠外循环结构滚珠丝杠螺母副目前应用广泛,可用于重载传动系统中。

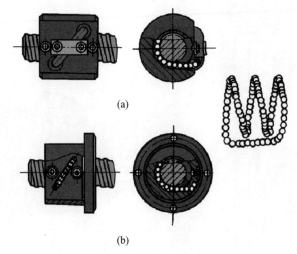

(a)

(b)

图 8.13　滚珠外循环结构滚珠丝杠螺母副
(a) 插管式；(b) 螺旋槽式

滚珠的一个循环链为 1 列,外循环常用的有单列、双列两种结构,每列有 2.5 圈或 3.5 圈。

(2) 内循环

滚珠内循环结构滚珠丝杠螺母副靠螺母上安装的反向器接通相邻滚道,使滚珠形成单圈循环,即每列两圈,如图 8.14 所示。反向器 2 的数目与滚珠圈数相等。一般一个螺母上装 2～4 个反向器,即有 2～4 列滚珠。这种形式结构紧凑,刚性好,滚珠流通性好,摩擦损失小,但制造较困难,承载能力不高,适用于高灵敏、高精度的进给系统,不宜用于重载传动中。

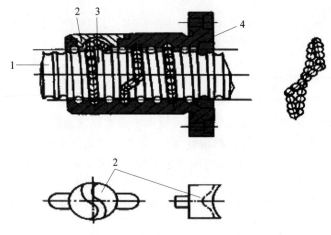

1—丝杠；2—反相器；3—滚珠；4—螺母。

图 8.14　滚珠内循环结构示意图

3) 丝杠的支承方式

丝杠的承载能力和螺母座的刚度、以及丝杠与机床的连接刚度,对进给系统的传动精度影响很大。为了提高丝杠的轴向承载能力,最好采用高刚度的推力轴承,当轴向载荷小时,也可采用向心推力轴承。其支承方式有下列几种：

（1）一端装推力轴承，另一端自由。如图 8.15(a)所示，此种支承方式的轴向刚度低，承载能力小，只适用于短丝杠。如数控机床的调整环节或升降台式数控铣床的垂直进给轴等。

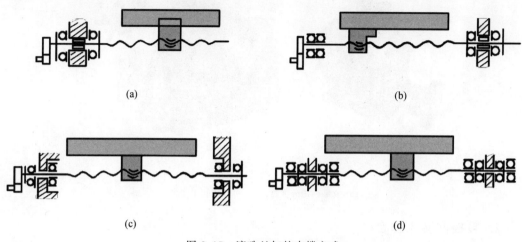

图 8.15　滚珠丝杠的支撑方式

(a) 一端装推力轴承；(b) 一端装推力轴承，另一端装向心球轴承；
(c) 两端装推力轴承；(d) 两端装推力轴承和向心球轴承

（2）一端装推力轴承，另一端装向心球轴承。如图 8.15(b)所示，此种方式可用于需要丝杠较长的场合。为了减少丝杠热变形的影响，热源应远离推力轴承一端。

（3）两端装推力轴承。如图 8.15 所示，两个方向的推力轴承分别装在丝杠两端，若施加预紧力，则可以提高丝杠轴向传动刚度，但此支承方式对丝杠的热变形敏感。

（4）两端均装双向推力轴承和向心球轴承。如图 8.15(d)所示，丝杠两端均采用双向推力轴承和向心球轴承，可以施加预紧力。这种方式可使丝杠的热变形转化为推力轴承的预紧力。此支承方式适用于刚度和位移精度要求高的场合，但是结构复杂。

在大型数控机床中，工作台的行程很长，它的进给运动不宜采用丝杠传动，因为长丝杠制造困难，又容易弯曲下垂，轴向刚度和扭转刚度也较低。一般大型数控机床常采用静压蜗杆蜗轮副和齿轮齿条副。

8.5　回转工作台

回转工作台是数控铣床、数控镗床、加工中心等数控机床不可缺少的重要附件（或部件）。它的作用是按照数控装置的信号或指令作回转分度或连续回转进给运动，以使数控机床能完成指定的加工工序。常用的回转工作台有分度工作台和数控回转工作台。

1. 分度工作台

分度工作台的功能是完成回转分度运动，即在需要分度时，将工作台及其工件回转一定角度。如图 8.16 所示。其作用是在加工中自动完成工件的转位换面，以实现工件一次安装就能完成几个面的加工。由于结构上的原因,通常分度工作台的分度运动只限于某些规定的角度,不容易实现任意角度的分度。

(a)   (b)

图 8.16　分度工作台

(a) 立卧两用分度盘;(b) 可倾回转工作台

2. 数控回转工作台

数控回转工作台要求能够连续回转进给并能与其他坐标轴联动,因此一般需要配置有单独的伺服驱动系统来实现回转、分度和定位,其定位精度主要由控制系统决定,如图 8.17所示。根据控制方式,有开环数控回转工作台和闭环数控回转工作台。

图 8.17　卧式数控回转工作台

参 考 文 献

[1] 王润孝,秦现生. 机床数控原理与系统[M]. 西安:西北工业大学出版社,2004.

[2] 黄国权. 数控技术[M]. 哈尔滨:哈尔滨工程大学出版社,2007.

[3] 廖效果. 数控技术[M]. 武汉:湖北科学技术出版社,2000.

[4] 张建刚. 数控技术[M]. 武汉:华中科技大学出版社,2000.

[5] 何雪明,吴晓光,常兴. 数控技术[M]. 武汉:华中科技大学出版社,2006.

[6] 陈子银,陈为华. 数控机床结构原理与应用[M]. 北京:北京理工大学出版社,2007.

[7] 徐夏民,邵泽强. 数控原理与数控系统[M]. 北京:北京理工大学出版社,2006.

[8] 何全民. 数控原理与典型系统[M]. 济南:山东科学技术出版社,2005.

[9] 宋本基. 数控技术[M]. 哈尔滨:哈尔滨工程大学出版社,1999.

[10] 叶伯生,戴永清. 数控加工编程与操作[M]. 武汉:华中科技大学出版社,2005.

[11] 杨继昌,李金伴. 数控技术基础[M]. 北京:化学工业出版社,2005.

[12] 陈蔚芳,王宏涛. 机床数控技术及应用[M]. 北京:科学出版社,2006.

[13] 吴明友. 数控技术[M]. 北京:化学工业出版社,2018.

[14] 郑晓峰. 数控技术及应用[M]. 3版. 北京:机械工业出版社,2019.

[15] 韩文成. 机床数控技术及应用[M]. 北京:化学工业出版社,2019.

[16] 王爱玲. 机床数控技术[M]. 2版. 北京:高等教育出版社,2013.